· 普通高等学校化工类专业研究生教材 ·

催化剂工程

朱君江　主　编

肖　萍　何志艳　副主编

中国纺织出版社有限公司

内 容 提 要

本书由浅入深地介绍了催化剂的发展历程、基础知识、制备方法及其应用，如常见污染物降解催化剂和费—托合成技术。同时，涵盖了液—固相反应催化剂、光催化剂、CO_2 电还原催化剂等的制备方法、性能调控方式以及催化作用机制，融合了当前研究热点和最新进展。对化工合成、环境催化、能源转化等领域的催化剂进行了探讨。本书既有知识广度，又有学术深度；催化理论与化工实践并重，体系新颖独特，有助于读者提高分析解决催化剂工程问题的能力。

本书可作为高等院校应用化学、化学工程与技术以及工业催化相关专业的教材，也可为相关领域的从业人员提供技术参考。

图书在版编目（CIP）数据

催化剂工程／朱君江主编；肖萍，何志艳副主编
. --北京：中国纺织出版社有限公司，2024.8
普通高等学校化工类专业研究生教材
ISBN 978-7-5229-1768-9

Ⅰ.①催… Ⅱ.①朱… ②肖… ③何… Ⅲ.①催化剂—研究生—教材 Ⅳ.①TQ426

中国国家版本馆 CIP 数据核字（2024）第 094054 号

责任编辑：陈怡晓　　特约编辑：蒋慧敏
责任校对：高　涵　　责任印制：王艳丽

中国纺织出版社有限公司出版发行
地址：北京市朝阳区百子湾东里 A407 号楼　邮政编码：100124
销售电话：010—67004422　传真：010—87155801
http://www.c-textilep.com
中国纺织出版社天猫旗舰店
官方微博 http://weibo.com/2119887771
三河市宏盛印务有限公司印刷　各地新华书店经销
2024 年 8 月第 1 版第 1 次印刷
开本：787×1092　1/16　印张：12.75
字数：282 千字　定价：56.00 元

前　言

固体催化剂是现代化工生产的"齿轮"，在能源、环境、生物医疗等领域都扮演着极其重要的角色。如今能源与环境矛盾日益突出，在国家"双碳"目标的背景下，催化剂作为有望解决各领域关键问题的"金钥匙"而受到越来越多的关注。

本书共分6章，第1章主要介绍了催化剂与催化作用，包括催化剂的发展历程、基本概念和常规催化剂的制备方法及应用。第2章主要介绍了空气污染处理用催化剂及其研究进展，包括用于汽车尾气、含氮和含硫的气相污染物处理的催化剂。第3章主要介绍了费—托合成技术，包括催化剂类型及其产物分布，并对费—托合成反应催化剂的几种常用制备方法进行了描述。第4章主要介绍了液—固相反应及其催化剂，简述了用于液—固相反应催化剂在氧化、加氢、偶联等反应中的应用及现状。第5章主要介绍了光催化技术的概念和原理，并对光催化剂的类型、制备方法及其在环境和能源领域中的应用进行了描述。第6章简述了电催化还原CO_2反应的原理和研究方法，对将CO_2电催化还原为CO、$HCOOH$和C_{2+}烃类反应进行了详细介绍。本书囊括了光、电、热催化剂及其在环境和能源领域中的设计与应用，并介绍了相关反应机制，知识面涵盖范围广，并有较强的前沿性。

本书的编写人员以及分工如下：第1章由肖萍编写，第2章由阳杰编写，第3章由吕帅编写，第4章由何志艳编写，第5章由徐骁编写，第6章由张政编写，全书由朱君江担任主编，负责全书的统稿。

限于编者的水平，书中难免存在疏漏之处，敬请广大读者批评指正。

朱君江

2024 年 1 月

目　录

第1章 催化剂与催化作用

1.1 催化剂发展历程

催化剂发展史是一部人类认识自然、改造自然的斗争史。人类很早就利用催化剂服务于生产和生活，即使未能了解催化剂在其中发挥的关键作用。例如，古代炼金使用硫黄和硝石（硝酸钾和硝酸钠）制造硫酸，其中硝石就是催化剂；粮食中加入酒曲实现酿酒和制醋，酒曲就是催化剂。

19 世纪初，德国化学家奥斯瓦尔德（Ostwald，1909 年诺贝尔化学奖获得者）对催化剂进行了深入研究，首次阐明了它的本质。他发现蔗糖在水溶液中发生水解反应，转变为葡萄糖和果糖，但是这种转化过程非常缓慢。如果在蔗糖中加入硫酸，蔗糖就会很快转变成葡萄糖和果糖，且反应后硫酸保持不变，硫酸则被认为是催化剂。大连化学物理研究所包信和院士把催化剂形象化，即在化学反应中，催化剂好比"剪刀"，将长分子按人们的意愿剪成短分子；催化剂又好比"点焊"，将小分子焊接成所需要的大分子。

当前工业生产中应用的催化剂种类多样，包括金属催化剂、金属氧化物催化剂、酸催化剂、生物酶催化剂等，下面将分别介绍其发展过程。

1.1.1 金属催化剂

1831 年，菲利普斯发布了贵金属铂催化氧化 SO_2 生成 SO_3 的专利。1875 年，德国建成了第一座生产发烟硫酸的接触法装置，所使用的催化剂是贵金属铂。铂是最先在工业上应用的金属催化剂，目前铂仍然是许多重要工业催化剂的活性组分。到 20 世纪初，已合成了一系列重要的金属催化剂，金属元素种类从贵金属铂拓展至铁、钴、镍等过渡金属。例如，以镍为催化剂用于油脂加氢制取硬化油；德国巴登苯胺纯碱公司用磁铁矿为原料，经热熔法并加入助剂，合成铁系催化剂（Fe—Al_2O_3—K_2O），以固定空气中的 N_2 合成 NH_3。1925 年，德国化学家弗朗兹·费歇尔和汉斯·托罗普施以钴为主催化剂用 CO 和 H_2 合成了液态烃类产品（即费—托合成，又称 F—T 合成，本书第 3 章将详细介绍），而以铁为主催化剂合成脂肪酸已发展成为工业上常用的羰基化制酸过程。Willstuller 以铂、钯作催化剂，用于催化一系列有机化合物的加氢反应，Ipatieff 进一步研究了加氢加压反应机理，为大规模加压生产开拓了道路。1975 年，美国杜邦公司开发了用于汽车尾气处理的三效催化剂，能实现同时消除 CO、碳氢化合物、NO，即 CO 和碳氢化合物氧化成 CO_2，而 NO 还原成 N_2，催化剂的化学组成为堇青石负载的 Pt—Pd—Rh 混合物。1992 年，美国 Kellogg 公司与英国 BP 公司联合成功开发了石墨化的活性炭负载钌催化剂，在加拿大首先实现了工业化，是第二代氨合成催化剂，具有在低温、低压条件下高催化活性的特点。

1.1.2 金属氧化物催化剂

SO_2 氧化反应采用铂催化剂容易被原料气中的砷等毒化，20 世纪以后，该反应催化剂的活性成分由金属铂扩大到金属氧化物，以钒的氧化物为代表的催化剂迅速取代铂催化剂，成为大宗商品的催化剂。负载型钒氧化物催化剂特点在于抗毒能力高。1913 年德国巴登苯胺纯碱公司将其用于新型接触法制备硫酸，使用寿命可达几年至十年。这一催化剂技术变革，为金属氧化物催化剂开辟了广阔的发展前景。后续开发的金属和金属氧化物两种催化剂配合使用工艺提供基础，即德国曼海姆装置中第一段采用活性较低的氧化铁为催化剂，第二段使用铂催化剂转化剩余的 SO_2。1938 年，以乙烯为原料，氧化钼、氧化铋等金属氧化物混合物为催化剂，合成丙烯腈（人造羊毛原料）。

1.1.3 酸催化剂

酸催化剂的工业使用范围也很大，如催化烯烃水合制备醇的液体酸等。相比于液体酸，固体酸催化剂具有易回收的特点，在石油炼制和石油化工工业，如催化、裂化等工艺中被大量使用。分子筛是典型的酸催化剂，20 世纪 70 年代，开发了分子筛催化剂替代铂/氧化铝催化剂，用于二甲苯异构化，以及丝光沸石分子筛催化剂用于甲苯歧化反应等。1974 年，莫比尔石油公司开发了 ZSM-5 型分子筛，用于择形催化重整反应，可使正烷烃裂化而不影响芳烃。20 世纪 70 年代末，将 ZSM-5 分子筛催化剂用于苯烷基化反应制取乙苯，可替代三氯化铝催化剂。随后 ZSM-5 分子筛催化剂又被进一步拓展至甲醇合成汽油反应。环保催化剂、化工催化剂和石油炼制催化剂组成了催化剂工业，分子筛催化剂已成为石油化工催化剂的重要品种。

1.2 催化剂及催化作用的定义与基本特性

一个热力学上允许的化学反应，由于某种物质的作用而被加速，在反应结束时该物质并不消耗，则此种物质被称作催化剂，它对反应施加的作用称为催化作用。具体来说，催化作用是催化剂活性中心对反应分子的激发与活化，使后者以很高的反应性能发生反应。

例如，二氧化硫与氧气在一起，即使受热也几乎不生成三氧化硫，而当它们的混合物通过五氧化二钒时，则有相当量的三氧化硫生成。五氧化二钒作为催化剂，对二氧化硫氧化反应的加速属于催化作用。

亚硫酸钠溶液在空气中放置，可以非常缓慢地被氧化成硫酸钠。当在亚硫酸钠水溶液中加入硫酸铜，亚硫酸钠很快被氧化，而硫酸铜是催化剂。氯酸钾若要发生可以观察到的分解反应，则必须有二氧化锰催化剂的促进作用。

催化反应一般都是多阶段或多步骤的，从反应物到产物过程经过多种中间物，催化剂参与中间物的形成，但最终不进入产物。如催化剂 H_2SO_4，在乙烯水合制乙醇反应中，先与乙烯作用形成中间物 $C_2H_5OSO_2OH$ 和 $C_2H_5OSO_2OC_2H_5$，最后生成乙醇。分步过程如下：

$$C_2H_4+H_2SO_4 \longrightarrow C_2H_5OSO_2OH \tag{1-1}$$

$$2C_2H_4+H_2SO_4 \longrightarrow C_2H_5OSO_2OC_2H_5 \tag{1-2}$$

$$C_2H_5OSO_2OC_2H_5+C_2H_5OSO_2OH+3H_2O \longrightarrow 3C_2H_5OH+2H_2SO_4 \tag{1-3}$$

类似地，NO 催化 SO_2 氧化过程：

$$2NO+O_2 \longrightarrow 2NO_2 \tag{1-4}$$

$$SO_2+NO_2 \longrightarrow SO_3+NO \tag{1-5}$$

催化剂能催化的反应一定是热力学上允许发生的，即使没有催化剂时，这个反应依然可以进行，只不过速率慢，甚至慢到难以察觉。对于热力学上不可发生的反应，加入催化剂也不会发生，因为催化剂的作用不能违背热力学定律。

1.3　催化作用基础

1.3.1　热力学基础

化学催化和酶催化反应，与普通化学反应一样，由反应过程中反应前后能量变化控制。因此，研究催化反应涉及化学热力学的概念。

1.3.1.1　热力学第一定律

热力学第一定律实际上是能量守恒和转化定律。能量有各种形式，能够从一种形式转化为另一种形式，从一个物体传递给另一个物体，但在转化和传递中，能量的总量保持不变。如果反应开始时体系的总能量是 U_1，反应终了时增加到 U_2，那么体系的能量变化 ΔU 为：

$$\Delta U = U_2 - U_1 \tag{1-6}$$

如果体系从环境接收的能量是热，体系还可以膨胀做功，所以体系的能量变化 ΔU 须同时反映体系吸收的热（Q）和膨胀所做的功（W）。体系能量的这种变化还可以表示为：

$$\Delta U = Q - W \tag{1-7}$$

式中：体系吸热时 Q 为正值，体系放热时 Q 为负值；当体系对环境做功时，W 为正值，而环境对体系做功时，W 为负值。

体系能量变化（ΔU）是状态函数，仅与始态、终态有关，而与反应途径无关。

大多数化学反应都在常压下进行，相应的体系从环境吸收热量时将伴随体积的增加，即体系对外做功。在常压 p，体积增加所做的功为：

$$W = \int p dV = p \Delta V \tag{1-8}$$

式中：ΔV 是体系体积的变化值。

因此，在常压下，当体系只做体积功时，热力学第一定律的表达式为：

$$\Delta U = Q_p - p\Delta V \qquad (1-9)$$

对于常压下封闭体系，$Q = \Delta H$，ΔH 是体系热焓的变化。因此，常压下体系，热力学第一定律的表达式为：

$$\Delta H = \Delta U + p\Delta V \qquad (1-10)$$

ΔU 和 $p\Delta V$ 是对描述许多化学反应的重要参数。对水溶液中发生的化学反应，体积没有明显变化即 $p\Delta V$ 接近于零，相应 $\Delta H \approx \Delta U$。所以，对在水溶液中进行的反应，可以用焓的变化（$\Delta H$）来描述体系总能量的变化（$\Delta U$），而 ΔH 是可以测定的：

$$\Delta H = \int C_p \mathrm{d}T = \int n C_{p,m} \mathrm{d}T \qquad (1-11)$$

$$C_{p,m} = a + bT + cT^2 \qquad (1-12)$$

1.3.1.2 热力学第二定律

热力学第二定律认为：所有体系都能自发地移向平衡状态，要使平衡状态发生位移就必须消耗一定的由其他体系提供的能量。

广义地说，热力学第二定律指明了宇宙运动的方向，说明在所有过程中，总有一部分能量变得在进一步过程中不能做功，即一部分焓或者体系的热容量 ΔH 不再能完成有用功。因此在大多数情况下，它已使体系中分子的随机运动有了增加，根据定义：

$$Q' = T\Delta S \qquad (1-13)$$

式中：Q' 为失去做功能力的总能量；T 为绝对温度；S 为熵，是一定温度下体系随机性或无序性的尺度；ΔS 为体系始态和终态的熵的差值。

任意过程中体系的熵变可表示为：

$$\Delta S = \frac{Q'}{T} \qquad (1-14)$$

热力学第二定律用数字语言可表示为：一个自发过程，体系和环境的熵的点和必须是增加的，即：

$$\Delta S_{体系} + \Delta S_{环境} > 0 \qquad (1-15)$$

这里要注意的是，在给定体系中发生自发反应时，熵也可以同时减小，但是，体系中熵的减少可以被环境熵的增加所抵消，如果在体系和环境之间没有能量交换，也就是说，体系是孤立的，那么体系内发生自发反应时，则总是和熵的增加联系在一起的。

从实用的观点讲，熵并不能作为决定过程能否自发发生的判据，且它也不容易测定，为了解决这一困难，吉布斯（Gibbs）和赫尔姆霍兹（Helmholtz）引出了自由能（G 和 F）的概念，这个概念对决定过程能否自发进行相当有用。基本原理是：热焓 H 是可以自由做功的能量 F 和不能自由做功的能量 TS 的和，自由能 G 可以是热焓 H 和 TS 的差：

$$H = F + TS \qquad (1-16)$$

$$G = H - TS \qquad (1-17)$$

在体系内的任何变化中，ΔH、ΔF 和 ΔS 分别表示始态和终态之间的焓变、自由能变和熵变。因此对于恒温过程，自由能关系方程可表示为：

$$\Delta H = \Delta F + T\Delta S \tag{1-18}$$

对于孤立体系中发生的过程，由于体系的热容没有发生净变化，也就是说 $\Delta H = 0$，因此，$\Delta F = -T\Delta S$。

对体系及其环境，或者对恒温下的孤立体系，自发反应可以用 $(\Delta F)_T \leqslant 0$，$(\Delta G)_{T,P} \leqslant 0$ 来表征。

1.3.1.3 反应物和产物的热力学参数的计算

为了解催化剂是怎样影响化学反应的，需要知道反应物、过渡状态以及产物的能级，在反应坐标图中可以体现。尽管焓、自由能和熵的绝对值难以测定，但测定反应路径中各点的物理量变化还是可能的。目前，既有能用来测定反应物和产物之间的热力学参数差 ΔH、ΔF 和 ΔS 的实验方法，也有计算热力学活化参数 $\Delta H^{\neq}$、$\Delta F^{\neq}$ 和 $\Delta S^{\neq}$ 的方法。

不可逆反应中反应物和产物之间的焓变可用量热法测定，$\Delta H = Q_p$。例如，葡萄糖能和氧反应生成二氧化碳和水：

$$C_6H_{12}O_6 \ (s) \ +6O_2 \ (g) \longrightarrow 6H_2O \ (l) \ +6CO_2 \ (g) \tag{1-19}$$

在标准压力 $p^{\ominus}$ 下时，葡萄糖氧化焓变为：

$$\Delta_r H_m^{\ominus} = Q_p = -2817.7\text{kJ/mol} \tag{1-20}$$

因为反应焓变 ΔH 及 ΔG、ΔS 的值均随条件而变，所以最好在标准条件下测量这些值。在标准条件下时，各种参数的变化可表示为 $\Delta_r H_m^{\ominus}$、$\Delta_r G_m^{\ominus}$、$\Delta_r S_m^{\ominus}$。对于溶液中的物质，标准状态是指可逆反应的标准焓变，可以从该反应在不同温度下的平衡常数算得。

根据 G 的定义式，得：

$$G = H - TS \tag{1-21}$$

变换得：

$$T\left(\frac{\partial G}{\partial T}\right)_p - G = -H \tag{1-22}$$

式（1-22）左边等于

$$T\left(\frac{\partial G}{\partial T}\right)_p - G = T^2\left[\frac{T\left(\frac{\partial G}{\partial T}\right)_p}{T^2} - \frac{G}{T^2}\right] = T^2\left[\frac{\partial\left(\frac{G}{T}\right)}{\partial T}\right]_p \tag{1-23}$$

于是得：

$$\left[\frac{\partial\left(\frac{G}{T}\right)}{\partial T}\right]_p = -\frac{H}{T^2} \tag{1-24}$$

对于一个反应过程，如果反应物和产物都处于标准态，则式（1-24）可得：

$$\left[\frac{\partial\left(\frac{\Delta_r G_m^{\ominus}}{T}\right)}{\partial T}\right]_p = -\frac{\Delta_r H_m^{\ominus}}{T^2} \tag{1-25}$$

同时，已知 $\Delta_r G_m^{\ominus} = -RT \ln K_a^{\ominus}$，可得范托夫（Van't Hoff）等压方程：

$$\left(\frac{\partial \ln K_a^{\ominus}}{\partial T}\right)_p = \frac{\Delta_r H_m^{\ominus}}{RT^2} \qquad (1-26)$$

将方程积分可得（在 $T \sim T_2$ 区间，ΔH 为常数）：

$$\ln K_a^{\ominus} = -\frac{\Delta_r H_m^{\ominus}}{RT} + C \qquad (1-27)$$

当以 $\ln K_a^{\ominus}$ 对 $1/T$ 作图，可得一条直线，该直线和垂直轴的交点为积分常数，而直线的斜率即为：$-\dfrac{\Delta_r H_m^{\ominus}}{R}$，求出斜率，就可求出 $\Delta_r H_m^{\ominus}$。

可逆反应中产物和反应物的自由能变，也可从平衡常数求出，如下：

$$\Delta_r G_m^{\ominus} = -RT\ln K_a^{\ominus} \qquad (1-28)$$

判断一个反应能否自动进行，可以从下式中看出：

$$\Delta_r G_m = \Delta_r G_m^{\ominus} + RT\ln Q_a = -RT\ln K_a^{\ominus} + RT\ln Q_a = RT\ln\frac{Q_a}{K_a^{\ominus}} \qquad (1-29)$$

如果 $Q_a > K_a^{\ominus}$，则反应不能自动进行；如果 $Q_a < K_a^{\ominus}$，则反应能自动进行。

由 $\Delta G = \Delta H - T\Delta S - S\Delta T$，反应常常是在等温等压下进行的，则在标准态下：

$$\Delta_r G_m^{\ominus} = \Delta_r H_m^{\ominus} - T\Delta_r S_m^{\ominus} \qquad (1-30)$$

$\Delta_r H_m^{\ominus}$ 可由实验测定；$\Delta_r G_m^{\ominus}$ 可由实验测定；求 $\Delta_r S_m^{\ominus}$ 可由式（1-30）求得。

1.3.2 动力学基础

动力学是研究化学反应速率的科学。化学反应速率常常受反应条件的影响，如反应物浓度、反应介质、pH、温度以及有无催化剂等，这些都是决定反应速率的重要因素。

关于化学反应在催化剂作用下为何会加速的问题，法国化学家 Paul Sabatier 最先通过实验验证，对有机化学中大量催化作用的研究，发现了许多新催化反应和催化剂，认为这不是单纯有无催化剂的问题，而是由于催化剂在反应过程中参与了反应，反应才能被加速。并指出，这是一种特殊的参与过程，催化剂在过程中不仅没有消失，而且能重新复原。

不涉及任何具体例子来探讨这一概念，设有这样的反应：

$$A + B \Longrightarrow AB \qquad (1-31)$$

当平衡处于产物 AB 时，逆反应可以略去不计。如果这种合成只能在催化剂存在下才发生，那么反应可以想象由如下分步骤组成：

$$A + K \longrightarrow AK \qquad (1-32)$$

$$AK + B \Longrightarrow AB + K \qquad (1-33)$$

这里 K 是催化剂。在 K 的作用下，反应才能得到加速。同时可以看到，在合成 AB 后，K 的量并未改变，也就是说，K 没有在产物中，同时也没有变化。中间化合物 AK 不能太不稳定，否则 AK 的生成速度过慢，也不能太稳定，否则不能进一步与 B 反应生成 AB，使 K 再生完成催化循环。

由反应速率方程 Arrhenius 关系式 $k = k_0 \exp(-E/RT)$ 可知，当其他条件（频率因子 k_0，

温度 T) 一定时，反应速率是活化能 E 的函数。反应分子在反应过程中克服各种障碍，变成一种活化体，进而转化为产物分子所需的能量，称为活化能。通常，催化反应所要求的活化能 E 越小，则此催化剂的活性越高，即其所加速的反应速率就越快。

研究证明，催化剂具有催化活性，是由于它能够降低所催化反应的活化能；而它能够降低活化能，则是由于在催化剂的存在下，改变了非催化反应的历程。

以重要的工业合成氨反应式为例，N_2 和 H_2 分子在无催化剂存在时，反应速率极慢，若使其原料分子内的化学键断裂而生成反应性的碎片，需要大量能量，其对应的活化能经测定为 238.5kJ/mol。对这两种碎片，经计算求得，其相结合的概率很小，因而，在较温和的条件之下，自发地生成氨是不可能的。然而，当催化剂存在时，通过它们与催化剂表面间的反应，促进反应物分子裂解等一系列反应。

$$H_2 \longrightarrow 2H_a \tag{1-34}$$

$$N_2 \longrightarrow 2N_a \tag{1-35}$$

$$N_a + H_a \longrightarrow NH_a \tag{1-36}$$

$$NH_a + H_a \longrightarrow (NH_2)_a \tag{1-37}$$

$$(NH_2)_a + H_a \longrightarrow (NH_3)_a \tag{1-38}$$

$$(NH_3)_a \longrightarrow NH_3 \tag{1-39}$$

在上述各步中，速控步骤是式（1-35），即氮的吸附，它仅需 52kJ/mol 的活化能。由此带来的反应速率增加极为巨大。在 500℃ 时，将多相催化与均相催化合成氨反应速率相比，前者为后者的 3×10^{13} 倍。

1.3.3　微观理解

瑞典化学家 Berzelius 首先引进希腊文的催化作用一词，其含义是拆散或松开，他假设催化剂对反应物施加了一种特殊的"催化力"，这种力是电化学亲和势的另一种表现形式。后来，德国物理化学家 Ostwald 指出催化是一种动态现象，认为催化剂是加速化学反应而不影响化学平衡的作用剂（仅适用于可逆反应）。而法国化学家 Sabatier 则认为催化作用不过是一种由某些物质引起或加速化学反应的机制，这些物质本身并不产生不可逆的变化。

在近代，一般认为催化剂可以降低反应的活化能，降低活化能是催化作用的基本原理。化学键理论认为化学反应涉及原有化学键的削弱或断裂以及新化学键的生成。过渡态理论则认为反应物和生成物之间存在着一个或数个能垒（其总和在数值上等于该反应的活化能），反应物必须有足够的能量越过这些能垒才能变成生成物。催化剂可以在化学键的活化和能垒的降低这两方面起促进作用，从而加速了反应速率。

从化学反应的微观角度来看，所有能促进能量传递、电子传递、电荷传递或反映信息传递作用（至少一种作用）的物质，都可以称为催化剂。催化剂的主要功能如下：

①消除或减少自旋与角动量的量子力学选择规则或者对称性守恒规则与轨道相关规则所产生的种种限制，加快反应速率。

②可使反应参加物彼此以能量上或空间上有利的形式接近（即接近效应），从而有利于

反应。

③可通过与作用物的特殊相互作用，而引进其他有效的反应途径。

只要能像第三体那样在碰撞反应中提供一种弱的微扰，那么每种物质都会具有这种或那种的催化性。虽然催化现象自成体系，属于催化剂的化学本性以及某些催化剂与作用物之间的特殊相互作用，但催化效应基本上可归因于上述 3 种基本功能。

总之，一般来说，催化剂可使一个热力学上有利但进行得太慢的化学反应，在动力学上有利而变得具有实际应用价值。

此外，对于相同的原料（起始反应物），在不同的催化剂和反应条件作用时，可以得到不同的产物。例如，以乙烯（C_2H_4）和氧（O_2）为原料，$PdCl_2/CuCl_2$ 为催化剂，在常压和 543K 时，生成乙醛（CH_3CHO）；而以 Ag/Al_2O_3 为催化剂时，在常压和 523K 时，则生成环氧乙烷（CH_2CH_2O）。而使用相同原料和不同催化剂也能得到相同产物。以乙烯为原料，分别在 423～453K 和 202.6MPa，423～453K 和 3.0MPa，以及 333～353K 和常压的反应条件下，以 Cr_2O_3—SiO_2—Al_2O_3 或 MnO_3—Al_2O_3 为催化剂，以及 Ziegler—Natta 型催化剂，均发生催化聚合反应生成相同产物聚乙烯，但产物的立体等规度不同。

1.4 催化剂分类

目前工业应用的催化剂已达 2000 种以上，并仍在不断增加。为了研究、生产和使用上的方便，可以从催化剂的聚集状态、化学键种类、元素周期表分布区域以及工艺工程特点等方面进行分类。

1.4.1 根据聚集状态分类

催化剂自身以及被催化的反应物，都可以分别是气体、液体或固体这三种不同的聚集态。因此，理论上催化剂与反应物之间有多种组合方式见表 1-1。

表 1-1 催化剂与反应物之间的组合方式

催化剂类型	反应物类型	举例
液体	气体	磷酸催化烯烃聚合反应
固体	液体	金催化过氧化氢分解
固体	气体	铁催化合成氨反应
固体	液体+气体	钯催化硝基苯加氢反应生成苯胺
固体	固体+气体	二氧化锰催化氯酸钾分解制氧气
气体	气体	NO 催化 SO_2 氧化为 SO_3

当催化剂和反应物形成均一相时，这种催化反应称为均相反应。如催化剂和反应物均为气体时称为气相均相催化反应，如 I_2、NO 等气体分子催化的热分解反应。当催化剂和反应物

为不同相时，反应称为多相催化反应。对于典型的多相催化反应，催化剂常常为固体。如为气体反应物，形成气—固多相催化系统，包括氨的合成、乙烯氧化合成环氧乙烷、丙烷或丙烯氨氧化制丙烯腈等。如为液体反应物，形成液—固多相催化系统，包括 Ziegler—Natta 催化剂用于烯烃本体聚合反应等。但是不能仅依据反应物和催化剂的初始状态判断，需要按照实际反应情况加以区分，如液相催化剂（PdCl$_2$+CuCl$_2$），催化乙烯和氧气反应合成乙醛时，尽管反应物是气体，在反应器中形成了气、液两相，但是催化反应发生在液相溶剂相中，因此属于均相反应。对于二甲苯氧化制对苯二甲酸反应，催化剂醋酸盐和溴化物溶于冰醋酸溶剂中，反应初期二甲苯与醋酸中溶解的氧气发生反应，属于液相均相反应。随着反应时间延长，不溶性的产物对苯二甲酸形成过饱和结晶而析出，属于液固相反应，甚至气—液—固三相反应。酶发生催化反应时，酶本身呈液体状均匀分散在水溶液中（均相），但反应却从反应物在酶表面的积聚开始（多相），因此酶催化同时具有均相和多相催化的特点。

1.4.2　根据化学键分类

无论催化反应或非催化反应，均为以化学键为动因，分子内原子或原子团改组重排为结果。表 1-2 列出了根据化学键的不同类型对催化反应和催化剂的分类，发现反应中可以同时形成多种类型的化学键，体现了催化剂的多功能性。如乙烯直接氧化制乙醛（Wacker 法），催化剂 PdCl$_2$ 除了与乙烯形成 π 配合物以外，其自身还会发生氧化还原作用变为金属。

表 1-2　根据化学键的不同类型对催化反应和催化剂的分类

化学键类型	催化剂	反应类型
金属键	过渡金属、活性炭	自由基反应
共价键	燃烧过程中形成的自由基	氧化还原反应
离子键	MnO$_2$、醋酸锰、尖晶石	氧化还原反应/酸碱反应
配位键	BF$_3$、AlCl$_3$、H$_2$SO$_4$、H$_3$PO$_4$	酸碱反应
金属键	Ziegler—Natta、Wacker 法	金属键反应
金属键	Ni、Pt、活性炭	金属键反应

1.4.3　根据元素周期律分类

元素周期律将元素分为主族元素和过渡金属元素。主族元素的单质由于反应性较大，很少被用作催化剂，它们的化合物几乎不具备催化氧化还原的能力，但是具有酸—碱催化能力。过渡金属元素具有易被转移的电子（d 或 f 电子），易发生电子的传递过程，所以过渡金属单质以及其离子形态（包括氧化物、硫化物、卤化物、配合物等），均展现较好的催化氧化还原反应性能。此外，过渡金属离子还具备酸—碱催化反应性能。

1.4.4　根据催化剂组成及其使用功能分类

以大量的实验为基础，归纳整理催化剂的分类，结果见表 1-3。不同的催化剂种类适用的催化反应有差异。如金属催化剂（Fe、Ni、Pt 等），常适用于加氢、脱氢、加氢裂解等催化反应。

表 1-3　多相催化剂分类

类别	功能	例子
金属	加氢、脱氢、加氢裂解	Fe、Ni、Pd、Pt、Ag
半导体氧化物和硫化物	氧化、脱氢、脱硫	NiO、ZnO、MnO_2、Cr_2O_3、Bi_2O_3—MoO_3
绝缘体氧化物	脱水	Al_2O_3、MgO
酸	聚合、异构化、裂化、烷基化	H_3PO_4、H_2SO_4、SiO_2—Al_2O_3

1.4.5　根据工艺与工程特点分类

依据催化剂的组成结构、性能差异和工艺工程的特点，把催化剂分为多相固体催化剂、均相催化剂和酶催化剂 3 大类，这是目前常见的催化剂分类方法。

1.5　常见催化剂的基本组成

1.5.1　多相固体催化剂

目前多相固体催化剂常用于石油化工等行业，发生气—固相催化反应和液—固相催化反应等。从化学成分上看，这类工业催化剂包括金属、金属氧化物或硫化物、复合氧化物、固体酸、碱、盐等。除了早期用于加氢反应的 Raney 镍等单组分催化剂外，大部分催化剂都是由多种单质或化合物组成的混合物，即为多组分催化剂。这些组分可根据其分别在催化剂中发挥的作用定义为主催化剂、共催化剂、助催化剂、载体等。

1.5.1.1　主催化剂

主催化剂是发挥催化作用的根本性物质，没有它，催化剂就不存在催化作用。例如，在合成氨催化剂中，无论有无 K_2O 和 Al_2O_3 组分，金属铁对合成氨反应始终具有催化活性，只是其活性和寿命具有差异。若催化剂中不含金属铁组分，则催化剂无催化活性。因此，金属铁组分是合成氨催化剂的主催化剂。

1.5.1.2　共催化剂

共催化剂是能和主催化剂同时起作用的组分。例如，脱氢催化剂 Cr_2O_3—Al_2O_3 中，单独 Cr_2O_3 就有较好的活性，但单独 Al_2O_3 活性则很小，即 Cr_2O_3 是主催化剂，Al_2O_3 是共催化剂；但在 MoO_3—Al_2O_3 型脱氢催化剂中，单独的 MoO_3 或 γ-Al_2O_3 活性均很小，但把两者组合起来，可得到高活性的催化剂，即 MoO_3 和 γ-Al_2O_3 互为共催化剂。随着合成氨催化剂的发展，发现新型的合成氨催化剂 Mo—Fe 合金，当 Mo 与 Fe 混合比为 4∶1 时，其活性比单独的 Fe 或 Mo 都高，即 Mo 是主催化剂，而 Fe 为共催化剂。

1.5.1.3 助催化剂

助催化剂是催化剂中能提高主催化剂的活性和选择性，改善催化剂的耐热性、抗毒性、机械强度和寿命等性能的组分。虽然助催化剂本身并无催化活性，但是在催化剂中添加少量助催化剂时，催化剂的性能将出现明显提升。依据助催化剂的功能不同，可分为以下 3 种。

（1）结构助催化剂。

能使主催化剂的粒度变小、表面积增大，防止或延缓因烧结而导致活性降低等。

（2）电子助催化剂。

通过助催化剂的合金化使其空 d 轨道发生变化，实现主催化剂的电子结构的改变，从而提高催化剂的活性和选择性。

（3）晶格缺陷助催化剂。

晶格缺陷助催化剂使主催化剂的晶面原子排列无序化，即通过增大晶格缺陷浓度从而提高催化剂的活性。

以氨合成催化剂为例，只有 Fe 组分时，催化剂寿命短、易中毒、活性较低。但加入少量 Al_2O_3 或 K_2O 后，催化剂的性能大大提高。对于实际应用的工业催化剂，往往添加不止一种助催化剂，而可能同时添加数种。表 1-4 分别列举了典型工业催化反应中催化剂的组成及作用。对于不同反应的催化剂，添加的助催化剂种类多样，即使同一种物质（如 Al_2O_3 或 K_2O）在不同催化剂中所发挥作用也不一定相同。

表 1-4 助催化剂及其作用类型

反应过程	催化剂（制法）	助催化剂	作用类型
氨合成 $N_2+3H_2 \rightleftharpoons 2NH_3$	Fe_3O_4、Al_2O_3、K_2O（热熔融法）	Al_2O_3 K_2O	A_2O_3 结构性助催化剂；K_2O 电子助催化剂，降低电子逸出功，使 NH_3 易解吸
CO 中温交换 $CO+H_2O \rightleftharpoons CO_2+H_2$	Fe_3O_4、Cr_2O_3（沉淀法）	Cr_2O_3	结构性助催化剂，与 Fe_3O_4 形成固溶体，增大比表面积，防止烧结
萘氧化萘十氧→邻苯二甲酸酐	V_2O_5、K_2SO_4（浸渍法）	K_2SO_4	与 V_2O_5 生成共熔物，增加 V_2O_5 的活性和生成邻苯二甲酸酐的选择性、结构性
合成甲醇 $CO+2H_2 \rightleftharpoons CH_3OH$	CuO、ZnO、Al_2O_3（共沉淀法）	ZnO	结构性助催化剂，把还原后的细小 Cu 晶粒隔开，保持大的 Cu 表面
轻油水蒸气转化 $C_nH_m+nH_2O \rightleftharpoons nCO+\left(\dfrac{m}{2}+n\right)H_2$	NiO、K_2O、Al_2O_3（浸渍法）	K_2O	中和载体 Al_2O_3 表面酸性，防止结炭，增加低温活性、电子性

1.5.1.4 载体

载体是固体催化剂所特有的组分，可以增大表面积，提高耐热性和机械强度，甚至还能作为共催化剂或助催化剂。载体与助催化剂之间的不同在于，载体在催化剂中的含量远大于助催化剂。

载体是活性组分的分散剂、胶黏剂或支载物。载体的最初用途在于，增加催化活性物质的比表面积，因其为惰性物质，对催化反应无贡献。但是后来发现载体的作用远不止于此，载体与催化活性物质会发生某种化学作用，可改变活性物质的化学组成和结构，从而提升催化剂的活性、选择性等。把主催化剂、助催化剂负载在载体上所得催化剂称为负载型催化剂。载体的物理性质，如比表面积和比孔体积，往往直接影响负载型催化剂性能。载体的分类方式很多，若依据载体的比表面积大小，可分为低比表面积、高比表面积和中等比表面积载体三类。不同方法制备或由不同产地的原料制得的载体，其物理结构往往存在差异。如氧化镁载体，由碱式碳酸镁 $[MgCO_3 \cdot Mg(OH)_2]$ 煅烧得到轻质氧化镁，而由天然菱镁矿（$MgCO_3$）煅烧所得为重质氧化镁。

尽管很多活性物质的催化活性优异，但是难以形成稳定的高分散态，特别是在高温条件下难以保持高比表面积，不能满足工业催化剂的要求。对于难以形成细分散颗粒的活性组分，可通过浸渍法，将含钼和铬的化合物沉积在氧化铝载体上，实现高分散负载型催化剂的制备。还可以将活性物质与热稳定性高的物质通过共沉淀过程，得到高活性、长寿命的催化剂。在高温条件下，金属催化剂易出现半熔或烧结现象，如纯金属铜甚至在低于200℃，由于发生熔结，而导致其催化活性迅速降低，极大限制了纯金属铜催化剂在实际生产中的应用。若以氧化铝为载体，通过共沉淀法制备金属铜负载型催化剂，负载的铜颗粒即使加热到250℃也不会发生明显的熔结现象。对于贵金属催化剂，尽管其熔点很高，但是长期在高于400℃发生催化反应，贵金属晶粒会增长，导致其活性明显下降。若将贵金属负载在耐火且难还原的氧化铝载体上，负载型催化剂发生长时间的催化反应，均不会出现晶粒明显长大的现象。这是由于载体可以发挥抑制晶粒增长和保持活性组分长期稳定的作用。

1.5.1.5 其他

稳定剂、抑制剂等。稳定剂的作用与载体相似，也是催化剂的常规组分，但前者的含量比后者小得多。结晶态的固体催化剂，若活性组分始终能保持足够小的结晶粒度以及足够大的结晶表面积，则可以发挥长时间的催化作用。但是当晶体的实际应用时，常常发生相邻较小结晶之间发生扩散和聚集的现象，导致结晶长大。例如，金属或金属氧化物以小结晶形式（<50nm）存在，当催化反应温度超其熔点一半时，极易烧结。铜晶体形成的紧密聚集体（铜的熔点1083℃），在还原气氛内200℃烧结6个月后，其最小结晶粒度将超过100nm，若在300℃烧结6个月，最小结晶粒度将超过1μm。而氧化铝（熔点2032℃）在500℃烧结6个月后，其结晶粒度增大量不超过7nm。因此，可以预见在熔点较低的金属晶体中添加耐火材料的结晶，后者发挥"间隔体"的作用，阻止易烧结的金属晶体之间的接触、聚集而长大。除了氧化铝以外，氧化镁、氧化锆等难还原的耐火氧化物均可作为抑制烧结的稳定剂。

如果在催化剂中添加少量的物质，能使主催化剂的催化活性适当降低，甚至在必要时大幅度下降，这种物质称为抑制剂。抑制剂的作用，正好与助催化剂相反。一些催化剂配方中添加抑制剂，是为了使工业催化剂的各项性能达到均衡匹配，实现整体优化，避免过高的催化活性引起局部"飞温"，或抑制副反应以及积碳现象等。

1.5.2 均相配合物催化剂

20世纪60年代以前，石油化工常采用多相固体催化剂。随着催化剂技术发展，可溶性的过渡金属配合物获得了大规模的工业应用。例如，用于由乙烯合成乙醛的钯配合物（Wacker 法）催化剂，用于甲醇羰基化合成乙酸的铑配合物催化剂，用于烯烃二聚、低聚及聚合的可溶性 Ziegler 催化剂，以及用于烯烃聚合的均相茂金属催化剂等。这些均相配合物催化剂的理论基础——配位化学，已成为当前化学领域中最活跃的前沿学科之一，它联系并渗透到几乎所有的化学分支学科。截至 2015 年，在石油化工中均相配合物催化剂已用于 20 余个生产过程，约占整个催化生产过程产量的 15%，预测未来将不断提升。

均相配合物催化剂的合成过程是配合物生成反应，如下：

$$A+B: \longrightarrow A:B \tag{1-40}$$

早在 19 世纪末至 20 世纪初，已经发现金属卤化物和某些盐类，能形成中性的"化合物"，且通常易在水溶液中形成。这是由于发生电子的给予或接受而形成化学键，生成配合物。如配合物中性盐 $CoCl_3 \cdot 6NH_3$，可记作 $[Co(NH_3)_6]^{3+}Cl_3^-$，若围绕金属离子的分子或离子作为配体，分别占据在八面体或正方形的角上，则可得到立体结构不同的配合物。

均相配合物催化剂在化学组成上是由中心金属（M）和环绕在其周围的其他离子或中性分子（即配位体）组成。凡是含有两个或两个以上孤对电子或 π 键的分子或离子，通称为配位体，例如 Cl^-、Br^-、CN^-、H_2O、NH_3、$(C_6H_5)_3P$、C_2H_4 等。而配合物催化剂的中心金属 M，常为 d 轨道未填满电子的过渡金属，包括 Fe、Co、Ni、Ru、Zr、Ti、V、Cr、Hf 等。配位体虽然不直接参与催化反应，但对金属—碳键和金属—烯烃（或 CO）键，起着很大作用，影响催化反应的进行。

配合物催化剂中，一类是在中心金属周围没有配位体存在的原子态催化剂，如采用裸镍或铝进行的丁二烯聚合催化剂；另一类则是中心金属拥有若干配位体。后一类实用价值更大，它是通过对原子态金属添加对金属具有强亲和力的配位体，从而显著提高催化活性和选择性，如 $Ti(CH_3)_3$、$Cr(CO)_6$。

对比于非均相固体催化剂的功能组成，均相配合物催化剂的中心金属类似于主催化剂，配位体则类似于助催化剂，或主催化剂与助催化剂均是均相配合物。但是均相配合物催化剂也有缺陷，如催化剂分离回收困难，引入了稀有或贵金属，热稳定性差，易腐蚀反应器等。因此，配合物催化剂研究的热点之一是配合物的固相化（或负载化）生成非均相催化剂，载体包括硅胶、氧化铝、活性炭、分子筛等传统无机材料，以及离子交换树脂、交联聚苯乙烯、聚氯乙烯等有机高分子材料。

1.6　催化剂反应性能

催化活性是评价催化剂性能好或差的最主要指标之一，通过该催化剂对目标催化反应的化学活性或化学反应性来考察催化剂的优劣。此外，在催化活性好的基础上，催化剂的物理化学性质和力学性能等也是判断催化剂优劣的主要指标。

通俗地说，所谓催化活性就是在指定反应条件下，催化剂促进目标反应能力的大小。因此，催化活性与反应物被转化的程度、所得目标产物在总产物中的比例以及目标产物的单程产率密切相关。一般说来，催化剂活性评价的 3 大指标为转化率、选择性和产率。必须注意的是，不能没有指明具体的反应物或产物，而笼统含糊地说这 3 个指标数值是多少。对转化率必须指明是对哪个反应物的转化率，对选择性必须指明是由哪个反应物（一般指主要反应物）催化转化成哪个产物（一般指所需的目标产物）的选择性，而对产率也必须指明是对哪个产物的得率。

1.6.1 转化率

通常，在标明具体反应条件（如在多相催化反应中的温度、压力、空速等）的前提下，某个指定反应物（如反应物 A）的转化率可定义为：

$$\text{指定反应物的转化率} = \frac{\text{反应后指定反应物已被消耗或转化的物质的量}}{\text{反应开始前该指定反应物的物质的量}} \times 100\% \quad (1-41)$$

即反应后被消耗的数量占其起始时数量的百分比。当然，这个百分数越高转化率越好。虽然定义是用物质的量表示，但实际应用计算时，只要这些数量的单位是一样的，根据换算关系得出的结果也是一样的。如果用 C_A 表示反应物 A 的转化率，用 M_{0A} 表示反应开始前的反应物 A 的物质的量，用 M_A 表示反应后的反应物 A 的物质的量，则对于下列催化反应通式：

$$aA + bB + \text{催化剂} \longrightarrow cC + dD + \cdots + \text{催化剂} \quad (1-42)$$

可用下式计算反应物 A 的转化率：

反应物 A 的转化率：

$$C_A = \frac{M_{0A} - M_A}{M_{0A}} \times 100\% \quad (1-43)$$

同样，对于反应物 B 的转化率：

反应物 B 的转化率：

$$C_B = \frac{M_{0B} - M_B}{M_{0B}} \times 100\% \quad (1-44)$$

1.6.2 选择性

一个或若干个反应物通过催化反应后，如果只生成一个所需要的目标产物，没有其他产物，这只是理想情况，通常催化反应后有许多种产物，其中某种是目标产物。因此，类似地，选择性可定义为：

$$\text{选择性} = \frac{\text{反应后所得到的目标产物的物质的量}}{\text{所指定的反应物反应后被消耗的物质的量}} \times 100\% \quad (1-45)$$

即反应后所得到的某个指定目标产物的数量跟某个指定反应物反应后被消耗数量的百分比，当然，这个百分数也是越高越好。虽然定义是用物质的量，但实际应用计算时，只要这些数量的单位是一样的，根据换算关系得出的结果也是一样的。如果在上述的催化反应中，用 S_{A-C} 表示反应物 A 通过催化反应后转化成目标产物 C 的选择性（若在主要反应物 A 众所周知的前提下，往往只强调生成目标产物 C 的选择性时，简单地以 S_C 来表示），即：

反应物 A 转化成目标产物 C 的选择性：

$$S_{A-C} = \frac{M_C/c}{(M_{0A}-M_A)/a} \times 100\% = \frac{aM_C}{c(M_{0A}-M_A)} \times 100\% \tag{1-46}$$

同样，对于反应物 A 转化成产物 D 的选择性 S_{A-D}，则：

反应物 A 转化成目标产物 D 的选择性：

$$S_{A-D} = \frac{M_D/d}{(M_{0A}-M_A)/a} \times 100\% = \frac{aM_D}{d(M_{0A}-M_A)} \times 100\% \tag{1-47}$$

依此类推，对于反应物 B，同样可以写出类似的其转化成产物 C 或 D 的选择性计算式。不过，在评价一个催化剂及其催化反应时，通常重点考察主要反应物的转化率和主要目标产物的选择性，其他的可以作为参考数据使用。如果有几种产物都是所需要的目标产物，可以将这几种产物归为一类（如 C_2 类）来计算这一类产物的选择性。

1.6.3　产率

催化反应后某个产物的产率也就是某个产物的单程收率，它也必须具体针对某个反应物来说，一般都是对主要反应物而言。某个指定反应物（如反应物 A）通过催化反应后得到某个目标产物（如产物 C）的产率，可定义为：

$$产率 = \frac{某个目标产物的物质的量}{反应开始前指定反应物的物质的量} \times 100\% \tag{1-48}$$

如果在上述的催化反应中，用 Y_{A-C} 表示反应物 A 通过该催化反应后得到产物 C 的产率，则反应物 A 通过催化反应后得到产物 C 的产率：

$$Y_{A-C} = \frac{M_C/c}{M_{0A}/a} \times 100\% \tag{1-49}$$

同样，可写出反应物 A 通过催化反应后得到产物 D 的产率 Y_{A-D} 为：

反应物 A 通过催化反应后得到产物 D 的产率：

$$Y_{A-D} = \frac{M_D/d}{M_{0A}/a} \times 100\% \tag{1-50}$$

类似地，对于反应物 B，也同样可以写出由 B 生成产物 C 或 D 产率的计算式。

产率（或单程收率）与其相关的转化率和选择性之间的计算关系为：

$$产率 = 转化率 \times 选择性 \tag{1-51}$$

对上述催化反应，以反应物 A 经过该催化反应后得到产物 C 为例，则：

$$Y_{A-C} = C_A \cdot S_{A-C} \tag{1-52}$$

1.6.4　空速

对于多相催化反应来说，如果催化剂是固体，反应物是气体（或液体），评价催化剂活性时，通常要测定并标明原料气（或液）的空速，特别在工业生产上，时空收率尤为重要，时空收率通常也叫作产率或时空得率。

空速的定义是单位时间内流过单位体积（或单位质量）催化剂的原料气（或液）体积（或质量），它表示催化反应时反应物进料的快慢。当反应物原料是气体时，通常用 1h 内通过 1L 催化剂的原料气的标准状态体积来表示，其单位为 h^{-1}。如果用 V_0 表示空速，V_t 表示在时间 t 内通过催化剂的原料气的标准状态体积，V_{cat} 表示催化剂的体积，且体积均以升为单位，则空速可按下式计算：

$$V_0 = V_t / (t \cdot V_{cat}) \tag{1-53}$$

1.6.5 接触时间

接触时间定义为空速的倒数，其单位为 h（有时也用 min 或 s）。若以 τ 表示接触时间，则：

$$\tau = \frac{1}{V_0} \tag{1-54}$$

1.6.6 时空收率

时空收率是 1h 内通过 1L 催化剂的原料气反应所得到的指定产物的数量，其单位通常是 g/(L·h)。也可用其他质量单位（如 kg 或 mol 等）或体积单位（如 mL 等）来表示。

时空收率与产率（即单程收率）和原料气空速之间存在着换算关系。一般来说，对于指定的原料气和指定的目标产物而言，在它们的计量单位相符合的情况下，有下列关系：

$$产物的时空收率 = 产物的得率 \times 原料气的空速 \tag{1-55}$$

如果各自单位不相符，则应换算成相符的；如果有化学计量数的不同，则应考虑其比例；如果只针对原料气中的某一组分，则应知道其在空速中所占的比例。

1.7 催化剂在工业生产中的应用

1.7.1 基础化工催化工艺

19 世纪后半叶至 20 世纪 20 年代，工业催化进入了基础化学工业催化工艺开发的高峰时期。将催化工艺用于合成氨的工业化具有里程碑意义。1910 年，德国卡尔斯鲁厄大学宣布，由 N_2 和 H_2 直接合成 NH_3 取得了成功。

（1）Haber 完成了 $N_2 + 3H_2 \longrightarrow 2NH_3$ 反应在加压下的热力学数据，1908 年他提出的平衡数据为在 200atm❶、600℃下，NH_3 的平衡浓度为 8%，从热力学原理上肯定了合成氨反应的可行性。

---

❶ 1atm=101.325kPa。

（2）筛选出具有工业价值的熔铁催化剂。Haber 的同事 Mittasch 经过 2500 多种配方、6500 多个实验，筛选出高活性、高稳定性和长寿命的合成氨用熔铁催化剂，为合成氨工业化奠定了基础。

（3）解决了合成氨过程的高压工程化问题，Haber 的另一位同事 C. Bosch，与 Haber 共同设计并加工了一套闭路循环合成反应的高压系统。

当时 Haber 及其同事在 BASF 公司的赞助和支持下成功地完成了以上三项工作，才使合成氨的研究具备了推向工业化的基础。

催化合成 NH_3 是催化科学与技术中重要的发明，是在适应了当时社会"固氮"发展需要而顺势完成的。它不仅表现在工业生产上，还表现在催化基础研究方面。因为多相催化中的许多新概念、新研究方法和工具都是从该反应开始提出的。如高压气相反应平衡概念、活性吸附概念、比表面积、非均匀表面概念、反应计量数概念等。

因为合成氨产业需要原料 H_2，合成氨的工业化也带动了合成气的生产。合成氨工业促进了催化剂工业生产、压缩机生产以及其他化学工艺发展，对化学工业的现代化起到了巨大的促进作用，为 1923 年高压合成甲醇工艺开发的成功奠定了基础。

继合成氨工业化后直至 1930 年，发展了以煤为原料经费—托（F—T）合成得到液体燃料，这也是一项具有深远影响的催化工艺。

1.7.2　炼油和石油化工工业

20 世纪 30~70 年代是催化科学与技术快速发展时期。1936 年，美国西海岸发现了石油、天然气，石油经催化加工可以得到作为动力燃料的成品油。1929 年由 E. J. Houdry 开发了重要的石油炼制工艺——流化床催化裂化工艺（FCC），之后 Houdry 加入美国太阳油公司，并将催化裂化工艺推向工业化，使炼油工业迅速发展起来。与此同时，中东地区的沙特阿拉伯发现世界级大油田，自此一个以石油为基础的经济时代出现了。

自 20 世纪 30 年代发现石油、天然气开始，美国研究丙烯与 H_2O 在酸性催化剂作用下水合得到异丙醇，开创了石油化学工业。美国化学家 Ipatieff 用白土作催化剂对烃类的转化做了许多开创性研究，如烃的脱氢、异构、加氢、叠合等，后来与他的学生 Pines 共同发明了高辛烷值的叠合汽油和烷基化汽油。1937 年 Ipatieff 的另一位学生 Haensel，从美国西北大学加盟到他的研究室，主要从事催化重整研究，创建了催化重整工艺。

催化裂化工艺和催化重整工艺的创建，大大加速了炼油工业的发展。尽管 Pt 重整催化剂在科学和技术上都获得了成功，但使用 3% 的 Pt 作为催化剂花费过大，美国 Chevron 公司于是开发了 Pt—Re 双金属重整催化剂，并将其工业化，其中 Pt 用量仅为 0.2%~0.7%。相比于 Pt 重整，Pt—Re 重整技术稳定性成倍提高，进一步提升了催化重整技术。

由于流化催化裂化（FCC）工艺是重要的石油炼制过程，世界生产能力约为 5 亿吨/年。20 世纪 50 年代，炼油工业使用的催化剂为白土或无定形硅铝酸盐，20 世纪 60 年代初，P. B. Wietz 等发现八面沸石具有催化活性，并成功用于 FCC 工艺中。与传统的无定形催化剂相比，沸石催化剂的催化活性要高得多，促进了 FCC 过程工程的改良。更重要的是，过程目标产物的产率显著增加，由此带来的经济效益每年在 100 亿美元以上。故人们常将 FCC 中的沸石催化剂作为石油工业真正革命的标志。

炼油工艺的 FCC 和催化重整等加工过程，提供了大量的三烯（乙烯、丙烯、丁二烯）和三苯（苯、甲苯、二甲苯）等优质化工原料，再加上催化低聚和聚合技术的发明，为石油化学工业和高分子化工创造了发展空间。

1.7.3　合成高分子材料工业

早在 20 世纪 30 年代末，英国化学家在研究高压、高温下的气体行为时，发现乙烯在 O_2 的作用下变成了具有弹性的白色固体，其具有优良的绝缘性能。实际上这就是后来被普遍应用的高压聚乙烯（PE）过程，O_2 作为自由基聚合的引发剂。1953 年，K. Ziegler 发现反应釜壁沾满了白色固体 PE，但该过程没有高压、高温条件，研究发现是由于金属 Ni 的催化作用。不同于高压法得到的 PE，这个过程得到的 PE 为线型高密度聚乙烯（HDPE），属结晶型。

Ziegler 的发现在两个方面具有重要意义：

（1）发现了聚烯烃工业合成的新方法。

（2）启发了科学家利用金属有机化合物作为催化剂，开拓研究领域。

这种催化聚合方法很快就从实验室推向工业化，诞生了聚合物高分子工业。最初的催化剂活性很低，生产能力也很低，PE 生产后用于销售之前必须除去残存的催化剂组分，需花费很大的成本。因此开发高活性、高生产能力的催化剂体系，免除 PE 产品脱灰成为关键的问题。后来开发的负载在 $MgCl_2$ 上的钛催化剂具有很高的活性，每克催化剂能够生产 PE 100kg，实现了免除 PE 脱灰的目标。

1980 年，Kaminsky 和 Sinn 发明了烯烃聚合的茂金属催化剂，是由两个环戊二烯（CP）和中间夹一过渡金属 T_{Me}，具有三明治结构的有机金属化合物。与传统的齐格勒—纳塔（Ziegler—Natta）型催化剂的不同之处是活性中心单一，所以又称为单中心催化剂，简称为 SSC。单中心催化剂具有价值的特点是通过设计催化剂结构，即可控制聚合物产品的结构。

1.7.4　制药工业

1990~2005 年，手性催化领域发展迅速，社会对手性化合物的需求量极大，特别是医药、农药和精细化学品。手性催化，包括均相手性催化和多相手性催化两大体系。均相手性催化合成的产品 L-dopa（左旋多巴）是一种用于帕金森病的药物，左旋体有效，而右旋体则为毒物。

从工艺上讲，多相手性催化优于均相手性催化。多相手性催化可利用固体表面的不对称性和纳米孔道的立体选择性，以提高对映选择性，从而拓展手性催化的研究思路和领域。在没有手性中心的环境中，分子结构互为镜像的两种对映异构体的形成可能性是相同的；在有手性中心的环境中，二者空间构型不同的过渡态，其活化能不同，导致某种对映异构体优先选择形成。活化能不同的过渡态来源于手性试剂和底物的相互作用。具有对映选择性的催化剂，一般具有控制不同底物的活化能力和控制反应产物的功能。不同于一般催化剂，手性催化剂除了要保证较高的收率外，还要保证较高的光学纯度。目前，影响最大、应用最广的是手性膦配体催化剂。

多相手性催化是一个多学科交叉的新领域，涉及材料科学、有机化学、配位化学、物理化学等，通过各学科的融合和集整，开展多相手性催化的深入研究。

1.8　催化发展的新领域

1.8.1　高附加值化学品催化合成

催化作用是现代化学工业的核心，在石油化工过程占 80% 以上。在各种催化反应中，氧化和加氢过程在化学、农业、制药、食品、汽车、医疗工业等众多领域均具有重要意义。在化学品众多生产工艺中，三分之一为催化氧化反应。工业生产中，常以石油为原料生产系列高附加值的化学品和中间体，如环氧化物、醇、酮、醛、酯和酸等。催化加氢反应，则以碳碳多键、不饱和酮或醛等原料发生加氢反应而生产油脂，满足人们日常生活的需求。

催化剂的发展是催化科学的核心，即通过较低能垒途径，实现更快速率、低成本、可持续的催化反应。用于催化氧化和加氢反应的均相催化剂，如有机金属型催化剂表现出优异的催化性能，并已完成工业化投产使用。但是，均相催化剂的回收成本高，且稳定性相对有限，这些仍然是制约均相催化剂进一步发展的关键因素。与均相催化剂相比，多相催化剂具有可回收、易分离、低腐蚀性等优点，成为当前的研究热点。

1.8.1.1　多孔载体分散金属纳米催化剂催化氧化/加氢反应

贵金属作为优异的催化氧化或加氢反应的催化剂，如钯、金、铂、铑，但贵金属的成本高昂，需开发催化活性堪比贵金属的金属催化剂。比如将金属分散到合适的载体上，得到纳米金属颗粒，是获得高效、较廉价贵金属催化剂的有效方法。多孔碳基材料由于高比表面积和孔隙率、优异的稳定性和导电/热性以及低合成成本等优点，是一种合适的载体，用于制备负载型金属催化剂，实现较高的金属颗粒分散度和电子转移效率，从而发挥优异的催化性能。此外，通过调节孔隙率和掺杂杂原子等方式，还可以进一步提高碳基负载金属催化剂的催化活性。制备碳基负载金属催化剂的方法，包括直接负载金属颗粒于多孔碳上，以及含金属元素的有机前驱体的热解。但是如何构建超细金属纳米颗粒均匀分散于杂原子掺杂的多孔碳上，仍是当前研究的热点与难点。

作为新型多孔材料，金属有机框架（MOFs），由无机金属和有机配体组成，具有高比表面积、限定的孔径、密集且开放的金属位、成分组成多样、易调控等特性，是极具前景的含金属型催化剂。此外，MOFs 也是合成高分散金属负载型催化剂的自牺牲模板/前驱体，即MOFs 在高温处理后，逐渐分解转化为碳，金属原位转化为金属或金属复合物颗粒，并高度分散于热解生成的多孔碳之间。与传统方法相比，以 MOFs 为前驱体合成金属负载型催化剂，属于过程简便、适用性广的方法，且保留了前驱体 MOFs 的结构特性，完成来自有机配体的杂原子均匀掺杂。因此，仅通过调控金属和配体的类型以及 MOFs 前驱体的拓扑结构，即可实现特定设计的 MOFs 衍生负载型催化剂。

MOFs 具有大表面积、高孔隙率和组成成分多样等特点，为各种负载金属的碳基多孔催化剂的合成提供了通用、可行的路径。大多数 MOFs 衍生的产物不仅保持了其前驱体的多级孔结构，而且表现出比前驱体更高的热稳定性和导电性。MOFs 常被用作合成多孔碳负载的金属或金属化合物（金属氧化物、金属硫化物、金属磷化物、金属碳化物等）的牺牲模板。在惰性气氛（Ar、N_2、Ar/H_2、Ar/CO 等）下，以一定的加热速率，在不同温度（通常为 800~1200℃）MOFs 发生热解。MOFs 的组成、煅烧气氛、热解温度、加热速率和预处理过程等因素，均对控制金属或金属化合物纳米颗粒大小、分散程度以及碳载体的多孔结构、组成起着重要作用。对 MOFs 衍生的金属或金属化合物/碳复合材料进行化学蚀刻，可以合成无金属的多孔碳，而进行热解处理时，可合成多孔金属氧化物。此外，通过控制热解过程参数，可合成 MOFs 衍生的负载型单原子催化剂（SAC）。

MOFs 衍生的多孔纳米材料已被广泛应用于储能和转换、气体吸附和分离、化学传感器和催化转化等领域。同时，MOFs 衍生的多孔催化剂在有机催化转化领域表现出了极大的潜力，可有效减少添加剂参与，使反应条件更温和，提高催化效率，降低废物排放量等。

醇的选择性氧化过程，用于生产醛、酯、酮和羧酸等碳基产品，是最重要的有机反应之一，广泛应用于合成生物燃料、染料、药物等化学工业。酯是醇类氧化的重要产物之一，在农药、食品添加剂、饲料和药物等方面具有重要的应用价值。传统的酯类合成过程，为醇类经过两步转化反应，即先合成醛，再与醇发生反应而成。因此，醇的直接酯化法将是一个非常有前景的酯合成途径，不仅可以有效地简化反应过程，避免试剂的浪费、非需副产品的生成，而且可降低生产成本、节省能源。

MOFs 衍生的催化剂用于醇直接氧化合成酯时，展现出优异的性能。Jiang 等在 700℃、N_2 气氛下热解处理 ZIF-67，合成了 N 掺杂多孔碳（NC-700-3h），其上均匀分散了 Co 纳米颗粒和表面氧化的 CoO，对醇直接氧化制酯反应具有优异的催化性能。作为载体，N 掺杂多孔碳可以稳定金属活性位、促进底物和产物的传质，而高度分散于多孔碳内的 Co 纳米颗粒和 CoO 将易于接触反应物、参与催化氧化过程。在碳酸钾存在条件下，以 O_2 为氧化剂，反应温度为 80℃，NC-700-3h 催化苯甲醇直接氧化反应，苯甲醇转化率为 100%，产物苯甲酸甲酯的选择性为 100%。当无碱参与时，苯甲醇转化率和苯甲酸甲酯选择性均有下降，分别为 40% 和 15%。NC-700-3h 具有优异的循环催化氧化性能，连续 6 次催化氧化反应后，始终保持良好的催化氧化性能和选择性。

随着可再生能源的发展，氢能产业在全球加速兴起。目前，MOFs 衍生的 Co 基催化剂已被广泛用于在 H_2 存在下还原芳香胺化合物。Xia 等利用前驱体 ZIF-9 制备了嵌入高分散钴纳米颗粒的 N 掺杂多孔碳（Co@CN-800）。关于 N 的存在形式，石墨氮为主，占比为 66.3%，而 Co@CN-800 中金属态 Co 含量约为 48%。在温和反应条件（70℃，2.0MPa H_2）下，Co@CN-800 可以完全催化还原硝基苯，产物硝基芳烃选择性高达 99%，其催化加氢性能优于钴粉催化剂。Co@CN-800 优异的催化加氢性能归因于 Co 纳米颗粒与掺杂氮之间的协同作用，以及丰富孔结构和高分散 Co 金属颗粒的存在。Li 等合成了用于选择性催化硝基芳烃加氢的

Co/CN 催化剂。以 4-硝基苯乙烯为底物,评价了 Co/CN 对硝基芳烃加氢反应的催化性能。其中,Co/CN-600 在反应条件下(即 1MPa H_2、100℃和 3h)的催化效率最高,4-硝基苯乙烯转化率为 99%,4-氨基苯乙烯选择性为 97%。如提高催化剂合成的煅烧温度,Co/CN 的催化加氢性能反而下降,这是由于升高温度导致热解所得催化剂中 N 含量下降。去除 N 掺杂和 Co 金属后,所得催化剂对催化加氢反应性能极低,这一对照实验表明,Co 纳米颗粒和 N 掺杂碳两者之间的协同作用使得 Co/CN-600 具有突出的选择性加氢反应性能。原位 ATR-IR 和 XPS 测试也发现,Co/CN-600 的 Co-N 中心对在优先吸附反应物的硝基发挥了至关重要的作用。

1.8.1.2 光/电催化加氢技术

除了热催化加氢途径,光催化和电催化加氢也受到越来越多的关注,这可以由太阳能、风能和其他可再生资源驱动。事实上,太阳能和风能技术在世界范围内蓬勃发展,特别是在中国、欧洲、美国和日本等国家。光催化剂是从氢供体中生成氢物种过程的关键,氢供体包括醇、甲酸铵、草酸、草酸铵、三乙醇胺等,这些氢供体也被称为空穴捕获剂。在光照下,光催化剂产生光生电子和空穴,迁移到表面,空穴可以氧化醇等氢供体,产生酮和质子,而与质子偶联的电子还原硝基芳烃生成相应的苯胺。除了氢物种的形成和硝基的活化等因素以外,电荷的分离与复合速率是影响其催化加氢性能的另一个重要因素。

光催化还原法适用于还原各种硝基芳烃,Li 等首次研究了 TiO_2 光催化 6-硝基香豆素加氢反应,产物 6-氨基香豆素产率为 79%。Zhang 等报道了 N 掺杂的 TiO_2,以甲醇为氢供体进行光催化硝基芳烃加氢反应。但是 TiO_2 型光催化剂,包括锐钛矿或 P25,由于其电荷分离效果差,吸附硝基芳烃的强度较弱,导致其光催化活性较差、选择性不足。

由于半导体 TiO_2 的宽带隙,仅吸收紫外光而激发,因此具有可见光响应的窄带隙半导体如硫化镉等引起了广泛的关注。Xu 等报道了石墨烯/CdS 复合材料在可见光下选择催化还原具有不同取代基的硝基芳烃。石墨烯/CdS 比单独 CdS 具有更高的光催化活性,这归因于石墨烯显著增强了石墨烯/CdS 复合催化剂对反应底物的吸附,并促进了载流子的分离,从而促进光生电子参与光催化加氢反应。

电催化还原硝基芳烃,即发生阴极反应使硝基芳烃还原为苯胺,而阳极反应为水氧化($2H_2O \longrightarrow 4H^+ + O_2 + 4e^-$),由水氧化产生的质子与电子而驱动整个加氢过程。通常电催化加氢的操作电位在水析氢反应的范围内,导致硝基芳烃还原和水还原析氢反应属于竞争反应。因此,选择合适的阴极材料是实现高效电催化硝基芳烃加氢的关键。到目前为止,为此开发了多种金属阴极材料,包括贵金属(Pd、Pt、Ag)及非贵金属(Fe、Cu 和 Ni)等。Jiang 等以 $Cu_{70}Zr_{30}$ 合金作为前驱体,通过化学刻蚀选择性溶解 Zr 后,合成了铜基无定形合金,用于电催化还原硝基苯。该合金电催化剂表面具有丰富铜物种,电化学活性表面积大幅增加,是有效的电催化硝基苯还原催化剂。

1.8.2 电催化能量转化

1.8.2.1 以二维材料构建的异质结

目前人们关注的环境问题,包括气候变化以及由大量消耗化石能源导致的 NO_x 和 CO_2 排放等。随着人们对环境保护认知和社会责任感的提升，世界各国就可持续发展达成了共识。为了缓解全球对化石能源的依赖性，开展了电化学能量转换领域的研究，包括析氢反应（HER）、析氧反应（OER）、全解水（OWS）、二氧化碳还原反应（CO_2RR）和氮还原反应（NRR）等。尽管能源转换理论是完美、可行的，但是实际应用面临着诸如转换效率低、投资成本巨大等缺点。而电催化材料决定着电化学能量转换的效率，凸显了电催化剂的开发是电化学能量转换研究的关键。

二维材料由一个或几个原子/分子层组成，层内由强共价键或离子键连接，层间由范德华力发生堆积。随着可持续能源研究的发展，二维材料因其独特的电子结构性质而被广泛用于电化学能量转换的研究。磷烯、六方氮化硼、过渡金属硫化物、层状金属氧化物、二维金属有机框架（MOFs）和二维共价有机框架（COFs）等二维材料的出现，在电化学能量转换领域展现出显著优势。与体相材料相比，二维材料在电化学能量转换方面具有以下优势：①更高的比表面积，更高的原子利用率，更高的活性位暴露度，从而提高催化效率；②优良的力学性能，便于维持催化剂寿命；③高导电率，提高电催化反应速率；④原子级尺寸厚度，便于深入研究电催化反应机理。

尽管二维材料用于电催化能量转换展现出优异的性能，但是二维材料催化剂难以实现长期且稳定的催化性能。二维材料其结构稳定性较差，实际应用时可能会发生化学或结构变化，导致电催化活性的降低。例如，WS_2在酸性条件下进行HER反应后，通过X射线光电子能谱表征发现，表面氧化生成WO_x和硫酸盐等，削弱了WS_2的催化活性。过渡金属硫化物的边缘比平面内电子转移速率更快，导致二维结构边缘原子反应速率更高。此外，二维材料展现出各向异性，位于平台边缘的活性原子，其催化性能优异，而二维平台表面原子则相对惰性。因此，提升二维材料的电催化活性的途径，包括提升边缘活性位的暴露度，以及激活基底表面的活性位。

由于石墨烯、$g-C_3N_4$和MXene的高还原电位，导致其难以在氧化还原反应（ORR）、析氢反应（HER）、析氧反应（OER）、二氧化碳还原反应（CO_2RR）的电位区间内发生反应。将二维材料与其他0D、1D、2D或3D组分复合以构建异质结构，可实现二维材料电催化性能的提升。异质结构为至少两种不同材料在物理或化学上结合生成复合材料。异质结构材料展现出新特性，包括但不限于以下：①定向调节电子特性，如合成具有不同于单组分带隙结构的异质结；②提高强度和耐久性，异质结单组分之间分配应力，具有优越的机械强度；③调控界面性质，精准调节组分间相互作用从而控制异质结的电子结构。

因此，构建异质结对HER、OER、OWS、CO_2RR、NRR等反应，均展现了优异的电催化活性。主要归因于三个方面：

（1）协同效应。异质结的不同组分之间键合，提高电子转移速率，调节活性位的电导率、亲水性、化学稳定性等性质；

（2）应变效应。异质结中不同晶体结构引起晶格应变，如拉伸应变和压缩应变，将影响其对中间物种的吸附能，提高二维材料的电催化活性；

（3）电子相互作用。异质结中，不同组分的能带排列可促进界面上的电荷转移，实现异质结的表面电子调制。

1.8.2.2 单原子催化剂

2011年，张涛院士团队首次提出了单原子催化剂（SACs），大幅提高了催化活性，且具有较高的稳定性，从金属配位环境、量子尺寸效应和金属-载体相互作用三个方面阐明了单原子催化剂提升催化性能的原因。自单原子催化剂出现十余年以来，关于单原子催化剂的研究经历了爆炸性增长。单原子催化剂适用于能量转换催化反应，包括燃料电池、氧还原反应、析氢反应（HER）、N_2还原反应（NRR）、二氧化碳还原反应（CO_2RR）、甲烷转化反应和生物质转化等。

随着新表征技术和合成策略的出现，单原子催化剂可以分布于不同的载体，包括金属氧化物、石墨烯、金属碳化物、金属有机框架（MOFs），通过与载体上配位缺陷（N、O或C）作用。理论计算也为阐明单原子优异的催化性能和反应机理提供了依据。尽管单原子催化剂具有迅猛的发展趋势，但仍面临着许多挑战，如目前单原子催化剂的金属负载量很低，为满足工业规模生产的要求，需合成高载量、高稳定性和高催化活性的单原子催化剂。此外，单原子催化剂只包含一个金属中心，在催化反应过程中很难打破线性关系，限制了单原子催化剂在催化领域中的实际应用。

（1）氧还原反应。不可再生化石燃料的大量消耗，促进可再生能源领域的发展。清洁能源转化装置包括燃料电池、金属空气电池等，均可有效获得清洁能源。由于阴极反应（氧还原反应）过电位大、反应动力学慢的限制，能量转化装置的转换效率较低。为了提高氧还原反应速率，需开发高性能的ORR催化剂。

Pt和Ir常被用作氧还原反应的单原子催化剂，但由于其成本高昂，工业化程度受限。最近报道了过渡金属分散在N掺杂碳材料上的单原子催化剂（TM-N/C），如Fe—N—C单原子催化剂，在酸性和碱性介质中，均表现出与Pt/C相当的氧还原反应活性，被认为是替代Pt/C的理想单原子催化剂。Wei等合成了载量高达9.33 wt%的氮掺杂-锌单原子催化剂（Zn—N—C—SACs），在酸性介质中，半波电位为0.746V，比商用Pt/C高0.015V，且稳定性优于Fe—N—C。因此，过渡金属和N共掺杂是一种有效可行的单原子催化剂设计策略，关键在于形成M—N_x位点（M为过渡金属，N为与金属配位的氮）。此外，杂原子掺杂（O、S、P等）可以调整位点的电子结构，加速ORR的动力学反应速率，提高电催化性能。例如，N、S和P共掺杂MOFs聚合物担载Fe单原子，对ORR反应表现优异的电催化性能。由N、S和P的电子效应降低了Fe原子的正电荷分布，从而削弱Fe与OH＊之间的结合。单原子催化剂材料通过杂原子掺杂可以调节金属中心的配位环境，提高催化ORR反应活性，但对金属中心配位环境的精准控制仍是当前面临的巨大挑战。尽管多数单原子催化剂在碱性环境中对ORR反应的催化性能已经超过了商业催化剂，但是在酸性环境中对ORR反应性能较差，限制了单原子催化剂的适用环境。

（2）N_2还原反应。N_2还原反应（NRR）将可再生能源产生的电能直接转化为易于储存和运输的NH_3，作为当前缓解能源和环境问题的可行方案而受到研究工作者的广泛关注。目前工业合成氨的方法为高温、高压下进行的Haber-Bosch工艺。因此，在温和的条件下，通

过电化学还原 N_2 合成氨（$N_2+6H^++6e^-\longrightarrow2NH_3$）是一种独特的合成氨途径。但是，由于中间物种在活性位点上难以解吸，导致 NRR 过程的氨产率和法拉第效率不太理想。因此，亟须采取措施提升 NRR 过程的转化率和法拉第效率。提升 NRR 反应效率的途径包括两种，一种是增强金属位点与中间物种（NNH*）的相互作用，另一种是通过调节激活 N_2 的配位环境以降低整体反应能垒。

当单原子催化剂用于 NRR 反应时，探索合适的载体是单原子催化剂设计的关键。金属氧化物或碳基材料可作为催化剂，具有较高的法拉第效率，并抑制 HER 竞争反应。N/C 材料具有可调控的电子结构和电子转移能力，常被报道作为单原子催化剂的载体，如单原子催化剂 Au_1—C_3N_4，在酸性介质、改进的双电级电解槽中完成 NRR 反应生成 NH_4^+。Au_1—C_3N_4 催化 NRR 反应生成 NH_4^+ 过程的 FE 值为 11.1%，约为负载金纳米颗粒的 22.5 倍。根据 Bader 电荷分布分析，Au 原子的正电荷为 $0.56|e|$，可以增强与中间体（如 NNH^*）的相互作用。对于 Fe—N—CSACs，对应的法拉第效率为 56.55%，Fe 单原子可有效捕获 N_2 以获得较高的局部浓度，这一过程热力学上是放热的，有效促进后续吸附步骤，即 N_2 活化过程降低了整体反应能垒，氢倾向于攻击吸附态 $^*OH^-$，导致了 $^*OH^-$ 与 $^*H_2O$ 的反应是完全无能垒过程。单原子催化剂 Zn—N—C 在碱性介质中，表现出较高的 NH_3 产率且法拉第效率为 11.8%。其优异的 NRR 反应活性归因于 Zn—N_4 活性位点以及邻近石墨 N 原子的协同作用，即通过降低加氢过程的能垒从而实现 NRR 反应效率的提升。

1.8.3 环境污染催化防治技术

1.8.3.1 可挥发性有机物催化氧化消除

在室温、常压下，可挥发性有机化合物的沸点在 50~260℃ 之间，属于一种空气污染物。大多数挥发性有机物具有毒性、可致癌，不仅危害环境、破坏臭氧层，而且与其他空气污染物（如 NO_x 和 SO_x）形成光化学烟雾，威胁人类健康，导致不可逆转的危害。随着工业化的推进和经济快速的增长，近年来挥发性有机物的年排放量急剧增加。例如，2015 年中国挥发性有机物排放量接近 3112 万吨，如石化、化工、涂料、印刷等行业所排放的挥发性有机物占人为排放量的 43%。世界各国政府制定了越来越严格的排放标准，以限制挥发性有机物的排放。"十三五"规划时期，计划将挥发性有机物的排放量减少 10%。因此，开发合理、高效的方式消除可挥发性有机物的排放，是目前环境污染防治面临的巨大挑战。

通过吸附、冷凝和膜分离等方式，可以实现不破坏挥发性有机物结构而去除挥发性有机物。吸收法作为一种技术成熟的方法，可以有效去除水溶性挥发性有机物，但是后续处理和工艺维护成本高昂。在低温或高压下，通过冷凝法将挥发性有机物转化为液态，从而回收挥发性有机物。由于处理费用高昂，冷凝法适用于在高浓度下回收高价值的挥发性有机物。膜分离法，则是一种去除挥发性有机物的新兴技术，但是膜费用高、稳定性差、通量低等因素也阻碍了膜分离法广泛用于挥发性有机物的去除。

尽管对可挥发性有机物的防治已经进行了大量研究与应用，但是挥发性有机物种类多样，在实际防治过程中不同技术仍存在相当的局限性。不同行业排放挥发性有机物的组成各不相同，导致适用的防治处理过程也不尽相同。例如，印刷工业主要排放醇类、酮类和芳烃等挥发性有机物，而制药工业主要排放酸性挥发性有机物。此外，排放挥发性有机物温度、湿度等性质的差异，则是处理挥发性有机物面临的另一个挑战。例如，来自化学和制药工业的废气通常处于高温状态；制药工业排放的废气相对湿度接近100%，将大大降低吸附和催化氧化等方式的消除效果；涂装废气中固体悬浮物具有强黏性，严重影响吸附剂的再利用。因此，挥发性有机物的浓度、组成、温度、压力、湿度和固体悬浮物浓度等性质，都是开发挥发性有机物防治工艺所需考虑因素。

吸附法和催化氧化法是两种常用的挥发性有机物去除技术。从催化反应机制的角度分析，吸附是发生催化氧化反应过程的第一步，也是关键步骤，继而发生催化氧化转化过程，以及反应产物等解吸过程。贵金属对催化烃氧化或还原反应具有高活性，常用于催化氧化法消除挥发性有机物反应，包括 Pt、Pd、Au 基催化剂。但是贵金属价格高昂、热稳定性差、抗硫/氯中毒能力差，限制了贵金属用于催化氧化消除挥发性有机物的应用范围。而适用的非贵金属催化剂，主要由ⅢB族和ⅡB族金属组成，即 Mn、Cu、Co、Ni 和 Ce 的氧化物，具有成本低廉、催化氧化活性高、热稳定性优异等特点。

以碳氢化合物为例，介绍催化氧化消除可挥发性有机物的技术。

贵金属催化剂，特别是铂基催化剂，具有优异的催化氧化碳氢化合物性能。Garetto 等研究了不同铂负载量的系列 Pt/Al_2O_3 催化剂，用于催化氧化环戊烷，发现不同催化剂的环戊烷转化速率随着铂颗粒粒径的增加而升高。类似地，在 0.12% Pt/Al_2O_3 上也发现了上述尺寸效应。一方面，由于氧与较大 Pt 颗粒之间的键合强度较弱，促进了表面氧的解吸，有利于轻烷烃的完全氧化过程。另一方面，较大 Pt 颗粒与载体间的相互作用较弱，导致电子难以离域化，有利于活性中心（Pt^0）暴露度，从而提升催化氧化性能。但是，必须权衡金属分散度与活性中心的粒度，因为较大的金属粒径对应的金属分散度更小，直接影响催化氧化性能。

Au 负载于多孔材料也用于催化氧化饱和烃（C1-C3）。相比于负载型 Pt 和 Pd 催化剂，Au/Al_2O_3 的催化氧化活性相对较低。但是，无论是否存在水蒸气，Au/Al_2O_3 始终保持优异的热稳定性，直至反应温度升至600℃，始终优于其他载体担载 Au 催化剂。这体现了氧化铝载体的稳定化作用，即通过强锚定作用固定纳米金颗粒于氧化铝上。当 Au 负载于 CeO_2/Al_2O_3 上时，在250℃时实现丙烷完全催化氧化。将 CeO_2 引入载体 Al_2O_3 中，不仅提供了储氧能力，并促进金颗粒固定并分散于氧化铝上，从而提升 Au 催化剂的催化氧化性能以及抗烧结能力。

对于催化氧化脂肪烃反应，Co_3O_4 属于除贵金属催化剂以外的优异催化剂。Liotta 等报道了 Co_3O_4—CeO_2 用于催化氧化丙烯，两者之间的质量比为 3∶7 时，催化剂在250℃时实现丙烯完全催化氧化。在 Co_3O_4 中加入 CeO_2 不仅增加 Co_3O_4 的比表面积，而且提升 Co_3O_4 在 Co_3O_4—CeO_2 中的分散，经过连续 3 个催化循环均未出现 Co_3O_4—CeO_2 的烧结。O_2—TPD 和 C_3H_6—TPR 实验表明，亲电氧物种（O_2^- 和 O^-）和晶格氧均参与了催化氧化过程，而只有来自 O_2 的亲电氧物种（O_2^- 和 O^-）填充氧空位，并决定着 Co_3O_4 催化氧化丙烯性能。

1.8.3.2　印染废水有机染料催化降解

由造纸、纺织和塑料产业排放的废水中含有大量的有机染料。未经后处理的废水排放将影响生态系统，扰乱食物链，并威胁人类的生命健康安全。工业废水有机染料的处理方法多样，包括吸附、电解、电渗析、离子交换、反渗透、凝固、化学沉淀和光催化降解等。其中，光催化技术降解有机染料，具有高效、成本低廉和环境友好等特点，是工业可行的去除有机染料方法。

近年来，关于可见光驱动的非均相光催化反应过程，在环境污染治理领域的研究越来越广泛。硫化镉、硫化锌、二氧化钛、氧化锌和磷化镓等作为非均相光催化剂，其成本经济合算、性质稳定、强氧化性且无毒性，在常温、常压下可以实现有机污染物的完全矿化。不同的光催化剂基于其能带结构，吸收合适波长的光，产生光生电子—空穴以及活化的自由基等，发生氧化降解有机染料。但是光照产生的电子和空穴会复合，且复合速率快，导致量子产率较低，光催化降解性能受限。因此，为提升光催化剂的量子产率、抑制电子—空穴复合率，可引入能量较低的外部能带结构，增加光催化剂的载流子迁移率。另一个影响光催化剂性能的关键因素是光催化剂的比表面积，一般来说光催化剂的比表面积越高，对应的光催化活性越高。高效光催化剂，须具备无毒、光稳定性、对化学和生物惰性、可吸收近紫外/可见光、光活性以及成本合算等特性。近年来，为提高光催化剂对可见光响应以及光催化性能，设计的方法包括染料敏化、引入金属离子、与窄带隙材料耦合、掺杂阴离子或阳离子等。

氧化物半导体具有光吸收、电荷转移和长寿命激发态等特性，是极具前景的光催化材料。氧化物半导体材料包括氧化锌、二氧化钛、硫化镉、三氧化钨、氧化铜、硫化锌、二氧化锆、氧化铈、氧化锡和钛酸锶等。

大多数二元化合物可作为半导体，但并不是所有二元化合物都可作为光催化剂。例如，砷化物缺乏化学稳定性，难以用于光催化应用。依据工业应用与成本，光催化剂可分为铂族和非铂族金属，铂基金属包括 Ru、Rh、Pt、Ir、Os 和 Pd，而非铂族金属包括 Zn、Ti、Au、Cu、Ag、Fe、Co、Ni、Ga、Cd、Bi、Mo 和 W。最常用的金属氧化物型光催化剂是 ZnO（纤锌矿相）和 TiO_2（锐钛矿）。以 TiO_2 为例，介绍光催化剂材料。

氧化物半导体吸收高于半导体能带带隙能量的太阳光，电子从价带激发至导带，而在价带留下空穴，空穴与 H_2O 发生反应，产生羟基自由基（·OH），具有很高的氧化能力，从而氧化水相中的有机污染物。同时，导带中光生电子发生还原过程，即与氧气反应产生 $O_2\cdot^-$。此外，$O_2\cdot^-$ 与 H^+ 反应生成·OOH 自由基，·OOH 可继续发生还原反应产生 H_2O_2，再与有机物反应，最终降解生成水和二氧化碳。

二氧化钛是一种 n 型半导体，可吸收波长 $\lambda < 400nm$ 的紫外光。自然界存在的二氧化钛有三种变体：金红石、锐钛矿和板钛矿。锐钛矿型二氧化钛在紫外和可见光下均表现出良好的光催化性能。光催化剂的催化性能本质上取决于几个因素，如孔结构、孔体积、晶相、比表面积、尺寸和结构维度等。通过调整制备方法合成各种微观形貌的二氧化钛，如纳米片，纤维，纳米棒，纳米管和微球等。纳米球状二氧化钛具有大比表面积和孔结构，特别是吸收更多光能以增加聚光能力，被广泛用于光催化降解有机污染物研究。纳米管或纳米纤维状 TiO_2，

以其较高的界面载流子转移率和表面积占比，常用于光催化应用研究。Tao 等研究了具有纳米带、纳米针或纳米颗粒形貌的系列 TiO_2，其中纳米带和纳米针状 TiO_2 展现较高的光催化活性，归因于其优异光捕获能力、高比表面积和低光生电子—空穴复合率。

此外，通过复合其他半导体或掺杂元素，可以提高 TiO_2 的光催化活性。金属（Pt、Ag、Fe、V 和 Au）以及非金属（S、N、C、B 和 P）均可以掺杂于 TiO_2，以提升光催化性能。Xie 等研究了 Se 掺杂后，对二氧化钛在可见光下光催化性能的影响，发现 Se 掺杂量为 13.36% 时，Se 掺杂的二氧化钛具有优异的光催化性能。这是由于 Se 掺杂后，导致 Se—TiO_2 的带隙变小，在可见光下发生电子的激发跃迁，从而提升光催化活性。Maragatha 等合成了 Ti_4O_7 和 N-掺杂的 Ti_4O_7，Ti_4O_7 的带隙为 2.9eV，掺杂 N 显著降低 Ti_4O_7 的带隙至 2.7eV。因此，N-掺杂的 Ti_4O_7 因其低带隙特点，可以实现完全光降解有机染料。

Cruz 等对比了二氧化钛和氧化石墨烯—二氧化钛复合材料（GO—TiO_2）分别在紫外可见光条件下光催化剂降解农药性能。相比于 TiO_2，GO—TiO_2 复合材料具有优异的光催化降解农药活性。当两个半导体价带结构匹配时，电荷可从半导体转移至另一种半导体，这一过程属于热力学可行过程，增加了载流子的寿命，且促进了界面电荷转移。例如，二氧化钛与硫化镉复合时，在可见光下激发，CdS 上的光生电子转移至二氧化钛的导带，促进与 O_2 作用生成 $O_2 \cdot^-$，最终在可见光下快速降解亚甲基蓝。

自单原子催化剂出现以来，已经在环境污染物消除领域取得了一些突破，如催化氧化碳氢化合物、挥发性有机化合物和其他污染物等。例如，单原子催化剂 Ca—Fe_2O_3 具有丰富的氧空位，有助于过氧亚硝基的活化，通过液相色谱-质谱联用测试分析罗丹明 B 降解生成的中间体，从而推断催化降解反应路径。单原子 Mn 催化剂用于类芬顿反应机制时，MnN_4 作为生成自由基的活性中心，而相邻的吡咯 N 则吸附有机污染物，两者之间的协同效应促进自由基向目标污染物迁移，提高催化降解有机污染物性能。降解环境污染物，特别是水污染物，通过光催化分解水合有机污染物，氧化有机污染物的同时产生氢气，实现太阳能的高效转化并以氢气形式储存，不仅缓解了环境问题，也促进能源转化。

尽管多种单原子金属催化剂均具有优异的催化降解污染物能力，但是依旧具有二次污染以及有毒金属溶出的可能性，进而限制了单原子金属催化剂的工业应用范围。因此，未来亟需开发高效、易于回收、环保型单原子金属催化剂，推广用于工业催化氧化消除有机污染物。

参考文献

[1] ZHOU Y X, CHEN Y Z, CAO L N, et al. Conversion of a metal-organic framework to N-doped porous carbon incorporating Co and CoO nanoparticles: Direct oxidation of alcohols to esters [J]. Chemical Communications, 2015, 51 (39): 8292-8295.

[2] HU A, LU X H, CAI D M, et al. Selective hydrogenation of nitroarenes over MOF-derived Co@ CN catalysts at mild conditions [J]. Molecular Catalysis, 2019, 472: 27-36.

［3］ WANG X, LI Y W. Chemoselective hydrogenation of functionalized nitroarenes using MOF-derived co-based catalysts ［J］. Journal of Molecular Catalysis A: Chemical, 2016, 420: 56-65.

［4］ MAHDAVI F, BRUTON T C, LI Y Z. Photoinduced reduction of nitro compounds on semiconductor particles ［J］. The Journal of Organic Chemistry, 1993, 58 (3): 744-746.

［5］ WANG H Q, YAN J P, CHANG W F, et al. Practical synthesis of aromatic amines by photocatalytic reduction of aromatic nitro compounds on nanoparticles N-doped TiO2 ［J］. Catalysis Communications, 2009, 10 (6): 989-994.

［6］ ZHANG N, ZHANG Y H, PAN X Y, et al. Assembly of CdS nanoparticles on the two-dimensional graphene scaffold as visible-light-driven photocatalyst for selective organic transformation under ambient conditions ［J］. The Journal of Physical Chemistry C, 2011, 115 (47): 23501-23511.

［7］ XIAO F X, MIAO J W, LIU B. Layer-by-layer self-assembly of CdS quantum dots/graphene nanosheets hybrid films for photoelectrochemical and photocatalytic applications ［J］. Journal of the American Chemical Society, 2014, 136 (4): 1559-1569.

［8］ JIANG J H, ZHAI R S, BAO X H. Electrocatalytic properties of Cu-Zr amorphous alloy towards the electrochemical hydrogenation of nitrobenzene ［J］. Journal of Alloys and Compounds, 2003, 354 (1/2): 248-258.

［9］ LIU Z Q, LI N, SU C, et al. Colloidal synthesis of 1T' phase dominated WS2 towards endurable electrocatalysis ［J］. Nano Energy, 2018, 50: 176-181.

［10］ LIU Z Q, NIE K K, QU X Y, et al. General bottom-up colloidal synthesis of nano-monolayer transition-metal dichalcogenides with high 1T'-phase purity ［J］. Journal of the American Chemical Society, 2022, 144 (11): 4863-4873.

［11］ NIE K K, QU X Y, GAO D W, et al. Engineering phase stability of semimetallic MoS2 monolayers for sustainable electrocatalytic hydrogen production ［J］. ACS Applied Materials & Interfaces, 2022, 14 (17): 19847-19856.

［12］ SHIFA T A, WANG F M, LIU Y, et al. Heterostructures based on 2D materials: A versatile platform for efficient catalysis ［J］. Advanced Materials, 2019, 31 (45): e1804828.

［13］ DU Y M, LI B, XU G R, et al. Recent advances in interface engineering strategy for highly-efficient electrocatalytic water splitting ［J］. InfoMat, 2023, 5 (1): e12377.

［14］ QIAO B T, WANG A Q, YANG X F, et al. Single-atom catalysis of CO oxidation using Pt1/FeOx ［J］. Nature Chemistry, 2011, 3: 634-641.

［15］ YANG X F, WANG A Q, QIAO B T, et al. Single-atom catalysts: A new frontier in heterogeneous catalysis ［J］. Accounts of Chemical Research, 2013, 46 (8): 1740-1748.

［16］ ZHANG C H, SHA J W, FEI H L, et al. Single-atomic ruthenium catalytic sites on nitrogen-doped graphene for oxygen reduction reaction in acidic medium ［J］. ACS Nano, 2017, 11 (7): 6930-6941.

［17］ LI J, CHEN S G, YANG N, et al. Ultrahigh-loading zinc single-atom catalyst for highly efficient oxygen reduction in both acidic and alkaline media ［J］. Angewandte Chemie (International Ed in English), 2019, 58 (21): 7035-7039.

［18］ CHEN Y J, JI S F, ZHAO S, et al. Enhanced oxygen reduction with single-atomic-site iron catalysts for a zinc-air battery and hydrogen-air fuel cell ［J］. Nature Communications, 2018, 9: 5422.

［19］ WANG X Q, WANG W Y, QIAO M, et al. Atomically dispersed Au1 catalyst towards efficient electrochemical synthesis of ammonia ［J］. Science Bulletin, 2018, 63 (19): 1246-1253. ［PubMed］

［20］WANG M F, LIU S S, QIAN T, et al. Over 56. 55% Faradaic efficiency of ambient ammonia synthesis enabled by positively shifting the reaction potential ［J］. Nature Communications, 2019, 10：341.

［21］KONG Y, LI Y, SANG X H, et al. Atomically dispersed zinc（Ⅰ）active sites to accelerate nitrogen reduction kinetics for ammonia electrosynthesis ［J］. Advanced Materials, 2022, 34（2）：e2103548. ［PubMed］

［22］GARETTO T F, APESTEGUÍA C R. Oxidative catalytic removal of hydrocarbons over Pt/Al2O3 catalysts ［J］. Catalysis Today, 2000, 62（2/3）：189-199.

［23］RADIC N, GRBIC B, TERLECKI-BARICEVIC A. Kinetics of deep oxidation of n-hexane and toluene over Pt/Al2O3 catalysts ［J］. Applied Catalysis B：Environmental, 2004, 50（3）：153-159.

［24］BRIOT P, AUROUX A, JONES D, et al. Effect of particle size on the reactivity of oxygen-adsorbed platinum supported on alumina ［J］. Applied Catalysis, 1990, 59（1）：141-152.

［25］PATTRICK G, VAN DER LINGEN E, CORTI C W, et al. The potential for use of gold in automotive pollution control technologies：A short review ［J］. Topics in Catalysis, 2004, 30（1）：273-279.

［26］VEITH G M, LUPINI A R, RASHKEEV S, et al. Thermal stability and catalytic activity of gold nanoparticles supported on silica ［J］. Journal of Catalysis, 2009, 262（1）：92-101.

［27］GLUHOI A, BOGDANCHIKOVA N, NIEUWENHUYS B. The effect of different types of additives on the catalytic activity of Au/Al2O3 in propene total oxidation：Transition metal oxides and ceria ［J］. Journal of Catalysis, 2005, 229（1）：154-162.

［28］LIOTTA L F, OUSMANE M, DI CARLO G, et al. Total oxidation of propene at low temperature over Co3O4-CeO2 mixed oxides：Role of surface oxygen vacancies and bulk oxygen mobility in the catalytic activity ［J］. Applied Catalysis A：General, 2008, 347（1）：81-88.

［29］TAO J, DENG J, DONG X, et al. Enhanced photocatalytic properties of hierarchical nanostructured TiO2 spheres synthesized with titanium powders ［J］. Transactions of Nonferrous Metals Society of China, 2012, 22（8）：2049-2056.

［30］XIE W, LI R, XU Q Y. Enhanced photocatalytic activity of Se-doped TiO2 under visible light irradiation ［J］. Scientific Reports, 2018, 8：8752.

［31］MARAGATHA J, RANI C, RAJENDRAN S, et al. Microwave synthesis of nitrogen doped Ti4O7 for photocatalytic applications ［J］. Physica E：Low-Dimensional Systems and Nanostructures, 2017, 93：78-82.

［32］CRUZ M, GOMEZ C, DURAN-VALLE C J, et al. Bare TiO 2 and graphene oxide TiO 2 photocatalysts on the degradation of selected pesticides and influence of the water matrix ［J］. Applied Surface Science, 2017, 416：1013-1021.

［33］WU L, YU J C, FU X Z. Characterization and photocatalytic mechanism of nanosized CdS coupled TiO2 nanocrystals under visible light irradiation ［J］. Journal of Molecular Catalysis A：Chemical, 2006, 244（1/2）：25-32.

［34］GUO S, WANG H J, YANG W, et al. Scalable synthesis of Ca-doped α-Fe2O3 with abundant oxygen vacancies for enhanced degradation of organic pollutants through peroxymonosulfate activation ［J］. Applied Catalysis B：Environmental, 2020, 262：118250.

［35］YANG J R, ZENG D Q, ZHANG Q G, et al. Single Mn atom anchored on N-doped porous carbon as highly efficient Fenton-like catalyst for the degradation of organic contaminants ［J］. Applied Catalysis B：Environmental, 2020, 279：119363.

第2章　大气污染物减排催化剂

大气污染物是指由于人类活动或自然过程直接排入大气或在大气中新转化生成的对人或环境产生有害影响的物质。迄今为止，人们从环境大气中已识别出的人为大气污染物超过2800种，其中90%以上为有机化合物（包括金属有机物），而不到10%为无机污染物。燃料燃烧污染源，尤其是机动车，会排放出大约500种污染物。然而，目前人们仅对很少的已知种类的大气污染物进行了测定，并且也只有大约200种污染物的健康和生态效应数据。大气中主要气态污染物有氮氧化物（NO_x 和 N_2O）、二氧化硫（SO_2）、一氧化碳（CO）、二氧化碳（CO_2）、甲烷（CH_4）、非甲烷挥发性有机物等。NO_x 和 SO_2 对人体有害，经过大气氧化过程后可以导致酸雨和雾霾，其中 NO_x 还可以和挥发性有机化合物（VOCs）发生复合污染，导致光化学烟雾和近地层臭氧浓度升高。CO_2、CH_4 和 N_2O 是主要的温室气体，导致全球升温。

针对 NO_x 排放控制，根据燃煤电厂和工业窑炉等固定源的排放特点，本章主要介绍了以氨为还原剂的选择性催化还原（NH_3—SCR）NO_x 的技术，并重点介绍了 V 基氧化物、Fe 基氧化物、Ce 基氧化物、Mn 基氧化物等 NH_3—SCR 催化剂的最新研究进展。

2.1　脱硝催化剂

2.1.1　概述

20 世纪 70 年代，NH_3—SCR 技术首次在日本作为固定源尾气处理系统被应用，20 世纪 80 年代欧美国家开始引入该技术并大规模推广应用。如今，SCR 脱硝技术被认为是高效可靠的末端氮氧化物减排技术。NH_3—SCR 脱硝系统是一个综合的系统，其中，SCR 催化剂是整个系统的核心，催化剂一般占整个 SCR 综合系统成本的一半以上，其性能是影响脱硝反应效率的关键。

2.1.2　钒基催化剂

钒基催化剂的高活性温度窗口一般为 300~450℃，其脱硝效率高且稳定性强，是目前工业应用最为广泛的商用脱硝催化剂之一，学者对钒基催化剂的研究也最为深入。钒基催化剂通常由质量分数 1%~3% 的 V_2O_5 作为氧化还原活性组分，以锐钛矿相的 TiO_2 为载体。通常，工业应用的 V_2O_5/TiO_2 催化剂还会加入质量分数 3%~10% 的 WO_3 或 MoO_3 等助剂以提高催化剂活性和稳定性。根据负载量的不同，VO_x 可以单体、二聚体和聚合物的形式存在。负载型钒氧化物的氧化态为 V^{5+} 或 V^{4+}，反应过程中，两种氧化态之间相互转换。

VO_x 位点可表现出路易斯（Lewis）和布朗斯特（Brönsted）酸性，两个酸位点之间的比例会根据反应条件不同而变化。例如，水的存在会增加 Brönsted 酸性位点的比例（图 2-1）。TiO_2 与反应气体 NH_3 之间具有较强的相互作用，在反应物吸附中发挥积极作用。助剂 WO_3 或 MoO_3 的添加增加了催化剂表面酸度，保证了 SCR 反应过程中催化剂表面形成 NH_3 富集氛围，从而更利于 SCR 反应的进行。此外，助剂的添加还有利于催化剂对碱金属和砷氧化物的抗中毒能力的提升，以及在高温下降低催化剂对 NH_3 和 SO_2 的氧化。

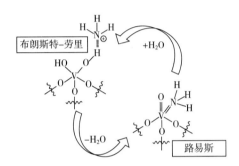

图 2-1　H_2O 促进 Lewis 酸向 Brönsted 酸转变示意图

近年来，随着时间分辨研究技术的进步，对 V_2O_5/TiO_2 催化剂上 SCR 反应机理也有更深入的认识。Marberger 等通过瞬态红外光谱研究了 V_2O_5/TiO_2 催化剂上的 SCR 反应机理，发现 V_2O_5/TiO_2 催化剂 SCR 反应的活性位点为 Lewis 酸位点，吸附在 Lewis 酸位点的 NH_3 与 NO 结合并瞬间发生反应。气态的 NH_3 分别以 NH_3 和 NH_4^+ 的形式吸附在 Lewis 和 Brönsted 酸位点上。当 NO 加入时，SCR 反应进行，吸附在 Lewis 酸位点的 NH_3 优先于吸附在 Brönsted 酸位点上的 NH_4^+ 被消耗。只有当吸附在 Lewis 酸位点的 NH_3 被完全耗尽时，吸附在 Brönsted 酸位点上 NH_4^+ 才开始被消耗。

时间分辨紫外可见光谱研究发现，当 NO 引入预吸附 NH_3 的催化剂表面时，VO_x 会发生还原反应，当所有吸附的 NH_3 被消耗完，VO_x 会发生再氧化。时间分辨拉曼光谱进一步证实了 Lewis 酸位点在 SCR 中的重要性。

此外，Ozkan 等利于同位素示踪法研究 V_2O_5 催化剂表面 SCR 反应机理，发现 SCR 反应遵 Eley-Rideal 型反应机制，气态 NO 与吸附在 Brönsted 酸位点上的 NH_4^+ 反应主要生成 N_2；气态 NO 与吸附在 Lewis 酸位点上的 NH_3 反应主要生成 N_2O。

Zhou 等通过过渡族元素掺杂，制备了一系列 MO_x—V_2O_5/TiO_2（M 为 Cu、Fe、Mn、Co）催化剂，研究发现，过渡族活性组分掺杂能提升 V_2O_5/TiO_2 催化剂表面酸性，从而扩展了催化剂活性温度窗口，改善了 N_2 选择性。

对于商业化应用的 V_2O_5—WO_3（MoO_3）/TiO_2 催化剂，其在 300～400℃ 范围内具有较高的脱硝活性。其中 V_2O_5 是活性组分，具有生物毒性，废弃催化剂中的钒物种会对环境造成危害。而 Wang 等发现 V_2O_5—WO_3/TiO_2 催化剂的 NH_3—SCR 的性能主要取决于钒的含量，对其活性组分的负载量进行研究，发现质量分数 1% 的钒负载量表现出最大的 NO_x 转化率。另外，在研究中发现 V_2O_5 容易将 SO_2 氧化成 SO_3，进一步与 NH_3 和 H_2O 反应生成硫酸氢铵或者硫酸，会附着在催化剂表面，堵塞孔道、腐蚀设备。对于钒氧化物而言，载体的性质对催化剂脱硝活性有很大影响，活性组分主要存在于载体表面，载体可以提供较高的比表面积来分散活性相，并提供催化反应发生的空间，其载体一般是锐钛矿晶型的 TiO_2，它具有较大的比表面积，可以分散活性组分和助剂以提高活性。在 TiO_2 载体上发生的硫酸盐化反应是较弱且可逆的，使得以其为载体的 V_2O_5—WO_3（MoO_3）/TiO_2 催化剂具有较好的抗 SO_2 中毒性能。

尽管 V_2O_5—WO_3（MoO_3）/TiO_2 催化剂已商业化应用于 NO_x 减排，但钒基催化剂同时也存在工作温度范围窄（300~400℃）、高温下稳定性降低（高温下 TiO_2 烧结，从锐钛矿转变为不活跃的金红石相，并导致 V 和 W 物种的分离甚至挥发）的问题，极大地限制其在工业上的广泛应用。对于操作温度范围窄、高温下稳定性降低的问题，有研究发现可以适当通过改性/掺杂、优化制备方法等方式来调节催化剂的性能，拓宽在低温下的温度范围。一般来说，合适的酸性和优良的氧化还原性能是制备较宽温度窗口 SCR 催化剂的两个关键因素，影响催化剂对 NH_3 和 NO_x 的吸附/活化。有研究者设计在 V_2O_5—WO_3/TiO_2 催化剂表面包裹一层 NH_4^+，使得该层具有较高的质子电导率，导致钒氧化物和钨氧化物的还原，催化剂的脱硝温度范围得到拓宽。CeO_2 改性 V_2O_5/TiO_2 催化剂，在较低的钒负载量催化剂中形成的 $CeVO_4$ 表现出稳定的 Brönsted 酸位点用于 NH_3 的吸附，适当的氧化还原位点用于 NH_3 活化，有效地抑制 N_2O 的形成，使得 N_2 选择性得到提升，同时也拓宽了催化剂在低温下的温度范围。还有通过各向同性加热法制备得到的 V_2O_5—WO_3/TiO_2 催化剂中可以形成含有较多 Brönsted 和 Lewis 酸位点的 V_2O_5 和 WO_3 晶体结构，结晶型 V_2O_5—WO_3/TiO_2 催化剂比无定形催化剂具有更高的化学吸附氧和 V^{4+} 物种占比，在 200~450℃ 较宽的温度范围内也实现较高的 NO_x 去除效率和 N_2 选择性（图 2-2）。

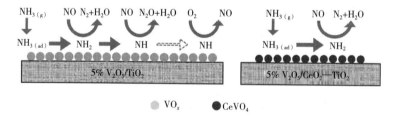

图 2-2 CeO_2 改性 V_2O_5/TiO_2 催化剂 SCR 反应机理

由于温度窗口的限制，V_2O_5—WO_3（MoO_3）/TiO_2 催化剂只能布置在除尘设备之前，虽然经过改性后的催化剂性能得到优化，但有研究发现粉煤灰中含有碱金属和碱土金属等物质会造成钒基催化剂的中毒失活，这将严重缩短催化剂的使用寿命，增加脱硝工艺的成本。另外，V_2O_5 具有生物毒性，废弃的催化剂将成为难以处置的危险固体废弃物。因此，近年来，人们致力于研究非钒基催化剂来替代钒基催化剂，找到一种具有优异脱硝活性及抗碱金属中毒的

NH_3—SCR 催化剂。而对于绿色无污染的金属氧化物替代 V_2O_5 活性物种，FeO_x 基、CeO_x 基、MnO_x 基催化剂受到广大研究者的关注。

2.1.3　铁基催化剂

Fe_2O_3 由于其低廉的价格，丰富的储备，具有优良的 Fe^{3+}/Fe^{2+} 氧化还原性能的特点使得其在脱硝催化中受到广泛关注。纯 Fe_2O_3 尽管氧化还原性较好，但表面酸性较低，因此一些研究者将通过负载或掺杂其他物种等方法来调节其表面酸性以提高 SCR 性能。对于 Fe_2O_3 作为脱硝催化剂的活性组分的研究，吕等考察了制备方法、CeO_2 助剂含量对非负载型 Fe_2O_3 催化剂脱硝性能的影响，发现模板法比共沉淀法制备的 CeO_2—Fe_2O_3 催化剂的活性温度范围宽，并且具有更大的比表面积，更强的酸性和更丰富的表面氧，这促进了催化剂的高温脱硝活性。当 CeO_2 引入质量分数为 2% 和 4% 时，CeO_2—Fe_2O_3 具有相对较高的催化活性和相对较小的 NH_3 氧化率。另外，Wang 等发现 W 的引入导致 α-Fe_2O_3 和 $FeWO_4$ 物种的形成，由于两种物质的协同作用增加了表面酸性和电子转换，使其 SCR 活性较高，在 250~450℃ 的工作温度窗口范围内，达到 90% 以上的 NO_x 转化率。

对于负载型 Fe_2O_3 催化剂的研究，当 CeO_2 作为载体时，发现 CeO_2 载体与 Fe_2O_3 之间存在着协同效应，CeO_2 载体的微观形貌和表面性能对 NO 转化和 N_2 选择性有所影响。Fe_2O_3/CeO_2 纳米棒比 Fe_2O_3/CeO_2 纳米多面体对 NO 的转化具有更高的催化活性。Guo 等将 Fe_2O_3 负载在 Ti@Si 载体上构建 NH_3—SCR 催化剂，与 Fe/TiO_2 相比，由于 Fe_2O_3/Ti@Si 中 Fe—O—Ti 相互作用强烈，催化剂的氧化还原性能明显改善，酸度大大提高，具有良好的脱硝效率和对 SO_2/H_2O 的耐受性能。当 Ye 等用 Fe_2O_3 改性 Ce—Nb 二元氧化物催化剂时，其催化剂的 SO_2 的耐受性能得到显著改善，而 SCR 活性基本保持不变。SO_2 优先与 Fe_2O_3 相互作用，保留了催化剂表面的活性组分，同时 SO_4^{2-} 在 Fe_2O_3 上也表现出较低的稳定性，使得该样品抗 SO_2 能力增强。综上，铁基催化剂具备替代钒基催化剂的优秀潜质与发展趋势。但是，要实现对铁基催化剂的商业化应用，尚存在很多问题亟待解决，对于其抗 SO_2 和 H_2O 性能的优化仍然是其中关键的一环（图 2-3）。

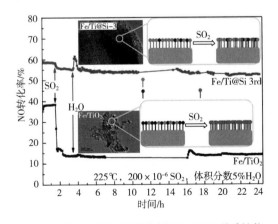

图 2-3　Fe_2O_3/Ti@Si 催化剂 SO_2/H_2O 耐受性能

2.1.4 铈基催化剂

CeO_2 是地球上资源比较丰富的稀土金属，具有良好的储氧释氧和氧化还原性能，Ce^{4+} 与 Ce^{3+} 之间的转化伴随着氧缺陷的生成与消除，这赋予二氧化铈良好的储放氧的能力，它的氧化还原性能、储氧释氧能力以及表面酸性会显著影响 SCR 反应的性能。CeO_2 的表面酸性较弱，纯 CeO_2 催化剂的活性较差。纯 CeO_2 对 NO 氧化具有良好的催化活性，有利于低温下 NH_3—SCR 反应，而在高温条件下，极易发生 NH_3 的非选择性氧化，显著降低了 CeO_2 的催化性能。多组分金属催化剂表现出优良的脱硝效果，因为多组分金属氧化物具有单一组分所不具有的催化特性，例如更大的比表面积、更强的表面酸性和更好的稳定性。

近年来的研究表明，纯 CeO_2 的 SCR 活性经过其他金属修饰后有显著的提高，负载型或混合型 CeO_2 是较优的 NH_3—SCR 催化剂。与 CeO_2 催化剂相比，Ce—Fe、Ce—Nb、Ce—Ti、Ce—W 等催化剂体现出更好的脱硝活性。Zhang 等研究 Ce—Ta 催化剂的脱硝性能，Ta 的加入可以增加催化剂的比表面积和表面酸度，催化剂表面出现较高的 Ce^{3+} 占比和化学吸附氧，这对 SCR 脱硝活性有较大的提升。

TiO_2 被广泛用作钒基和非钒基催化剂的载体，用于 NH_3—SCR 脱硝催化剂的研究。当 TiO_2 负载 CeO_2 作为活性组分时，中高温下 CeO_2/TiO_2 催化剂具有优异的脱硝性能。另外，可以通过酸预处理或酸性促进剂改性来改善催化剂的酸性。

Yao 等用不同的酸预处理 CeO_2，发现 HSO_4^- 预处理 CeO_2 的表面酸中心（尤其是 B 酸中心）和 Ce^{3+} 含量最大，300~500℃ 范围内表现出最佳的高温 NH_3—SCR 脱硝活性。相邻的吸附 NH_3 和 NO_x 的反应位点的存在被认为是提高 SCR 反应催化性能的重要因素。Ma 等发现硫酸化处理大大提高 CeO_2 立方体和纳米球的催化性能。由于 Ce^{4+} 与表面硫酸盐配位的还原性受到抑制，酸化的 CeO_2 催化剂对 NH_3 的氧化作用降低。吸附的氨可以在 $Ce_2(SO_4)_3$ 表面形成的 Brönsted 酸位点上被活化，而气态的 NO_x 可以在 Ce^{4+} 的不同表面位点上被活化。

Liu 等采用水热沉淀法制备了几种 Ce—W—Ti 混合氧化物催化剂，通过引入固体酸组分，改善了催化剂的脱硝活性。这些研究表明表面酸性对铈基催化剂的良好脱硝性能的重要性。

研究发现，CeO_2—SnO_2 在较宽的温度范围具有较高的脱硝活性，N_2 选择性几乎达到 100%，同时也具有较高的抗 SO_2 和 H_2O 性能，是有望替代 V_2O_5—WO_3（MoO_3）/TiO_2 的催化剂。Liu 等用水热法制备 CeO_2—SnO_2 氧化物催化剂，与纯 CeO_2 和 SnO_2 相比，CeO_2—SnO_2 氧化物催化剂的 NH_3—SCR 活性显著提高，对 H_2O 和 SO_2 具有较高的抗中毒性能。较高的脱硝活性归因于 Ce 和 Sn 的协同作用，不仅增强了催化剂的氧化还原性能，还增加了 Lewis 酸的酸性，从而促进 NH_3 物种的吸附和活化。

Skoda 等报道了较强的 Ce—Sn 强相互作用导致 $Ce^{4+}\rightarrow Ce^{3+}$ 的部分还原，这归因于 Sn 向 Ce—O 组分的电子转移。同样，Zhao 等采用密度泛函理论（DFT）方法系统研究 Sn 在 CeO_2（111）晶面的吸附行为。结果表明，Sn 原子在 CeO_2（111）晶面发生强烈的化学吸附，电子从 Sn 吸附原子转移到 CeO_2 基底，导致 Ce^{4+} 还原为 Ce^{3+}，CeO_2 的还原程度随着 Sn 覆盖的增加而增加，Sn 的吸附能部分活化表面氧。

Chang 等研究用共沉淀法制备的 SnO_2—MnO_x—CeO_2 催化剂在 SO_2 存在下的脱硝性能，在 200~500℃下获得显著的高活性、N_2 选择性和 SO_2 耐受性能，这是由于在含 SO_2 的 SCR 反应中，表面硫酸化产生的 Lewis 酸位点显著增强。

Wang 等采用水热法合成一系列固定在还原氧化石墨烯（CeO_2—SnO_x/rGO）上的 SnO_2 与 CeO_2 氧化物催化剂研究其脱硝性能。CeO_2—SnO_x/rGO 催化剂的介孔结构提供较大的比表面积和更多的活性位点，有利于反应物的吸附。更重要的是，SnO_2 与 CeO_2 氧化物之间的协同作用导致 SCR 的优异活性，在 CeO_2—SnO_x/rGO 催化剂表面存在更高的 $Ce^{3+}/(Ce^{3+}+Ce^{4+})$ 占比、更高浓度的表面化学吸附氧和氧空位、更多的强酸位点和更强的酸性。

Yu 等研究 SnO_2 添加剂对 Ce—Ti 催化性能及抗 SO_2 和 H_2O 性能的影响，发现 SnO_2 加入 Ce—Ti，不仅抑制 $Ti(SO_4)_2$、$Ce(SO_4)_2$ 和 $Ce_2(SO_4)_3$ 形成，也减少 $(NH_4)_2SO_4$ 和 NH_4HSO_4 的沉积。

2.1.5 锰基催化剂

锰最外层 d 轨道电子处于半填充状态，因此，MnO_x 具有多种变价。对于 MnO_2、Mn_5O_8、Mn_2O_3、Mn_3O_4 和 MnO 等稳定的锰氧化物，其催化性能与 MnO_x 的类型密切相关，主要取决于 MnO_x 催化剂中锰的价态和结晶程度，不同氧化态的 MnO_x 催化活性顺序为：$MnO_2 > Mn_5O_8 > Mn_2O_3 > Mn_3O_4 > MnO$。

针对反应活性最高的 MnO_2，Zhao 等研究了纯 MnO_2 催化剂的晶型结构对 NO 氧化性能的影响，结果发现，不同晶型结构的 MnO_2 对 NO 的氧化能力以 $\gamma\text{-}MnO_2 > \alpha\text{-}MnO_2 > \beta\text{-}MnO_2 > \delta\text{-}MnO_2$ 的顺序逐渐降低。此外，MnO_2 的形貌结构对催化剂脱硝性能也有一定的影响。Tian 等在对 MnO_2 纳米棒、纳米管及纳米颗粒等不同形貌特征的 MnO_2 催化剂低温 NH_3—SCR 反应活性研究中发现，具有强氧化还原性及丰富表面酸性位点的 MnO_2 纳米棒具有最高的脱硝活性。

单一 MnO_x 催化剂虽然具有优异的低温催化活性，但当 SO_2 和 H_2O 存在时，MnO_x 催化剂容易中毒失活。此外，单一 MnO_x 作为脱硝催化剂，NH_3—SCR 反应过程中往往生成大量的 N_2O 副产物，导致催化剂 N_2 选择性差，N_2O 作为温室气体对环境也会造成严重危害。在 SCR 反应中，N_2O 的生成路径较为复杂，SCR 副反应和反应气体直接氧化都会生成 N_2O。然而，N_2O 在单一锰氧化物上生成路径尚不明晰，有待进一步深入研究（图 2-4）。

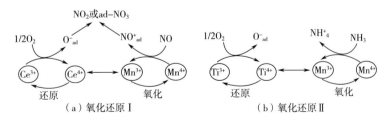

图 2-4 Mn 复合催化剂 SCR 反应促进机理

为解决单一锰氧化物催化剂面临的诸多问题，学者们将 MnO_x 与其他金属（Ce、Cu、

Co、Fe 等）氧化物混合掺杂来提高催化剂的综合性能。研究发现，Ce^{4+}/Ce^{3+} 具有较高的氧化还原能力和较高的氧迁移率，CeO_2 既可作为 MnO_x 的载体，又可作为 MnO_x 的助剂，显著提高 MnO_x 基催化剂的脱硝效率。

研究表明，由于 Ce 提供的活性氧，Mn—Ce—Ti 混合氧化物催化剂在 150~350℃、GHSV 为 $64000h^{-1}$ 的条件下，NO 转化率超过 90%，N_2 选择性接近 100%。Qi 等制备了 Mn—Ce 混合氧化物催化剂，在 150℃的 NO_x 转化率高于 95%，并且在 180℃时的 N_2 选择性仍达 97%。Li 等将 Ce 掺杂到 MnO_x 中制备了核壳结构的 CeO_2—MnO_x 催化剂，其低温 NH_3—SCR 脱硝性能及 N_2 选择性能均远高于纯 MnO_x 催化剂。Fe 常作为助剂添加到脱硝催化剂中，对 SCR 催化剂 N_2 选择性的提升作用显著。Zhang 等制备的 Fe—Mn 纳米结构氧化物催化剂在 130~300℃温度范围内的 NO_x 转化率均超过 90%，同时 N_2 选择性也较单一 MnO_x 催化剂有显著提高。

在 FeO_x 掺杂的 $FeMnO_x$ 催化剂中，Mn^{n+} 与 Fe^{n+} 之间的相互作用提高了 $FeMnO_x$ 催化剂对 NO 的氧化能力，从而提高了催化剂的低温 N_2 选择性。Xin 等合成了含双功能 Mn—V 结构的金属氧化物催化剂，其中高活性的 Mn_2O_3 利于 NH_3 的活化，高 N_2 选择性的 $Mn_2V_2O_7$ 利于中间产物分解为 N_2。

纯氧化物催化剂难于直接应用于工业烟气脱硝，为此，许多研究者将 MnO_x 负载于载体材料上，载体不仅能够为活性组分提供较大的比表面积和酸性位点，同时使催化剂具备一定的机械强度，提高了催化剂的商用价值。常见的 Mn 基脱硝催化剂载体材料有 TiO_2、Al_2O_3、分子筛和碳基材料等。

TiO_2 载体具有较强的表面酸性，因此被广泛应用于商用脱硝催化剂制备。Smirniotis 等以 TiO_2 为载体，负载过渡族金属（V、Cr、Mn、Fe、Co、Ni 和 Cu），结果表明，MnO_x/TiO_2 催化剂具有最高的低温脱硝活性，在 120℃时，脱硝率达 96%。Ce 氧化物改性的 MnO_x/TiO_2 催化剂低温 SCR 活性明显提升，80℃时 Mn—Ce/TiO_2 催化剂的 NO_x 转化率达 84%，而 MnO_x/TiO_2 仅为 39%。Mn—Ce 掺杂后，Mn—Ce—V—W/TiO_2 脱硝催化剂在 150~400℃温度段脱硝率维持在 90%以上。不同暴露晶面 TiO_2 载体研究发现，Mn/TiO_2（101）催化剂表面具有更强的表面酸性，从而表现出更好的低温脱硝活性。

Al_2O_3 载体具有很好的热稳定性和机械强度，其表面酸性具有可调控性，因此受到广泛的关注。Mn/γ-Al_2O_3 脱硝催化剂表面 $Mn^{4+}/(Mn^{2+}+Mn^{3+}+Mn^{4+})$ 占比达到 47%，在 200℃时，催化剂脱硝活性为 92%。Mn—Fe—Ce 共同负载 γ-Al_2O_3 时，催化剂氧化还原性得到提升，在 75~350℃温度范围内，脱硝率在 90%以上。

分子筛由于具有较大的比表面积和丰富的孔隙结构，被广泛应用于各种催化剂的载体。Mn—Fe 共同负载 ZSM-5 时，高度分散的 MnO_2 和强表面酸性是催化剂具有高反应活性的主要原因，250℃时，脱硝率为 95%。Mn—Ce 共掺杂 ZSM-5 催化剂研究表明，共掺杂引入了更多的活性位点，从而促进 SCR 脱硝反应，250℃时脱硝率达 91%。

碳材料比表面积大、孔结构丰富、吸附力强、低温催化效率高。单一碳材料自身作为催化剂脱除 NO_x 的活性偏低，经活性组分负载后，SCR 脱硝活性大幅度提高。350℃焙烧后，

Mn/AC 催化剂表面 Mn 物种与碳载体相互作用形成强酸性位点，200℃时，该催化剂脱硝率达 90%。Mn-Ce/AC 催化剂在温度低于 200℃时，N_2 选择性高于 80%。Ho 改性 Mn-Ce/AC 催化剂的研究表明，Ho 改性增强了催化剂表面酸性，在 140～220℃温度范围内，Ho 改性后催化剂脱硝率保持在 90% 以上。Samojeden 等以 N 改性的活性炭为载体，制备的 Fe/AC 和 Mn/AC 催化剂在 180℃时脱硝率均稳定在 80% 以上。

2.2　脱硫催化剂

2.2.1　概述

常规脱硫技术投资大、运行费用较高，同时还会产生废水、废液、硫渣等二次污染，许多专家学者从未停止过对各种脱硫技术的研究开发工作，其中催化脱硫是一个重要的方向，利用催化剂来消除烟道气中的 SO_2，在去除 SO_2 的基础上，实现硫资源化。按照催化氧化还原机理，可以将催化脱硫分为 2 条路径：一种是利用催化剂把 SO_2 氧化为 SO_3，SO_3 可以用来制硫酸，称为催化氧化法；另一种是利用催化剂把 SO_2 还原为单质硫，这种方法可副产硫黄，称为催化还原法。

2.2.2　催化氧化脱硫催化剂

二氧化硫气体分子和氧气分子直接反应的速率很慢，均相气态反应的活化能很高，甚至在 800℃的高温下也难以进行，因此二氧化硫氧化反应必须在有催化剂的条件下才能进行。在催化剂作用下，烟气中的 SO_2 同烟气中的 O_2 反应生成 SO_3，再把 SO_2 用 H_2O 吸收转化为稀硫酸或与其他化合物反应转化为所需的产品。

2.2.2.1　V 系催化剂

SO_2 氧化用的催化剂大多以钒的氧化物 V_2O_5 为催化剂的活性组分，以碱金属硫酸盐，如 K_2SO_4、Na_2SO_4 或焦硫酸盐为助催化剂，以硅藻土（或加少量的铝、钙、镁等）为载体，通常称为钒—钾—（钠）—硅体系催化剂。钒系催化剂是目前工业应用比较成熟的催化剂，国外钒催化剂制造企业生产的催化剂载体均采用美国赛力特公司的硅藻土，该公司按产地、硅藻种属以及硅藻土孔容、孔径、生产工艺将藻土分成不同的牌号出售。国外很多公司都有自己专利的产品，例如，丹麦的托普索（Topsøe）公司开发生产的 VK 系列，美国孟山都环境化学公司（MECS）的 Cs 系列，德国巴斯夫公司（BASF）的含铯钒催化剂，德国鲁奇（Lurgi）公司开发的在二氧化硅或沸石载体上负载氧化铁和钒的新型催化剂。

钒系催化剂在工业使用温度下易发生阻塞和结垢现象，并且会因为砷和氟的存在而永久中毒。生产实践证明，烟气中含砷量越多，催化剂的活性下降得也越大。这主要是因为在高于 550℃时，As_2O_3 和 V_2O_5 生成 V_2O_5—As_2O_3 的挥发物，使 V_2O_5 被气流带走，从而减少了活性组分的含量。氟对催化剂的毒害与氟的形态和气体中湿气含量有关，氟易与催化剂载体中

的二氧化硅生成 SiF_4 使催化剂粉化。当烟气中水汽含量增高、温度升高时，SiF_4 会分解出水合二氧化硅，使催化剂表面结壳，活性下降。SiF_4 与水汽分解放出的 HF 有可能与 V_2O_5 作用生成可挥发性的聚合物而引起钒的损失，减少活性组分。

2.2.2.2　铜系催化剂

铜系催化剂是由氧化铜负载在载体上构成的，根据载体的不同，铜系催化剂主要有 CuO/AC 和 CuO/Al_2O_3 两种。可再生铝基氧化铜用于烟气脱硫的原理为：烟气流过反应器（位于低温省煤器后）内的氧化铝载体颗粒，烟气中的 SO_2 与负载在氧化铝上的氧化铜发生反应生成 $CuSO_4$（300~500℃），从而达到脱除烟气中 SO_2。脱硫剂吸硫饱和后，通入还原性气体（如氢气、甲烷等）进行再生，将 $CuSO_4$ 初步还原成单质铜。初步再生后的单质铜能够迅速被空气中的 O_2 氧化为 CuO，从而使脱硫剂完全再生，循环使用。脱硫剂再生时释放的 SO_2 经浓缩后可制成硫酸或单质硫。整个再生过程在硫化反应相同的温度范围内进行，系统无需再加热。

Al_2O_3 为载体的 CuO/Al_2O_3 催化剂，铜负载量以质量分数 8%~10% 为最佳。CuO/Al_2O_3 脱硫剂在 200℃ 脱硫活性较低，穿透时间小于 3min；温度升至 300℃ 时活性明显提高，穿透时间约 20min；400℃ 时活性继续出现大幅度提高，此时，不仅活性组分 CuO 转化为 $CuSO_4$，部分载体亦转化为 $Al_2(SO_4)_3$，因此 CuO/Al_2O_3 适用于较高温度下的脱硫处理。

采用浸渍法制备的铝基氧化铜脱硫剂的脱硫效率可达 90%，经过多次脱硫再生循环后，脱硫剂仍能有效脱硫，脱硫剂的比表面积和孔结构与新鲜脱硫剂相比变化不大，同时通过 XRD 分析也发现脱硫剂 CuO 微晶粒并没有发生明显的团聚现象，这证明使用铝基氧化铜脱硫剂在多次脱硫与再生循环过程中性能可以保持稳定。

刘等用活性炭等体积浸渍硝酸铜溶液制备的新型 CuO/AC 脱硫剂，其脱硫试验结果表明：在 200℃ 下，载铜量 5%~15% 的 Cu/AC 脱硫剂具有较好的脱硫活性。脱硫剂载铜量低于 5% 时，CuO 在 AC 表面的覆盖度较低；5% 的载铜量为 AC 表面发生单层覆盖的极限量，此时活性组分呈高分散状态，无体相 CuO 出现；超过 5% 时，CuO 在表面发生多层覆盖现象；载铜量为 10% 时，AC 表面出现体相 CuO，活性组分聚集严重；继续增至 15% 时，脱硫剂微孔堵塞严重，平均孔径增大。当载铜量提高至 25% 时，大孔也发生明显的缩径现象，平均孔径又出现降低。根据不同反应气氛和试验条件下脱硫剂的 TPD 表征结果，提出了一种 CuO/AC 对烟气中 SO_2 的吸附机理，并初步考察了添加少量金属氧化物助剂（K、Na、Ca、Mg、Fe、Al、V、Ti、Mn、Zn 等）后的脱硫剂的脱硫活性变化。对 CuO/AC 脱硫催化剂采用还原剂进行再生的过程研究后发现，在惰性气体中的再生过程实际是活性炭为还原剂对 $CuSO_4$ 的还原。催化剂的再生温度一般需要 400℃，同时由于再生过程中的一些副反应，催化剂被不同程度地还原为金属并发生活性组分的聚集。通过 XRD 和 XPS 等表征技术对活性炭担载氧化铜脱硫剂在 NH_3 气氛中的再生行为进行了表征，发现生过程中 NH_3 仅将硫化所生成 $CuSO_4$ 中的 SO_4^{2-} 选择性还原为 SO_2，而未与 Cu^{2+} 发生反应，保持了铜物种在活性炭表面良好的分散性，从而使其脱硫活性再生。

2.2.2.3 活性炭

除了用一些金属离子作为催化剂催化氧化 SO_2 之外,活性炭脱硫法的研究也比较多。活性炭脱硫包括两种途径:一种是将活性炭作为物理吸附剂,通过变温吸附来获得纯 SO_2,这种方法的缺点是吸附量小而且受废气中氧的影响比较明显;另一种是将活性炭作为催化剂,将 SO_2 催化氧化为 SO_3,并与烟气中的水生成 H_2SO_4。

由于活性炭的内表面积较大(活性炭的外表面积与内表面积相比非常小),因此催化反应主要发生在内表面的活性中心。活性炭吸附脱硫是多步复杂的过程,包括 SO_2、水蒸气和 O_2 在活性炭表面的吸附、SO_2 催化氧化生成 SO_3 并进一步生成 H_2SO_4 等。脱硫效果的好坏主要取决于活性炭的催化活性,只有具有较高催化活性的活性炭才能达到理想脱硫效果。在活性炭催化活性一定的前提下,水蒸气、O_2 的体积分数、反应温度等对脱硫效果都有较大影响。

将活性炭浸泡在碘溶液中,经干燥后可得到含碘活性炭催化剂,亦可将含有碘的气体通过活性炭层制成含碘活性炭。通过添加碘组分可以非常明显地提高活性炭的吸附催化能力,且稳定性显著提高。普通活性炭的脱硫率为 50% ~ 70%,而含碘催化剂的脱硫率则可大于 90%。由于活性炭吸附 SO_2,是一个内扩散过程,所以烟气在活性炭床层内要有足够的停留时间和空间才能达到较高的二氧化硫脱除效率。这就要求通过活性炭吸附层的气体空塔速度控制在 0.4 ~ 0.6m/s 低流速范围内从而造成吸附塔体积庞大,投资费用高,成本高。

活性炭烟气脱硫方法具有脱硫效率高、工艺连续的特点,但由于吸附材料价格较高,限制了其推广应用。近年来,利用活性炭纤维、沸石、树脂、氧化铝等材料作为吸收剂以及变压吸附等领域均有突破性进展。

2.2.2.4 Mg/Al/Fe 复合氧化物催化剂

Mg/Al/Fe 复合氧化物脱硫是一种氧化和吸附的机理,具体过程为:先把二氧化硫氧化成三氧化硫再吸附生成硫酸盐,吸附饱和后的 Mg/Al/Fe 复合氧化物可以用氢气、甲烷或一氧化碳还原硫酸盐再生,高浓度的再生产物二氧化硫和硫化氢可回收利用。

国内学者研究发现,温度范围在 500 ~ 600℃,Mg/Al/Fe 复合氧化物对二氧化硫具有良好的吸附性能。Mg/Al/Fe 复合氧化物吸附二氧化的速率与材料的组成密切相关,在 Mg/(Al+Fe) 摩尔比为 3、Fe/(Mg+Al) 摩尔比为 0.25 时,表现最好的吸附性能,其中 Fe 主要起催化作用,铝提高了材料的耐热性能,延长了催化吸附剂的寿命。对吸附机理进行深入研究后发现普通金属氧化物和类水滑石复合氧化物吸附 SO_2 过程存在着非催化和催化两种不同的反应途径非催化途径。

例如,CaO 和 MgO 吸附 SO_2 为非催化途径,表现为反应速率低,吸附硫容量小,无明显的起始温度;而 Mg/Al/Fe 复合氧化物吸附 SO_2 是催化途径,表现为反应速率高,存在明显的起始吸附温度;Fe 在氧化吸附过程中起催化剂的作用而 Mg 和 Fe 的协同作用使 Mg/Al/Fe 复合氧化物在吸收脱除 SO_2 方面具有优良的性能。催化吸收后的复合氧化物可以在还原气氛中再生,释放出 H_2S,H_2S 可以与 SO_2 发生 Claus 反应得到单质 S。再生后复合氧化物的比表面和吸附性能变化不大,基本稳定。

温等研究了铜类复合氧化物（Mg/Al/Cu）、铈类复合氧化物（Mg/Al/Ce）、铜铈类复合氧化物（Mg/Al/Cu/Ce）吸附 SO_2 的性能，发现以铜铈类复合氧化物吸附 SO_2 的容量和还原再生性能最好。氧气浓度不同，对吸附过程影响也不一样。在低浓度时，SO_2 的吸附会随氧浓度的增加而迅速增多，但氧浓度超过一定数值时，对 SO_2 的吸附影响变得不明显。复合氧化物用于催化氧化吸附脱硫，虽然较单一氧化物在脱硫过程和再生过程中的催化性能和再生性能有所改善，但仍存在频繁再生后催化性能下降的问题。

2.2.3 催化还原脱硫催化剂

催化还原法是二氧化硫在还原剂的作用下直接还原成固态硫，比起将二氧化硫催化氧化成三氧化硫再吸收制取稀硫酸的工艺要简单得多，而且副产品硫磺具有易运输、无二次污染、经济效益高等优点，因此学术界从 20 世纪 30~40 年代就开始探索 SO_2 的催化还原，目前已有许多成功的实验室催化脱硫的方法，但尚未工业化，主要是未克服烟气中过量氧对还原过程的干扰问题和催化剂的中毒问题。根据所用还原剂不同，催化还原脱硫可分为 H_2、CO、CH_4、C、合成气等还原法。

直接催化还原脱硫不但没有废物处理的问题，同时还可以得到硫黄这一宝贵资源。这样不但可以降低脱硫成本，还可以变废为宝，符合可持续发展战略对环境资源的要求。我国是硫黄资源相对短缺的国家，而硫黄在国民经济中占有相当重要的地位，在橡胶、精细化工等许多领域中都是相当重要的原料。因此催化还原脱硫具有良好的环境、社会效益和经济效益，是环境催化研究领域的热点之一。下面根据还原剂的不同分类介绍。

2.2.3.1 氢气还原法

H_2 作为还原剂，没有催化剂的情况下，还原二氧化硫需要在 500℃ 以上才会发生化学反应，而采用催化还原法可使反应温度大大降低。

铝矾土、Ru/Al_2O_3、$Co—Mo/Al_2O_3$ 及 Fe 族金属负载到 Al_2O_3 上的催化剂具有较好的催化还原活性。以 $Co—Mo/Al_2O_3$ 作为催化剂，在 300℃ 时单质硫的收率为 80%。采用催化性能最好的 Ru/Al_2O_3 作催化剂，在反应温度为 156℃ 时，一氧化硫的转化率在 90% 以上。

$Co—Mo/Al_2O_3$ 预硫化后的表面存在分散均匀的 Co—Mo—S 相，催化剂的高活性与这些金属硫化物密切相关。Paik 以化学计量比的 H_2 进料研究了 $Co—Mo/Al_2O_3$ 催化剂还原 SO_2 的反应机理。当 SO_2 浓度为 0.5% 时，300℃ 可使 SO_2 接近 100% 的转化，但选择性降低到了 58.5%。其他过渡金属氧化物负载在 Al_2O_3 上还原脱硫的活性情况，表明都有较高的活性和选择性，并且证实催化剂的活性相是金属硫化物。Fe 系金属（Fe、Co、Ni）表现出最高的活性其次是 Mo、W，所有的催化剂都表现出很高的选择性。

班等对 Ru/Al_2O_3 催化剂上 H_2 选择性催化还原 SO_2 进行研究，发现在少量氧存在下，负载型金属催化剂的催化活性并没有受到太大影响，氧的存在仅消耗一定数量的还原剂，这一结果对于进一步研究选择性还原脱硫有一定的借鉴作用。采用活性炭作载体负载 Co—Mo 所制得的 $Co—Mo/AC$ 同样具有较高活性和选择性，在 300℃ 时硫产率可达 85%，但在含氧情况下目前认为起活性作用的金属硫化物类催化剂将失去活性。

氢还原法的优点是操作温度较低（<300℃），其副产物只有 H_2S，如果通过循环操作，则可使硫的收率进一步提高。缺点是 H_2 的制备、运输和储存都较困难，而且烟道气中含有过量的 O_2，对反应有较大的抑制作用。此外，H_2 易爆易燃，操作危险，脱硫成本偏高，因而难以实现工业化。

2.2.3.2 一氧化碳还原法

CO 还原 SO_2 的研究比较深入，目前人们已经研制开发出几十种催化剂，可分为负载型金属氧化物催化剂、钙钛矿型复合氧化物催化剂、萤石型复合氧化物催化剂和其他复合氧化物催化剂，并针对不同类型的催化剂提出各种类型的还原脱硫反应机理。

2.2.3.2.1 负载型金属催化剂

负载型金属氧化物催化剂一般采用 Cu、Fe、Co、Mo、Ni 和 Cr 等过渡金属负载在氧化铝上制得。Hass 等研究了 Fe/Al_2O_3 催化剂上的反应，认为 Al_2O_3 不仅起载体作用，而且和 Fe 存在协同效应，是双功能催化剂。为了减少 COS 的量，他们用 Fe/Al_2O_3 作第一床层，Al_2O_3 作第二床层，在 410℃得到了 90%以上的 SO_2 转化率，COS 浓度可降低到 0.05%。催化还原 SO_2 是通过如下过程实现，其中 COS 是行催化还原脱硫的中间物。

Zhuang 等考察了不同含量的过渡金属（Co、Mo、Fe、CoMo、FeMo）负载在 Al_2O_3 上制得的催化剂性能，氧化铝上负载不同金属的活性顺序为：4%Co 16%Mo>4%Fe 15%Mo>16%Mo>25%Mo>14%Co>4%Co>4%Fe。结果发现在 400℃用 10%H_2S 处理的 $CoMo/Al_2O_3$ 活性最高，当 CO/SO_2 为 2 时，$CoMo/Al_2O_3$ 催化剂在空速为 $6000\sim24000h^{-1}$ 时，300℃下 SO_2 就可完全转化。原位红外实验结果表明，高活性的原因是 Co—Mo—S 结构上比其他金属硫化物更有利于 COS 生成，而 Al_2O_3 上 COS 与 SO 可进一步反应。

Goetz 等比较了一系列金属负载到 Al_2O_3 催化剂上同时脱除 SO_2 和 NO 的活性，发现 Fe—Cr/Al_2O_3 催化剂活性最好，但 COS 的生成也很多。于是采用两段床，以 Fe—Cr/Al_2O_3 作第一床，Al_2O_3 作第二床，调节适当的温度，即尾中 SO_2 含量高时则升高温度，COS 含量多时则降低温度，在 400℃附近，SO_2 和 NO 的转化效率都大于 90%。

Paik 等制备了 CoS_2—TiO_2 催化剂，表现出很好的催化还原 SO_2 性能。研究发现，单独的 CoS_2 和 TiO_2 活性都很差甚至没有活性。当 TiO_2 中添加一定量的 CoS_2 后，在 350℃时复合氧化物活性是单一 TiO_2 作为催化剂时的 10 倍以上表明复合氧化物具有很好的协同效应。

负载型过渡金属催化剂制备简单、价廉，但由于起作用的金属硫化物会促进 COS 的生成，因此为了减少 COS，必须采用两段床，而这大大增加了设备费用。因此人们希望能够有较少生成 COS 的催化还原 SO_2 的催化剂，矿型复合氧化物作为还原 SO_2 的催化剂得到了大量深入的研究。

2.2.3.2.2 钙钛矿型催化剂

钙钛矿型催化剂用于催化还原 SO_2 一直受到国内外学者的关注，Happel 等最早研究了用钙钛矿型催化剂还原二氧化硫，结果显示，用 $LaTiO_3$ 作催化剂时，COS 的生成与 SO_2 转化率无关，而与 CO 分压有关，只要控制 CO 与 SO_2 比为 1.9，就可使 COS 减小到最小。500℃时，SO_2 转化率达到 95%，而 COS 仅为 0.3%。研究认为，TiO_2 加入 La_2O_3 可形成有顺序缺位的萤石型结构，这种阴离子缺位是化学吸附氧化 CO 必需的。Hibbert 等制备了 $La_{1-x}Sr_xCoO_3$（$x=0.3$，0.5，0.6，0.7）一系列催化剂，考察了 CO 还原 SO_2 的性能。研究结果发现：$x=0.3$ 时活性最好，在 550℃，流速为 100mL/min，SO_2 转化率可达到 99%，且无 COS 生成；添加 2%水蒸气对反应没有负面影响；催化反应后金属变成硫化物、硫酸盐及硫氧化物，这些硫化物为反应提供了活性表面；其中含 Sr 的催化剂比 $LaCoO_3$ 的催化效果好，可能与其半导体性质有关。

由于钙钛矿结构在高温催化还原反应条件下不稳定，例如，$LaCoO_3$ 在一定条件下，会分解为 La_2O_2S 和 CoS_2。Ma 等探讨了 La_2O_2S 和 CoS_2 的相互作用和反应机理。COS 是涉及 CoS_2 和 CoS 循环过程的还原剂，La_2O_2S 是催化剂。二者单独使用时都没有活性。La_2O_2S 和 CoS_2 的相互作用不仅提高了催化活性，而且抑制了 COS 的生成。他们对水化的 La_2O_3 做了考察，结果发现，虽然 La_2O_3 本身无活性，但水化后却有活性。XRD 证明活性相为 La_2O_2S，水化促进了 La_2O_2S 的形成。

2.2.3.2.3　萤石型复合氧化物催化剂

萤石型复合氧化物催化剂用于催化还原二氧化硫已经有许多研究进展。Tschope 等研究发现 Cu/CeO_2 催化剂和复合氧化物 Cu—Ce—O 都对催化脱硫反应有很高的活性和选择性。在反应温度大于 450℃时，CO/SO_2 为 2 时，S 产率大于 95%。研究 Cu/CeO_2，萤石型复合氧化物催化剂上的反应机理发现，催化活性与萤石型复合氧化物表面存在着大量氧缺位和氧的流动性有关。

有学者研究发现添加过渡金属 Cu 后由于铜与 CeO_2 的协同作用，使催化剂的活性和稳定性都明显提高。在催化剂中添加过渡金属可降低催化剂的起燃温度，并且提高抗 H_2O 和 O_2 的能力。Kim 等制备的 Co_3O_4—TiO_2（质量比 1:1）催化剂具有很高的催化活性，在 400℃和 CO/SO_2 为 2 时空速 3000h^{-1} 条件下，可使 SO_2 转化率达到 99%，选择 97%以上。

2.2.3.2.4　甲烷还原法

甲烷在催化还原 SO_2 为单质硫的同时还会发生许多副反应，生成 H_2S、COS、CS_2、H_2、CO、C 等副产物。目前对催化剂性能的研究主要集中在提高甲烷选择性催化还原 SO_2 反应的转化率和选择性。研究的催化剂主要有活性 Al_2O_3、金属硫化物、氧化铝负载的金属硫化物、活性炭负载的硫化铂等。

Helstrom 等以铝矾土为催化剂研究了催化还原脱硫反应，在 500~600℃范围内催化反应生成的副产物少，硫的选择性高。但由于在该温度范围内反应速率很小，转化率很低，于是采用 Al_2O_3 催化剂在 650~700℃研究了上述反应，产率随温度升高而降低，当 SO_2 与 CH_4 比值为 2.5 时，硫产率最高，达到 96%。Sarlis 等研究得出，反应速率主要受 CH_4 浓度控制，而与 SO_2 无关。

Mulligan 等研究了 Mo/Co/γ-Al_2O_3 负载型催化剂，考察了 MoO_3(15%)/γ-Al_2O_3 和 CoO(5%)—MoO_3(15%)/γ-Al_2O_3 的催化活性和反应机理结果是含 Co 的催化剂比只含 Mo 的催化剂活性高很多，但 S 选择性却下降。原因是 Co 容易催化 CH_4 分解生成 C 和 H_2，从而导致 COS 和 H_2 增加，这也是含 Co 催化剂反应后比表面积下降较多的原因。通过考察不同 Mo 负载量的 Mo/Al$_2$O$_3$ 和 5%Co—15%Mo/Al$_2$O$_3$ 以及单独的氧化铝做催化剂时的还原反应，发现所有含 Mo 的催化剂活性都比单纯氧化铝高，15% Mo/Al$_2$O$_3$ 活性最高。而在他们制备的含相同 Mo 的催化剂中，加入 Co 则导致活性下降，是由于 Co 的存在使 Mo 更散，不易形成晶粒，从而降低活性。为了降低有害副产物 COS、CS$_2$ 和 H$_2$S，必须使反应温度低于 700℃。

Wiltowski 等用活性炭做载体，制备了 10% Mo/AC、15% Mo/AC 和 20% Mo/AC 催化剂。其中活性炭负载 20% MoS$_2$ 制成的催化剂在 450～600℃下有最好的活性。考察不同温度和不同反应气体组成的影响发现，这些催化剂的催化活性主要依赖于温度和进料比，其次才是 Mo 含量。温度的影响与前面类似，活性随温度增加而升高。而进料气的影响则不尽相同，他们发现当 CH$_4$：SO$_2$＝1：1 时活性最高，温度为 600℃时，可得到 99.8% SO$_2$ 转化率和 97.2%硫产率。Zhu 等采用 CeO$_2$ 渗入 La 以及加入 Cu、Ni 后制得的 Ce(La)O$_x$ 催化剂用于甲烷还原 SO$_2$，在 550～750℃有很高的活性和选择性。

甲烷催化还原 SO$_2$ 的缺点是 CH$_4$ 难活化，反应温度太高（600～800℃）在工业应用上有一定困难。此外生成的硫纯度不高，有积炭现象，且有毒副产物多。烟道气中的 O$_2$ 很容易在高温下把 CH$_4$ 完全氧化，如果能找到中低温下高活性的催化剂，工业化应用还是很有前景的。

2.3　CO 催化氧化催化剂

2.3.1　概述

CO 催化氧化技术是指在温和的反应条件下，使用催化剂加快 CO 氧化反应生成 CO$_2$ 的速率，从而达到消除 CO 的目的。目前，催化氧化法是去除汽车尾气中 CO 直接、经济和有效的方法，而此方法的核心在于高效催化剂的设计。目前，用于 CO 氧化的贵金属催化剂虽然具有优异的催化氧化性能，但存在自然储备少、反应生成率低、价格昂贵等缺点，无法在工业应用推广。而非贵金属催化剂催化氧化性能与贵金属相当，有自然界储备量多、价格便宜等优点，可有效替代贵金属催化剂。

2.3.2　贵金属催化剂

贵金属催化剂中活性组分多以金属颗粒存在，使得催化剂表面吸附反应物相对容易，吸附力不会破坏反应物的结构和形态，有利于形成"中间活性化合物"，极大提高了催化剂的催化活性，被认为是 CO 氧化反应的最佳选择。

根据活性物种对单相贵金属催化剂进行分类，分为银（Ag）催化剂、铂（Pt）催化剂、钌（Ru）催化剂、钯（Pd）催化剂和铑（Rh）催化剂等。多组分贵金属催化剂根据组分之间存在形式的不同分为非负载型和负载型催化剂。在非负载型催化剂中，贵金属活性组分常以零价金属颗粒形态存在；在负载型贵金属催化剂中，贵金属活性组分以纳米级颗粒或金属簇结构高度分散于载体表面。相对于单组分催化剂，多组分的贵金属催化剂提供的结构调变性更丰富，同时极大地提高了催化性能的可能性，如 Pt—Rh、Pt—Pd 等双金属复合氧化物催化剂曾被用于汽车尾气处理。

2.3.2.1 Pt 或 Pd 催化剂

贵金属 Pt 和 Pd 具有优良的催化性能，在发展早期便用于汽车尾气净化。制备方法会影响 Pt 和 Pd 催化剂的 CO 催化性能。Li 等以不同物种作为载体，采用凝胶沉积法制备 Pt/MeO_x 催化剂（Me 为 Fe、Zn、Al、Ni）。结果表明，在室温、水蒸气条件下，Pt/Fe_2O_3 催化剂可以使 CO 达到 100% 转化，且在 3000h 内保持良好的稳定性。Hinokuma 等采用脉冲等离子技术制备 Pt/CeO_2 负载型催化剂，在 CeO_2 载体表面 Pt 以纳米形式存在，其粒子尺寸约为 2.6nm。采用乙二醇辅助还原后，Pt 粒子在载体表面高度分散且催化活性较高。Bratan 等用原位分析法研究 Pd 催化剂的 CO 催化氧化性能，研究表明影响催化剂活性和稳定性的因素分别为制备方法、载体类型和制备条件。Wang 等将 Pd 粒子负载于 MnO_x—CeO_2 复合氧化物，该催化剂表现出良好的 CO 氧化活性。Nikolaev 等研究发现，经氢气预处理后的 Pd—Cu 合金催化活性大幅度提高，低温下 CO 可完全转化为 CO_2。

Pt、Pd 因自然储备量少导致价格昂贵，采用添加少量过渡金属元素或稀土元素（如 Ce、La）的手段对 Pt、Pd 催化剂改性以减少用量。Thorm 等研究发现，Co 改性的 Pt/Al_2O_3 催化剂可以通过添加 Ce 元素改性增强催化剂的活性和稳定性，经过氧化预处理的 $Pt/CoO_x/Al_2O_3$ 复合催化剂在 73℃时，CO 能实现完全转化。沈等考察了助剂 CeO_2 的添加量和焙烧温度对 CeO_2 改性 Pt/SiC 催化剂催化性能的影响。结果表明，采用添加 CeO_2 的方式可以使催化剂的催化活性显著提高；焙烧温度通过改变 Pt 在催化剂表面的分散度影响催化活性；催化活性与活性组分 Pt 和助剂 CeO_2 之间的协同作用密切相关（图 2-5）。

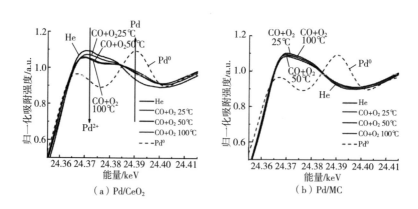

图 2-5　Pd 负载催化剂在 CO 氧化过程中的 Pd k 边 XANES 光谱

2.3.2.2 Au 催化剂

Au 是一种惰性贵金属，因此在最开始的催化剂研究中几乎不被考虑作为催化剂使用。自 Haruta 等证实通过共沉淀法制备的 Au 催化剂在 CO 低温氧化反应中能表现出高活性和高稳定性后，研究者便开始 Au 催化剂在 CO 氧化方面的研究。与 Pt 或 Pd 催化剂相比，Au 催化剂在 CO 氧化反应中不受温度的影响，可以保持催化剂高的活性；在环境湿度较高的环境下，CO 低浓度和高浓度时 Au 催化剂活性依然很高，因此 Au 催化剂在 CO 低温氧化方向普遍使用。

不同的 Au 颗粒尺寸的催化剂表现出不同的活性。Wang 等采用沉积—沉淀法分别制备 Au 负载量为 5% 和 8% 的 Au/SnO_2 催化剂。结果表明，Au 负载量会影响催化剂的催化活性，Au 负载量越大，Au 的粒径越大，CO 的完全转化温度越高。载体类型也是影响催化剂活性的重要的因素。Qian 等引入助剂 CoO_x 制备改性 $Au/CoO_x/SiO_2$ 负载型复合催化剂。在室温条件下 CO 转化率为 78%，在 60℃ 时能 CO 可完全转化为 CO_2。在催化剂的制备过程中，制备条件影响催化剂的催化性能。在不同的条件下制备一系列 Co_3O_4 载体，考察载体制备条件对 CO 催化氧化的影响。结果表明，在制备载体的过程将载体前驱体溶液经微波处理可提高其 CO 氧化活性。TPR 表征结果表明，在载体中引入第二活性组分 Au 催化剂的活性有很大的提升。郝等研究了制备方法及焙烧条件对负载型 Au 催化剂 CO 氧化性能的影响。结果表明，催化剂通过修饰可以成为有机配合物，再使用共沉淀法制备出的负载型 Au 催化剂活性最高。虽然 Au 催化剂氧化活性很高，但极其容易失活。其原因大致为 CO 在催化剂表面以碳酸盐的形式存在；Au 颗粒团聚导致尺寸变大。

2.3.2.3　Ag 催化剂

负载型纳米 Ag 催化剂低温催化 CO 在实际工业应用中前景广泛。研究表明，颗粒尺寸及分散度会对 Ag 与载体界面的相互作用造成影响。因此，可以采用不同的制备方法获得不同活性的负载型纳米 Ag 催化剂（图 2-6）。Chen 等通过机械研磨制得 Ag—OMS-2 催化剂。结果表明，大量的 Ag^+ 取代 K^+ 时有利于催化剂表面产生更多的活性位，对催化剂表面吸附 CO 和活化氧分子的能力有明显的提高，在 900℃ 时 CO 能达到 100% 转化。以无机盐 $AgNO_3$ 为前驱体，超临界 CO_2 为溶剂，乙醇为共溶剂，将 $AgNO_3$ 沉积到 SBA-15 介孔分子筛的孔道中，得到 Ag/SBA-15 复合催化剂。该法可以将 Ag 前驱体扩散到多孔狭缝中，形成粒径均匀（3～7nm）的 Ag 颗粒。通过改变沉积条件调节 Ag 物种的存在形态，得到高度分散 Ag 纳米粒子。但共溶剂的加入会导致 Ag 粒子在孔道内以纳米线的形式存在，长时间沉积会堵塞孔道，阻止了反应的进一步发生，在 300℃ 时 CO 才完全转化为 CO_2。

制备的负载型纳米 Ag 催化剂经过焙烧和活化等预处理后，纳米 Ag 与载体之间才会产生相互作用。Jin 等研究发现，Ag 在 γ 射线照射后以金属态存在，比焙烧处理的 Ag/SiO_2 催化剂粒子尺寸小得多，在低温 CO 氧化反应环境中活性较低，在高温条件下活性较高。需要对不同的负载 Ag 的载体进行相应的预处理。Gac 等对 Ag/MnO_x 催化剂的预处理条件进行了探究。结果表明，将催化剂完全暴露在 H_2 气氛后，催化剂表面由于焙烧形成的大量活性氧物种被还原，AgO 消失，Mn 氧化物结构被破坏，导致催化剂活性降低；由于催化剂表面被还原，在氧化锰上产生新的活性位点，极大地提高了催化剂的高温活性。负载型 Ag 催化剂活性更高，主要原因是 Ag 粒子在载体表面高度分散，同时两者之间可能存在一定的协同作用。Xu 等研究表明固有活性与 Ag 晶粒尺寸呈线性关系，Ag 晶粒尺寸和活性金属表面积是其活性的决定因素。

目前，用于 CO 催化氧化的贵金属催化剂的研究主要分为以下几点：贵金属催化剂的 CO

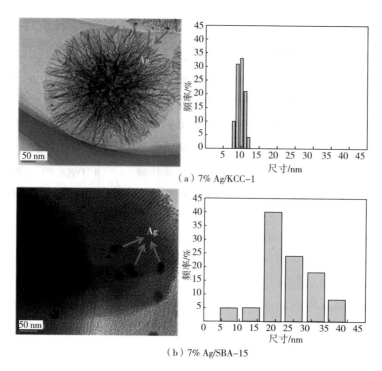

（a）7% Ag/KCC-1

（b）7% Ag/SBA-15

图 2-6　TEM 表征催化剂的形貌和 Ag 粒度分布

催化氧化活性高，但催化剂中含有大量的贵金属。要达到工业化使用的目标，需要对贵金属的用量进行削减，以减少生产的成本；在研发新型催化体系的过程中，如负载型合金催化剂和负载型金属配合物，要减少贵金属的用量增加其他活性物种的开发和使用，以获得相近或更高的活性；对贵金属催化剂在 H_2O、CO_2、H_2、SO_2、NO、C_3H_6 等环境气氛中的性能详细研究，从而研发出适用于工业生产的 CO 氧化催化剂材料；低温催化氧化的本质和重要性在于利用各种表征方法探索 CO 催化氧化的机理，了解各种环境气氛中的 CO，为催化剂设计提供了方向。考虑到贵金属和非贵金属之间的优缺点，迫切需要研制用于 CO 催化氧化的非贵金属催化剂。除具备良好的 CO 氧化性能以外，还需要克服稳定性差、硫化中毒、使用周期有限等缺点，因此需要进一步研究。

2.3.3　非贵金属催化剂

非贵金属 CO 催化氧化催化剂，主要包括钴（Co）、锌（Zn）、铈（Ce）、铜（Cu）、锰（Mn）、钛（Ti）等，尤其是金属氧化物/复合氧化物催化剂，比贵金属催化剂具有更大的成本优势，而且结构调整丰富、制备方法简单、可重现性高、反应条件好、结构稳定性高。非贵金属催化剂拥有较高的催化活性、长久的使用寿命，与贵金属催化剂同样优异的特性而受到研究者的重视。当然，非贵金属催化剂同样拥有缺点：在某些条件下活性略微低于贵金属催化剂，对水蒸气敏感，在潮湿含水量高的环境中容易受潮失活。为了提高非贵金属催化剂的氧化活性，人们对催化剂的结构，包括活性组分、催化剂载体、助剂以及反应机理等方面进行了深入研究。

2.3.3.1 Cu 系催化剂

Cu 系催化剂在 CO 催化氧化反应中具有良好的催化活性，因其材料来源广、价格低而被大规模研究。以纳米形态存在的非氧化物纳米多孔铜拥有强度大、韧性高、比表面积高等特点，在催化领域极具潜在研究价值。对于纳米多孔铜制备方法的探索，特别是具有特殊功能的纳米多孔铜的研究，目前还处于摸索阶段。

零价铜（Cu^0）和氧化态铜物种（CuO_x）活性位在催化剂中表现出不同的催化性能不同价态的 Cu 物种在 CO 催化氧化反应中产生相互作用。除此之外，Cu 活性物种与载体材料之间同样存在相互作用，也是研究的一大重点。

Wu 等采用沉积法制备 $Cu—Cu_2O/TiO_2$ 负载型复合催化剂，发现 Cu 与 Cu_2O 两种不同价态的 Cu 活性物种之间存在协同作用，在低于 100℃ 的反应温度下 CO 可以完全转化为 CO_2。Kondrat 等将 Cu 以纳米粒子形态负载于氧化态锰物种（MnO_x），对 CO 氧化表现出的活性较高，可能是纳米 Cu 的加入对氧化物载体表面造成点缺陷范围的晶体结构缺陷，有利于更多的氧空位生成，从而提高了 CO 催化氧化反应活性。有研究发现，CuO/Al_2O_3 催化剂中的主要活性物种为分散态的 CuO_x 和晶相 CuO_x，而催化剂经过高温焙烧后会产生尖晶石 $CuAl_2O_4$ 层，能有效阻止 Cu 进入 Al_2O_3 体相中产生相互作用，导致催化剂基本没有 CO 氧化活性。

近年来通过研究 CuO/CeO_2 催化剂不同的制备方法发现，在 CO 催化氧化反应中，氧化态的 Cu^+ 提供 CO 吸附活化的活性位，CeO_2 载体提供氧空位对氧进行活化。毛等通过固相化学法制备了不同 Cu 负载量的 CuO/CeO_2 催化剂，发现焙烧温度和 CuO 负载量影响 CuO/CeO_2 的催化活性，且 CuO 在载体表面的分散度随着 CuO 负载量的增加而增加。在 15% 的负载前提下，催化活性达到稳定水平并且不会继续增加：随着烧温度的升高，CuO/CeO_2 的催化活性升高，在 650℃ 达到最高活性，随着慢烧温度的继续升高，活性发生逆转反而开始减少。Yen 等用 KIT 为模板制备具有介孔结构的 CuO/CeO_2 催化剂（图 2-7），将 CuO 分散于 CeO_2 介孔材料的孔道中，使 CO 转化率在 60~80℃ 范围内达到 100%。目前对于铜系催化剂的研究，主要是通过引入其他活性组分对其进行改性和采用不同的方法制备，其催化过程的反应机理还没有统一的说法：在不同的铜系催化剂研究中，不同的反应条件导致不同的催化性能，所以不能只简单地关注 CO 转化率。为了更好地了解催化剂的催化机理，应深入研究不同催化剂的反应过程和活性位结构。

（a）Cu（30）Ce-K40 TEM图　　（b）Cu（30）Fe（20）Ce-K100 TEM图

图 2-7

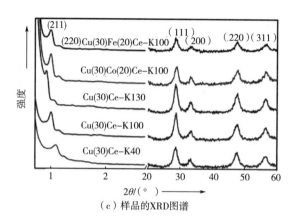

（c）样品的XRD图谱

图 2-7 样品的 TEM 图和 XRD 图谱

2.3.3.2 Co 系催化剂

Co_3O_4 是一种具有尖晶石结构的半导体材料。据报道，在所有的金属氧化物催化剂中，Co_3O_4 纳米晶体的 CO 氧化活性最高。通过沉淀法和溶剂热法制备 Co_3O_4，在 25℃时 CO 能够完全氧化。有研究发现，Co_3O_4 纳米粒子的形貌会影响催化剂的活性其形貌的调控由 100 和 111 晶面的相对生长速率决定。Xie 等制备的 Co_3O_4 纳米棒在 -77℃时表现出很高的催化活性，在 200~400℃的条件下，催化剂在 H_2O 和 CO_2 的混合气氛中反应，表现出高热稳定性。其原因在于，暴露 110 晶面的 Co_3O_4 纳米棒能提供更多的 Co^{3+} 活性位，当纳米粒子粒径 5~15nm 时，更有利于 110 晶面的暴露，使催化剂能够提供更多的 Co^{3+} 活性位，揭示了氧化物催化剂的纳米效应的本质。

Co_3O_4 除了作为单相催化剂以外，负载型 Co 氧化物催化剂同样表现出优异的催化活性（图 2-8）。将不同活性组分 Co、Cu 和 Ni 分别负载于 TiO_2 载体制备负载型催化剂，Co/TiO_2、Cu/TiO_2 和 Ni/TiO_2 三种负载型 TiO_2 基催化剂中，催化剂催化活性由弱到强依次为：$Ni/TiO_2 < Co/TiO_2 < Cu/TiO_2$。在室温条件下，$Co_3O_4$ 催化剂及 Co_3O_4/Al_2O_3 负载型催化剂拥有极高的 CO 氧化活性，但反应过程中会产生碳酸盐和类似石墨的相似物相，容易导致催化剂失活。不同的 TiO_2 的晶相结构载体会表现出不同的催化性能，Co_3O_4 分别负载于锐钛矿、金红石和板钛矿时，CO 分别在 -43℃、-2℃、45℃时完全转化。这可能是由于载体晶相结构会对活性组分分散度造成影响，从而引发了不同的相互作用，对 Co 离子不同价态物相的电子转移性能造成了影响，有关载体晶的研究仍然是 CO 催化氧化催化剂研究的热门领域。

2.3.3.3 Ce 系催化剂

Ce 是一种稀土材料，价格低廉，可以在 Ce^{3+}、Ce^{4+} 两种不同价态间相互转化，因相对容易贮藏和释放氧物种而在氧化反应研究中受到广泛重视。CeO_2 材料为萤石晶体结构，在保持其晶体结构稳定的前提下，CeO_2 在外界环境时可以释放 O_2，在富氧环境中可以吸收 O_2，表现为较好的氧化还原和储氧能力，因此在多相催化过程中，CeO_2 可以补充气相中氧物种。

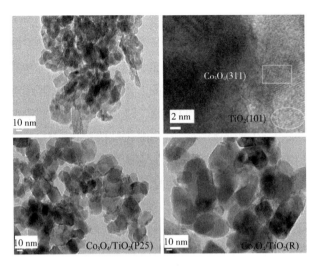

图 2-8　Co_3O_4 催化剂 HR-TEM 图

虽然已有报道 CeO_2 在 CO 氧化反应中可直接用作催化剂，但单相 CeO_2 催化剂在较高的反应温度下才能够达到 CO 完全氧化。稳定性较差，在高温时容易烧结团聚，导致催化剂结构变形使其储释氧的能力遭到破坏，一般不单独用作催化剂。因此许多研究者将 CeO_2 作为载体进行研究，通过掺杂或负载其他活性组分进行改性来提高催化活性。与其他氧化物用作催化剂载体相比，CeO_2 对负载的金属具有分散、塑型及稳定作用，还能够在反应过程中提供可以直接参与体系氧化还原过程活性氧物种，因此被大量作为催化剂的载体或者助剂应用于 CO 去除。但对其反应过程中活性位的研究仍有分歧，所以需要进一步地研究。

以 CuO 为载体负载活性组分 Ce，其 CO 催化氧化活性与贵金属催化剂同样优良。在 CeO_2/CuO 催化剂中，CO 催化氧化反应发生在 CeO_2 与 CuO 的接触界面，该催化剂中的化学吸附位和氧空位，分别由 CuO 和 CeO_2 提供。与化学吸附位相比较，氧空位对催化剂的表面吸附力影响更大。而研究表明，不同制备的方法使催化剂存在不同的吸附位类型，影响其催化活性：采用沉淀浸渍法合成的 CeO_2/CuO 催化剂形貌表征结果为二维花瓣状，催化剂周边具有极佳的界面延展性，有利于 CO 氧化反应；采用逆微乳液法制备 CeO_2/CuO，对 CO 具有优先氧化的能力，在 500℃ 空气中焙烧后催化剂拥有最佳性能。影响 Ce 基催化剂的催化活性的因素过多以至于交叉影响，如不同制备方法引起的活性位类型和结构；Ce 在不同反应条件下发生催化还原过程中的电子迁移导致价态变化；纳米催化剂粒子的纳米尺寸和形貌；在不同反应气氛中的稳定性等，导致其界面催化机理的研究复杂化。

2.3.3.4　Mn 系催化剂

Mn 系催化剂具有价格低廉、低温条件下催化活性好等优点，因此引起研究学者的广泛关注和研究。Mn 作为过渡金属，具有 Mn^{2+}、Mn^{3+} 和 Mn^{4+} 等丰富可变价态，可以形成多种具有较丰富晶格氧和氧空穴晶体结构的 MnO_x，容易在界面形成活性中心从而发生氧化还原反应，被广泛运用于 CO 氧化、H_2O_2 分解、NH_3 低温选择性还原 NO、苯酚催化湿式氧化等氧化还原催化反应。在 Hopcalite 氧化还原催化剂中，将 MnO_2 负载在 γ-Al_2O_3 上，制备以 MnO_2 作为主要活性组分的铜复合氧化物催化剂，考察前驱体制备溶液 pH 酸度、焙烧温度、反应温度等因素对催化剂 CO 催化氧化活性的影响。

Mn 基催化剂 CO 低温催化氧化效果良好，但在低温条件下，存在催化剂选择性低、抗水抗硫性能较弱等缺点，限制了其在工业生产中的实际应用能力，因此对于 Mn 基催化剂的研究方向转变为负载型和复合氧化物催化剂的研究。锰物种可以在合适的载体上高度分散，锰纳米颗粒与载体接触界面会产生协同作用，使其催化性能更佳，这仍然需要大量的研究和探索，从而优化提升它在 CO 氧化方面的应用价值。由 MnO_x 不同的价态和各异的形貌的存在，极大地影响了催化剂的 CO 催化氧化性能。除此之外，不少研究者认为影响活性的主要原因并非结构缺陷，而是受 Mn—O 结合能的影响。多组分催化剂的催化活性远高于单组分 Mn 催化剂活性，以 $CuO—CeO_2$ 为载体，通过负载不同含量的 Mn 对催化剂进行改性，当 Mn/Cu 摩尔比为 1∶5 时，催化剂的活性明显提高，在 120℃时 CO 就能完全转化。

2.3.4　复合氧化物催化剂

复合氧化物中含有两种或更多的活性组分，不同活性物种之间存在的相互作用，改变活性物种的分散状态，对其分散容量进行改性，可能会对催化剂活性和稳定性有促进作用。相比于单组分金属氧化物，多组分复合氧化物晶体结构和氧化还原性能更好，从而显现为更优异的催化性能。

Cu—Ce 复合型氧化物催化剂近年来成为 CO 催化氧化催化剂研究的热点之一，CeO_2 作为载体或助剂可以使活性物种拥有高比表面积和稳定分散状态，提供更多的活性位从而提高催化活性。普遍认为，Cu—Ce 催化剂催化 CO 催化氧化反应遵循 MvK 机理，CeO_2 以其独特的特性可以在其表面产生活性氧，可直接参与催化氧化反应。以 P123 为模板剂采用模板法制备 $CuO—CeO_2$ 纳米材料，该催化剂具有极高的比表面积和良好的 CO 氧化活性。因为 P123 对晶种良好的导向作用有利于晶体生长，在晶粒形成过程中对造孔有促进作用，进而使催化性能提高。Cu^+ 作为 CO 主要吸附中心提供了大量的孔道结构，大大增加了催化剂比表面积，使 Cu^+ 更好地在催化剂表面分散，也能为反应物生成的产物的逃逸提供了条件。

常见的复合氧化物 COC 催化剂有尖晶石型（B_2O_4）与钙钛矿型（ABO_3）复合氧化物。尖晶石型化合物形成晶体时金属离子在中心，氧在其周围，一般应用于催化氧化反应中。钙钛矿型氧化物属于正立方体结构，具有反应速率快、价格低廉、高热条件下稳定性高、水热稳定性高、工艺操作简便等优点而广泛应用在工业领域。常见的 La—Co—O、La—Ni—O 和 La—Cu—O 复合氧化物的活性较低，可以考虑对制备方法进行创新，对活性组分的不同摩尔比进行研究，或者引入新的活性组分对催化剂进行改性。

在有铜离子存在的前驱体溶液中加入沉淀剂，使两种离子同时沉淀，经过干燥、焙烧等操作后成为 Cu—Mn—O 复合氧化物，与研磨制备的 $CuO—MnO_2$ 氧化物催化剂相比，其催化活性要高得多。研究发现，使用共沉淀法制备 Cu—Mn 复合氧化物催化剂的过程中，共沉淀剂的选择十分困难，$NaOH$、$NaHCO_3$ 等沉淀剂在能沉淀 Cu 和 Mn 两种物种的同时会在催化剂中残留大量的 Na^+，无法排除对催化性能的影响，因此一般不采用。而最佳的共沉淀剂不仅需要使前驱体溶液中 Cu、Mn 能同时沉淀，又要使 Cu、Mn 物种不以离子态而都是以沉淀状态存在，并且不会引入第三种难以除去的、影响催化活性的杂质，所以除了共沉淀制备方法，共沉淀剂的选择是共沉淀制备法制备复合催化剂研究的重中之重。

在众多的金属氧化物催化剂中，锰铈复合氧化物是研究较多且具有较好催化活性的催化剂。Xing 等研究发现对纳米二维结构 CeO_2 进行结构内部 Mn 掺杂可以有效提高催化活性，这是由于 Mn 的内部掺杂导致 CeO_2 产生表面缺陷，有利于氧空位的产生，同时 Mn 和 CeO_2 两种活性物种之间存在协同作用。单相氧化物催化剂在活性、抗毒性以及稳定性方面都存在一定的局限性，为了弥补这些缺陷，研究者们致力于更好性能的复合氧化物催化剂的研究。

2.4　挥发性有机污染物防治用催化剂

2.4.1　概述

《"十三五"挥发性有机物污染防治工作方案》指出，挥发性有机物（VOCs）为参与大气光化学反应的有机化合物，包括非甲烷烃类（烷烃、烯烃、炔烃、芳香烃等）、含氧有机物（醛、酮、醇、醚等）、含氯有机物、含氮有机物、含硫有机物等。目前已鉴定出的 VOCs 有 300 多种，成分复杂，其中有 33 种因危害大被美国环境保护署（EPA）列为优先控制污染物。VOCs 的危害有三方面：一是具有毒性和致癌性，危害人体健康。VOCs 毒性分为非特异毒性和特异毒性。非特异毒性的表现是头痛、厌倦、疲乏等，特异毒性会导致过敏与癌症。二是在紫外线作用下，氮氧化合与 VOCs 中的碳氢化合物发生大气化学反应，生成对环境危害更大的臭氧，导致大气光化学烟雾事件发生。三是参与大气中二次气溶胶形成，导致灰霾天气出现。因此，发展高效、节能、绿色环保的降解技术，快速去除大气中 VOCs，具有十分重要的社会意义和经济价值。

催化燃烧技术是将混合废气预热到起燃温度后，在催化剂表面进一步发生氧化分解，从而实现废气彻底净化处理的一种方法。目前常用催化剂包括贵金属催化剂、非贵金属氧化物催化剂和复合物催化剂。贵金属催化剂主要包括 Pt 和 Pd，二者均具有起燃温度低、耐热温度高、催化效率高、抗卤元素毒性强等优点，是目前应用最为广泛的催化剂之一。

相较于高温焚烧技术，催化燃烧技术的优点是能耗低、安全性高、无二次污染、操作工艺简单、对可燃组分浓度和热值限制较小，且可有效抑制 NO_x 产生，适用于气态和气溶胶态污染物治理；缺点是工艺条件要求严格，不允许废气中含有影响催化剂寿命和处理效率的尘粒和雾滴。

2.4.2　金属氧化物催化剂

2.4.2.1　金属组分与比例

金属掺杂是目前金属氧化物本身产生氧缺陷的有效途径，有利于改善氧的迁移率，从而提高 VOCs 的深度氧化能力。通过比较不同组分组成的催化剂性能的改变，探究出金属组分对氧空位形成和活性氧迁移率的影响。Peng 等通过氧化还原沉淀法制备了一系列不同金属掺杂的金属氧化物催化剂来调节 MnO_2 中的氧空位。结果发现，掺杂的 Cu、Co 和 Ce 均进入 MnO_2 的晶格中，从而导致了晶格扭曲，与 Co—MnO_2 和 Ce—MnO_2 相比，Cu—MnO_2 对甲苯有着良好的催化氧化活性，T_{90} 仅为 219℃。Cu—MnO_2 上表面吸附氧高于其他催化剂，意味着 Cu—MnO_2 上有丰富的表面氧空位，可以吸附和活化更多的活性氧，提高氧的迁移率，从而表现出较好的催化活性。为探究金属掺杂对 A 位离子的影响，Li 等用共沉淀法制备的 MCo_2O_4（M＝Co、Cu、Ni、Zn）尖晶石催化剂用于甲苯的催化氧化，研究发现，在空速为 78000h^{-1} 时，$CuCo_2O_4$ 在 221℃下对 1000mg/kg 的甲苯的降解效率可达 90%。此外，$CuCo_2O_4$ 催化剂有着更高的表面吸附氧比例，表明其表面具有更多的氧空位，有利于将更多的气相氧转化为表面吸附氧。

在金属成分相同的情况下，金属比例的变化也是影响催化剂性能的重要因素，适当的金属比例会增强活性组分之间的相互作用，促进电子转移。Dong 等通过在 MnO_2 上掺杂 Cu 来形成表面氧空位（图 2-9），通过调节 Cu/Mn 摩尔比来调控催化剂表面氧空位浓度，进而探究出氧空位浓度对表面性质和催化甲苯氧化活性的影响。结果表明，Cu/Mn 摩尔比为 0.1：1 时，$Cu_{0.1}Mn_1O_x$ 对甲苯表现出较好的催化氧化活性（T_{90}＝216℃），但当 Cu/Mn 摩尔比为 0.12：1 时，$Cu_{0.12}Mn_1O_x$ 表面的 Mn^{3+} 和表面化学吸附氧含量分别为 71% 和 49.53%，均高于 $Cu_{0.1}Mn_1O_x$，这表明适度的氧空位浓度有利于活性和表面性质的提升，过高的氧空位浓度会降低催化活性。

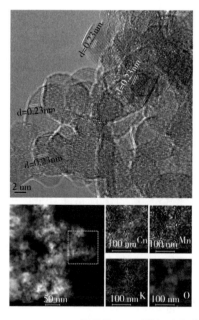

图 2-9　MnO_2-OV_3 样品的 TEM 图和元素分布图

Zhang 等研究 Mn/Co 摩尔比对甲苯催化活性的影响，结果发现，Mn/Co 为 0.4：0.6 时，$Cu_{0.4}Mn_{0.6}O_x$ 在空速为 40000h^{-1} 时，甲苯氧化的 T_{90} 仅为 215℃，这是由于 Co 和 Mn 离子之间的相互作用使催化剂表面 Co^{2+}、Mn^{4+} 和晶格氧的数量增加，更多的晶格氧促进了苯环的分解，改善甲苯氧化为二氧化碳的过程，此外，催化剂表面的 Mn—O—Co 键的形成显著改善表面氧的流动性。Wang 等发现 Fe/Mn 影响氯苯的催化氧化，当 Fe/Mn = 1：1 时，$Fe_1Mn_1O_x$，对于氯苯氧化的 T_{50} 和 T_{90} 分别为 160℃ 和 197℃，归因于 Fe 和 Mn 之间有着强烈的相互作用，促进了氧向表面扩散，提高了氧的流动性，改善了氧化还原性能。此外，$Fe_1Mn_1O_x$ 有着丰富的中酸中心，有利于氯苯的吸附和活性组分的分散，还促进脱氯反应的进行，从而提高了氯苯的催化氧化性能。

2.4.2.2　焙烧温度

Shen 等研究发现，焙烧温度为 300℃ 下制备的 Co_3O_4 催化剂催化甲苯氧化活性最佳（T_{90} = 240℃），随着焙烧温度的升高，四配位 Co（Co_3O_4）的拉曼峰逐渐红移，六配位的 Co（CoO_6）的拉曼峰逐渐蓝移，表明较低的焙烧温度削弱了 CoO_4 的 Co—O 键强度，从而提高了 CoO_4 中晶格氧的反应活性，使得低配位原子暴露比增加，催化剂表面氧缺位增多，吸附活化生成更多反应氧物种，从而补充消耗的晶格氧，提高了甲苯的降解速度。

Wang 等研究发现对于调节 MnO_2 催化剂的氧空位，Fe 的引入可以显著促进氧空位的形成，通过改变焙烧温度，掺杂 Fe 的 MnO_2 的氧空位总浓度仍然可调，Fe 的掺杂会引起结构缺陷，削弱 Mn—O 键，当 Fe/Mn 为 1：4，焙烧温度为 300℃ 时，Fe_1Mn_4-300 的 ID/I2g 为 0.93，高于 Fe_1Mn_4-400 和 Fe_1Mn_4-500，这表明 Fe_1Mn_4-300 上的氧空位浓度最高，这提高了氧的迁移率，加速了苯甲醛向苯甲酸的转化和苯甲酸进一步氧化为 CO_2 和 H_2O。

Li 等研究发现，在焙烧温度为 400℃ 下制备的 $Cu_1Co_2Fe_1O_x$-400，在空速为 60000h^{-1} 时，在 238℃ 下对 800mg/kg 的甲苯的降解效率达到 90%。$Cu_1Co_2Fe_1O_x$-400 主要由 Co_3O_4、Fe_3O_4 和 CuO 组成，纳米颗粒细小，有着丰富的相界面，有利于氧缺陷的形成。随着焙烧温度的升高，由于高温烧结使得比表面积逐渐降低，结晶度和颗粒尺寸都增加，氧化物之间的相互反应导致相界面数目开始减少，氧空位含量减少，因此，催化剂的催化活性降低。

2.4.2.3　制备方法

制备方法影响催化剂的结构和表面性能，从而导致催化活性的不同。Chen 等发现通过原位热解法制备 CeO_2—M 有着更小的晶粒尺寸（6.7mm），三维穿透个孔通道和高比表面积（117.3m^2/g）使得暴露更多的活性中心，有利于甲苯的吸附和活化，加速了反应动力学过程。此外，CeO_2—M 更多的表面氧缺陷、Ce^{3+} 含量和表面吸附氧含量，使得其低温还原性能更好，因此，比沉淀法制备的 CeO_2-P 催化剂催化甲苯氧化的 T_{90} 降低 57℃。

张等分别采用浸渍法（CeMn—M）、共沉淀法（CeMn—CP）、溶胶凝胶法（CeMn—SG）和水热法（CeMn—HT）制备一系列 $CeMnO_x$ 催化剂，并用于甲苯的氧化。结果发现，在空速为 60000h^{-1} 时，500ppm 的甲苯催化氧化活性顺序为：CeMn—HT（T_{90} = 246℃）< CeMn—SG（T_{90} = 249℃）< CeMn—CP（T_{90} = 259℃）< CeMn—IM（T_{90} = 261℃），这是由于 CeMn—HT 有着较大的比表面积（98m^2/g），有利于消除内扩散阻力，促进甲苯的吸附。此外，CeMn—HT

表面存在更多的结构缺陷和氧空位，促进表面活性氧的生成。

Li 等发现同样是制备 Mn—Cu 双金属氧化物催化剂，一步水热氧化还原法制备的 $MnCu_{0.5}$ 催化剂，比水解驱动的氧化还原沉淀法（$MnCu_{0.75}$—H_2O_2）和共淀（$MnCu_{0.75}$—P）制备的催化剂对甲苯氧化的催化活性更好（$T_{90} = 210℃$），归因于 $MnCu_{0.5}$ 大量的表面晶格缺陷和较高的氧空位浓度。

曾等研究发现双氧化还原方法制备 CuO—CeO_2—H 催化剂与共沉淀法制备的 CuO—CeO_2—P 催化剂相比，具有更多的 Ce^{3+} 和 Cu^{2+}。CuO 作为甲苯的吸附和活化中心，Cu^{2+} 离子在 Cu^{2+} 中心周围形成氧空位，作为氧的吸附和活化中心，Cu—Ce 强相互作用的促进 CuO—CeO_2 之间的电子转移，进而促进甲苯的深度氧化。CuO—CeO_2—H 催化剂中 Cu 离子大量进入 CeO_2 晶格，导致大量表面氧空位被氧分子吸附活化，提高了氧的迁移率，从而抑制了催化剂的结焦。

由上述文献报道可以看出，通过金属掺杂、调控金属组成比例和焙烧温度以及选用不同的制备方法均会对催化剂的表面物性、结构和活性产生一定的影响。焙烧温度和制备方法的选择都是合成催化剂的关键工艺，尽管通过常规制备方法或改性的常规制备方法合成催化剂的活性较好，但开发新的制备方法来合成高活性的催化剂仍是研究的热点和难点。通过金属掺杂和调控金属比例可以构建催化剂表面的氧空位，大多数研究致力于增加氧空位和活性氧物种含量，但正确理解和阐述氧空位、晶格氧和表面吸附氧在不同 VOCs 催化氧化过程中发挥的具体作用仍是一个难点，尤其是氧空位、晶格氧和表面吸附氧对于氧化途径的影响。

2.4.2.4　催化剂载体

催化剂载体的物理化学性质也显著影响催化剂的性能。张等发现沸石载体的尺寸和结构对催化剂的理化性质和甲苯氧化性能有显著影响。纳米级中空 HZSM-5 沸石具有较高的比表面积和分级孔隙率（微孔和中孔尺寸分别约为 0.6nm 和 4.2nm），提高了 MnO_x 纳米粒子在载体上的表面分散度，同时暴露更多的活性中心，吸附更多的气相氧，活化成活性氧物种，提高了催化剂的低温还原性和表面氧的迁移率，使得 MnO_x/HZ-5 有较好的催化甲苯氧化活性（$T_{90} = 255℃$）。此外，沸石表面分散度较好的 MnO_x 纳米颗粒有效地促进了甲苯及其中间产物的氧化分解，使得催化剂有较高的抗结焦能力。

林等发现沸石载体上的酸性位点对催化性能也有显著影响，Co_3O_4 催化剂提供有限的酸位点，而由于存在 ZSM-5 载体，Co_3O_4/ZSM-5 中有丰富的酸位点，活性组分分散得更好，反应物分子更容易吸附在催化剂表面，催化丙烷氧化的活性增强。

黄等发现 Co_3O_4 负载 MFI 型沸石催化剂具有较好的分散度、较高的比表面积和丰富的孔结构，使其暴露更多的活性位点，更强表面酸度有利于二氯甲烷的吸附和活化。此外，MFI 型沸石与 Co_3O_4 之间的协同催化作用有效地减少了多氯代副产物的形成，抑制了二氯甲烷催化氧化过程中催化剂的失活。其中，Co_3O_4/ZSM-5 催化剂在空速为 $30000h^{-1}$ 时，催化氧化二氯甲烷的性能最佳（$T_{90} = 370℃$），归因于其表面适量的 B 酸中心和较多的化学吸附氧。

强金属—载体相互作用可以极大地影响各种反应中的催化性能。周等把具有立方—四方界面的 CeO_2—ZrO_2 固溶体作为载体，制备 Mn/CeO_2—ZrO_2-J 催化剂（图 2-10）。结果发现，

MnO$_x$ 物种与 CeO$_2$—ZrO$_2$ 固溶体载体相互融合，立方—四方界面可以提高 Mn 和 Ce 的协同作用，使得催化剂表面晶格氧浓度更高，从而提升了低温还原性能。此外，催化剂界面促进了甲苯的吸附活化和低温下苯甲醛和醇盐等关键中间体的形成，因此，Mn/CeO$_2$—ZrO$_2$-J 有着较好的甲苯催化氧化性能（$T_{90}=254℃$）。Chai 等通过水热法制备 Co$_3$O$_4$/YSZ 和 Co$_3$O$_4$/TiO$_2$ 催化剂，研究发现，载体改变了 Co$_3$O$_4$ 颗粒的形态，Co$_3$O$_4$/YSZ 和 Co$_3$O$_4$/TiO$_2$ 呈现部分团聚状，但与体相 Co$_3$O$_4$ 和 Co$_3$O$_4$/TiO$_2$ 催化剂相比，Co$_3$O$_4$/YSZ 催化剂在空速为 60000h^{-1}，在 280℃下对 1000ppm 甲苯的降解效率可达 90%，这是由于 Co$_3$O$_4$ 和 YSZ 之间的正相互作用降低负载型 Co$_3$O$_4$/YSZ 催化剂的还原温度，提高其低温还原性能。此外，Co$_3$O$_4$ 促进了氧物种在 YSZ 氧空位上的活化和扩散，从而显著提高了甲苯氧化反应的速率，但 Co$_3$O$_4$ 在 TiO$_2$ 载体上的强吸附作用降低了催化剂的还原能力，抑制了催化剂的氧活化能力和氧物种迁移率。

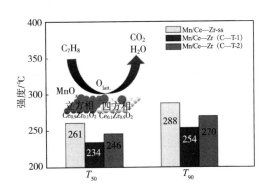

图 2-10　MnO$_x$/CeO$_2$—ZrO$_2$ 催化剂催化活性

2.4.2.5　催化剂形貌

催化剂的形貌对于晶面暴露比和氧空位浓度的影响也值得探究。张等发现不同形貌的 CeO$_2$ 催化剂对气态苯乙烯氧化表现出不同的催化活性，球形 CeO$_2$-S 表现出最高的苯乙烯催化降解活性（$T_{50}=133℃$，$T_{90}=184℃$），因为球形 CeO$_2$-S 具有最大的晶格畸变，导致大量的氧空位，同时高暴露比的（111）晶面有助于苯乙烯的反应吸附。DFT 计算表明，（111）晶面有利于氧气、苯乙烯和苯甲酸的吸附，富含缺陷的 CeO$_2$-r（111）更有利于苯乙烯、氧气和苯甲酸的吸附，并在催化剂表面形成了更多的表面化学吸附氧，有助于苯乙烯深度氧化为 CO$_2$ 和 H$_2$O。马等研究发现 MOF 衍生方法合成的不同形状的 Co$_3$O$_4$ 催化剂对邻二甲的催化氧化性能不同，与球形 Co$_3$O$_4$-S 相比，棒状 Co$_3$O$_4$-R 在高空速（120000h^{-1}）下，对邻二甲苯催化氧化的 T_{90} 降低了 25℃这是由于 Co$_3$O$_4$-R 有更多暴露在 220 晶面上的两重配位晶格氧和良好的氧迁移率，两重配位晶格氧吸附和活化更多的邻二甲苯，形成醇盐和磷酸盐在内的中间体，良好的氧迁移率使得中间体分解得更快，从而产生较大的 CO$_2$ 生成量。吴等设计一种简便的溶剂热还原策略制备富含氧空位的多孔 MnO$_2$ 纳米片（MnO$_2$-PS）用于丙烷催化氧化，研究发现，MnO$_2$-PS 在 235℃下对 2000mg/kg 的丙烷的降解率达 90%，比 MnO$_2$-R 和 MnO$_2$-B 分别降低了 60℃和 83℃，主要是由于 MnO$_2$-PS 催化剂上大量的缺陷位和多孔结构，一方面，有利于活性位点的提升和活性组分的分散，促进反应物的吸附与活化，另一方面，提高了催化剂的氧迁移率和储氧能力，提供更多反应性的活性氧物种，加速 C—H 键的断裂和中间体的分解。

核壳结构可以发挥金属氧化物之间的协同效应，提高催化活性。Luo 等将纳米 MnO_2 包裹在 Ce—Mn 固溶体球体中，研究发现，Ce/Mn 为 1:2 的 Ce_1Mn_2 催化剂的甲苯氧化活性（$T_{90} = 245℃$）远好于纯 MnO_2（$T_{90} = 290℃$）和 CeO_2（$T_{90} = 315℃$），归因于核壳结构最大限度地发挥了两种氧化物之间的协同效应，使得还原温度降低和 Mn 含量增多，提高了氧的迁移率，促进 C—H 键的断裂。但当通入 5% CO_2 时，由于碳酸盐生成导致表面活性中心失活，甲苯转化率降低了 8%，因此，核壳结构催化剂的抗性有待提升。Fang 等以分子筛骨架材料为牺牲模板剂，成功地制备了具有 $CeO_2@Co_3O_4$ 核壳结构的催化剂，结果表明，与纯 Co_3O_4 和 CeO_2 相比，$CeO_2@Co_3O_4$ 催化甲苯氧化的活性最佳（$T_{90} = 225℃$），归因于核壳结构表面层次化的褶皱所导致大量的晶格缺陷，同时，核壳之间的界面效应和金属氧化物之间的协同效应使得 Co^{3+}、Ce^{3+} 和活性氧含量增多，降低了反应活化能，促进催化性能的提升。

由上可知，载体的物化性质和催化剂的形貌对催化剂的性能有一定的影响。目前，大多数负载型催化剂表面活性组分的团聚现象较为严重，实现活性组分在载体上的高度分散，尤其是单层覆盖仍是难点。催化剂的形貌决定活性晶面的暴露比，活性晶面直接决定催化剂的活性、选择性以及氧空位密度，因此，通过控制催化剂的形貌是提高催化剂的活性和选择性以及增加氧空位的有效途径，确定不同金属组分的活性晶面，选择合适的合成方法和表面活性剂来诱导活性晶面的形成将是本方向的研究热点。此外，调控金属组分之间的协同作用也是提高核壳结构催化剂抗性的关键。

2.4.2.6 水蒸气的影响

大多数情况，水蒸气对催化 VOCs 氧化有抑制作用，它会与活性组分竞争吸附活性位点，抑制 VOCs 的吸附，严重影响催化剂的活性和选择性。Choya 等发现水蒸气的存在对 Co/Ce—Al_2O_3 催化甲烷氧化性能有明显的负面影响，主要体现在活性氧物种的减少和还原温度的提高，有水蒸气情况下，样品的低温耗氧量降低了 16%，峰值温度从 465℃ 移动到 480℃。为了探究水蒸气对催化活性的影响是否可逆，Zhang 等考察引入 5% 水蒸气对铜钴复合氧化物催化丙烷氧化的影响，结果表明水蒸气的引入会导致催化剂可逆失活，丙烷转化率明显下降，当关闭水蒸气，丙烷转化率完全恢复。Meng 等通过一步火焰喷雾热解方法制备了一系列不同质量比的 CuO—TiO_2 纳米催化剂（CuO 质量比从 2% 到 50%），分别表示为 2CT、8CT、12CT、20CT、30CT 和 50CT，评估了 10% 水蒸气对催化性能的影响。2CT 样品没有受到水蒸气存在的显著影响，其他 CuO—TiO_2 样品表现出不同程度的活性损失，可能是由于水在活性中心上的竞争吸附所导致。8CT 样品的活性损失是可逆的，归因于 CuO 的高度分散，提供大量的氧空位和活性氧物种弥补活性损失。对于 12CT 和 50CT 样品，去除水之后还是有部分不可逆的活性损失，这可能由于表面氧物种的失活而导致的，可以看出活性金属组分的分散程度对于耐水性的提升有着重要作用。

张等研究发现水对 MOF 生成的棒状 $MnCeO_x$ 催化甲苯氧化有促进作用，通入体积分数为

10%的水蒸气后，甲苯转化率和二氧化碳产率均随温度升高而提高。一系列表征表明，水的引入减少了中间体的生成，产生更多的二氧化碳和苯甲醛，促进甲苯的矿化。同时，催化剂表面的氧空位吸附了 H_2O，提供了 HOH 活性中心，促进了吸附氧向晶格氧的转化。DFT 计算显示，引入水蒸气之后，甲苯、苯甲醛和 O_2 在 Mn_3Ce_2—H_2O 结构上的吸收能更小，表明水蒸气的引入促进了甲苯、苯甲醛和 O_2 的吸附。为了进一步证明水的促进作用，还计算了 O_2 在 Mn_3Ce_2 和 Mn_3Ce_2—H_2O 结构上的解离，O_2 在 Mn_3Ce_2 和 Mn_3Ce_2—H_2O 上的解离能分别为 0.05eV 和 0.04eV。结果表明，水蒸气的引入有利于 O_2 的解离和气态 O_2 向活性氧的转化，有利于甲苯的氧化（图 2-11）。

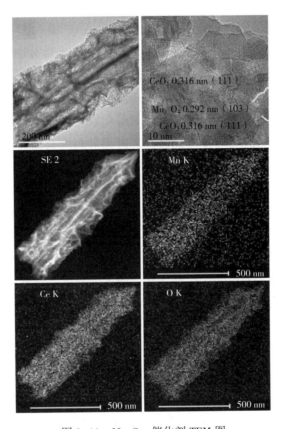

图 2-11　Mn_3Ce_2 催化剂 TEM 图

2.4.3　分子筛催化剂

催化氧化是一种低温处理 VOCs 分子污染物的有效措施，理想情况下，VOCs 分子在催化剂作用下可被完全氧化热解为 CO_2 和 H_2O，沸石负载型催化剂通常由催化活性组分及沸石载体组成，常用的 VOCs 催化剂主要为贵金属、非贵金属氧化物、钙钛矿类催化剂及其复合多相催化剂，催化活性组分被制成负载型后，自身分散性和催化活性得到提高，而沸石载体则可提供有效的表面和适宜的孔结构，降低活性组分的团聚，并增强催化剂的机械强度。特别地，沸石分子筛还含有较多的酸位点，具有一定的催化活性，十分适合作为催化剂载体材料。

由于兼具吸附功能及催化功能，沸石负载型催化剂已被广泛用于吸附—催化氧化协同处理各种 VOCs 分子污染物。本部分主要介绍以不同沸石分子筛为载体的负载型催化剂在催化氧化VOCs 方面的近期研究进展。

2.4.3.1 烷烃 VOCs 的催化氧化

Garetto 等在 MgO、Al_2O_3 和多种沸石（KL、HY、ZSM-5 和 Beta）上负载 Pt 研究了它们对丙烷的催化氧化，发现以各类沸石为载体的催化剂活性明显优于 MgO、Al_2O_3 基负载型催化剂，他们将 Pt/沸石催化剂优异的催化活性归于沸石对丙烷的吸附性能、认为沸石表面酸度对催化剂活性影响较小，但最近，Luo 等通过系统对比 P/USY 和 Pt/Al_2O_3 对丙烷的催化氧化性能，发现 USY 载体表面酸度是 P/USY 优异催化活性的主要原因，沸石载体更高的酸性不仅可以抑制 Pt 的氧化以维持 Pt^0 含量，有利于丙烷 C—H 键的破坏。

Pt^0 是最主要的活性组分，通过掺杂改性可以提高活性组分中 Pt^0 比例。Zhu 等利用钨（W）掺杂对 Pt/ZSM-5 进行改性处理，证实电子可以通过 W—Pt 界面进行传递，W 掺杂能提高 Pt 的氧化阻力，抑制 Pt 的氧化，进而提高催化剂的催化活性；以 5%W—Pt/ZSM-5 为催化剂，丙烷 T_{90} 可降低约50℃。Pt 颗粒大小对催化剂催化活性影响也较大。Park 等发现随着沸石载体硅铝比的增大或热处理温度的升高，Pt 颗粒尺寸会增大 Pt/ZSM-5 对丙烷的催化氧化性能降低。

沸石载体自身特性对催化剂活性组分的分散性影响较大，Pina 等研究了不同沸石载体负载的 Pt 对正己烷的催化氧化特性。测试表明，Y 沸石因具有更大的比表面积和孔体积，其表面的 Pt 粒径更小，分散更均匀。与 Pt/ZSM-5 相比，Pt/Y 的催化活性更佳，正己烷 T_{90} 可降低约40℃。此外，他们利用水热合成法在多孔微反应器孔表面生长了 ZSM-5、Y 沸石膜，再利用离子交换法在沸石膜表面负载活性组分 Pt，测试发现多孔微反应器的催化性能均优于装载颗粒催化剂的固定床反应器，他们认为这与多孔微反应器内沸石膜表面更丰富的 Pt 含量有关。

2.4.3.2 芳香烃 VOCs 的催化氧化

苯、甲苯、二甲苯等是常见的芳香烃 VOCs，不同贵金属催化剂被广泛应用于各类芳香烃的催化氧化。Wang 等研究了 Pt/ZSM-5、Pd/ZSM-5Ag/ZSM-5 对甲苯的催化氧化过程，发现 Pt/ZSM-5 的催化活性最高，但 Ag 和 Ag^+ 离子的 d 轨道能够形成络合键，增加苯的吸附量，因此适当掺杂 Ag 的 $Pt_{0.5}Ag_{0.5}$/ZSM-5 表现出更优异的苯吸附—催化氧化性能。此外，贵金属颗粒大小对芳香烃的催化也有较大影响，Chen 等可发现活性组分 Pt 颗粒平均粒径为 1.9nm 的 $Pt_{1.9}$/ZSM-5 对甲苯具有最佳的催化活性，这与其较高的 Pt 单质含量及分散性有关。

沸石载体不同补偿阳离子具有不同的电负性，对贵金属活性组分的价态具有一定的影响，进而影响催化剂的催化活性。Chen 等以含有不同补偿阳离子（H^+、Na^+、K^+、Cs^+）的 ZSM-5 沸石为载体，制备了不同 Pt/ZSM-5 催化剂，发现与 Pt/HZSM-5 和 Pt/NaZSM-5 催化剂相比，Pt/KZSM-5 和 Pt/CsZSM-5 催化剂对甲苯的催化活性更高。他们将这归因于阳离子电负性的不同，随着催化剂中阳离子电负性的降低，沸石骨架与 Pt 颗粒间的电子转移更明显，更有利于活性组分 Pt^0 的形成。

沸石载体的孔道结构、硅铝比、表面酸碱度等性影响贵金属催化剂对甲苯的催化氧化性能。He 等以不同孔道结构的沸石分子筛为载体，制备了 Pd/Beta、Pd/ZSM-5、Pd/SBA-15、P/MCM-48 和 Pd/MCM-41 等负载型催化剂，并对比研究它们对苯、甲苯和乙酸乙酯的催化活性。测试表明不同催化剂表面酸度顺序如下：Pd/Beta>Pd/ZSM-5>Pd/MCM-48>Pd/MCM-41>Pd/SBA-15，Pd/Beta 对不同 VOCs 分子初始催化效率较高，但随着反应的进行，积碳严重，催化剂活性下降较多，而 Pd/ZSM-5 催化性能较优异且催化性能稳定，72h 内催化活性无明显下降．积碳与载体表面酸强度、酸位点数目相关较大，表面酸度稍低的 Pd/ZSM-5 表现出优异的抗积碳能力，积碳量远低于 Pd/Beta。He 等认为 ZSM-5 的微孔结构能阻碍较大中间体的沉积过程，赋予了 Pd/ZSM-5 优异的抗积碳能力。张等对比了不同硅铝比 Hβ 沸石负载 Pd 后的催化性能，发现随着 Si/Al 比增加 Hβ 沸石载体疏水性增强，PdO 活性团族与沸石载体的作用力增强、Pd/Hβ 催化氧化甲苯的性能提高，以全硅沸石为载体的 Pd/Hβ-PS 催化剂的催化性能最佳，甚至在相对湿度为 50% 条件下，Pd/Hβ-PS 仍具有优异的甲苯催化性能。但过高的硅铝比会降低沸石载体的表面酸度，He 等发现以低硅铝比 ZSM-5 为载体的 Pd/ZSM-5（25）表面酸度更强有利于 Pd 的分散性和 CO_2 的脱附，表现出更优异的催化活性。与 Pd/ZSM-5（300）相比，甲苯全转化温度仅为 220℃。但水汽条件下，Pd/ZSM-5（25）更容易产生积碳、催化活性会下降，他们还证实甲苯氧化过程中，主要副产物为苯，甲苯的氧化从破坏 C—C 键开。

Asgari 等以活化斜发沸石（CLT）为载体，利用浸渍法制备了 CeO_2/CLT，发现 CeO_2 的引入可以很好地提高催化剂的催化活性。斜发沸石和 CeO_2 表面上的对二甲苯分子主要被表面晶格氧化分解为 CO_2 和水。体积晶格氧和表面吸附氧、表面晶格氧之间存在动态平衡，同时部分表面吸附氧也参与对二甲苯的催化氧化。Romero 等利用离子交换法于 NaX 沸石分子筛表面负载了不同含量的 Cu，发现大部分 Cu 以 CuO 颗粒形式存在，其在沸石载体表面分散良好、可明显提高 NaX 对甲苯的催化氧化性能，甲苯 T_{90} 减少 131℃。最近，Zhang 等则利用金属—有机化学气相沉积法（MOCVD）和浸渍法制备了不同的 Cu/ZSM-5，发现 MOCVD 法制备的催化剂表面 CuO 粒径更小，分散更均匀，较低 Cu 含量的 Cu/ZSM-5 对甲苯的催化活性甚至优于浸渍法制备的高 Cu 含量的催化剂。

Rokicinska 等研究了不同硅铝比的 Beta 沸石对甲苯的催化氧化性能（图 2-12），发现经过浓硝酸脱铝处理的 Beta（Si/Al>1500）的表面酸位点消失，催化活性较低但高硅铝比 Beta 对副产物 CO 的选择性更低，且酸处理可显著增加沸石介孔体积。他们以高硅铝比 Beta 为载体，制备了 Co/Beta 催化剂、发现 Co/Beta 具有优异的催化活性，其中 Co_3O_4 为主要的活性成分，5%Co 掺杂量的催化剂可以使甲苯 T_{90} 降低约 200℃。

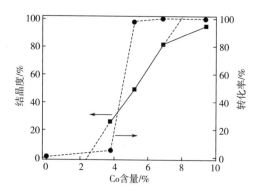

图 2-12 Co₃O₄ 催化剂活性

2.4.4 贵金属催化剂

与金属氧化物催化剂相比，贵金属催化剂开始研究的时间比较早，研究得也较深入。用于 VOCs 催化燃烧的贵金属活性组分一般包括 Pt、Pd、Ru 和 Au 等。Pt 基和 Pd 基催化剂通常是将贵金属负载于比表面积比较大的载体上，广泛应用于大气治理领域。

2.4.4.1 Pt 基催化剂

Pt 基催化剂对 VOCs 催化燃烧具有较高的催化活性。作为负载型催化剂，其活性受多种因素的影响，诸如 Pt 负载量、Pt 纳米粒子的形貌及氧化状态、载体的物理化学性质等。

Gan 等研究了超低贵金属负载量的催化剂 0.1%Pt/Al₂O₃ 对甲苯催化氧化性能。研究发现，金属态 Pt⁰、氧化物载体偏弱/适中酸碱特性及 P⁰ 与 Al₂O₃ 的协同作用是该催化剂具有高活性的关键。Salvador 等研究了 Pt/γ-Al₂O₃ 催化剂对苯、甲苯和正己烷的催化燃烧活性，三者均在 200℃ 以下实现完全氧化。VOCs 的浓度影响催化燃烧活性。甲苯和二甲苯浓度越高，T_{90} 也越高，而正己烷的催化燃烧趋势则恰好相反。三者混合反应过程中，苯和甲苯抑制正己烷的催化燃烧，苯和甲苯彼此相互抑制催化剂燃烧活性，苯、甲苯和正己烷单独催化燃烧反应遵循 MvK 反应机理，三者的混合物催化燃烧反应则是修正的 MvK 反应机理。

Pt 基催化剂的活性与催化剂预处理有一定的关系。Tsou 等研究了预处理对 Pt/HBEA 催化剂性能的影响，经过 H₂ 预处理的催化剂对邻二甲苯的催化活性明显优于氧气预处理的催化剂，这是源于经过氢气处理后催化剂表面形成大量的 Pt⁰，还原态 Pt⁰ 具有较高的邻二甲苯催化氧化活性；另一方面氢气处理增强了 Pt 纳米粒子的分散度，从而提高了催化剂的活性。Peng 等制备了一系列 Pt 纳米粒子可控的 Pt/CeO₂ 催化剂（图 2-13），对甲苯的催化反应活性取决于 Pt 纳米粒子的大小；随着 Pt 颗粒尺寸的增加，催化剂活性先升高后降低，Pt/CeO₂.₀～₁.₈ 对甲苯的催化氧化活性最高（$T_{50} = 132℃$，$T_{90} = 143℃$），这归因于该催化剂上具有最佳的 Pt 纳米粒子的分散度和氧空位数量比例，两者均是甲苯催化氧化的活性位。Stakheey 等报道甲烷和丁烷在 Pt/TiO₂ 和 Pt/SiO₂ 上的氧化反应均是结构敏感反应，结构敏感性取决于反应物分子的大小，丁烷催化氧化反应的结构敏感性最强。苯 Pt/Al₂O₃ 催化剂上的催化反应是结构敏感反应，随着 Pt 颗粒的增大，催化剂活性增强，这是由于氧气在较大 Pt 晶粒上易活化，催化剂表面活性 Pt—O 物种的密度增加，进而催化剂活性增强。Masaaki 等也认为 Pt 纳米粒子尺寸影响催化剂活性，随着 Pt 分散度的提高，CO 和 C_3H_6 的催化反应活性均增强，CO 和 C_3H_6 在 Pt—Al_2O_3 上的催化反应均是结构敏感反应。

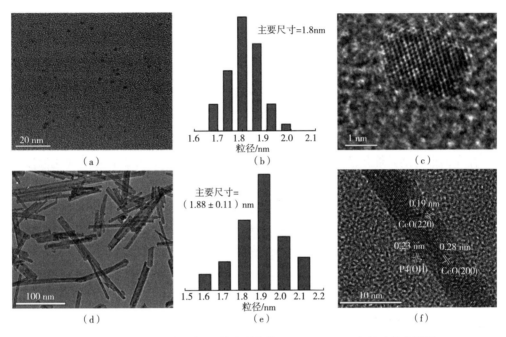

图 2-13　Pt/CeO_2 样品中 Pt 纳米颗粒的 TEM、H-TEM 和尺寸分布图像

过渡金属改性的 Pt 催化剂是另一个研究热点。过渡金属的添加有助于提高活性组分的分散性，可以与金属 Pt 发生协同效应，进而提高催化剂的热稳定性及抗中毒能力。Yasuda 等研究了过渡金属掺杂的 Pt/CeO_2—ZrO_2—SnO_2/γ-Al_2O_3 催化剂上甲苯、乙烯、乙醛的催化氧化活性。CeO_2—ZrO_2 晶格中引入适量 SnO_2 后，增强了氧的储存和释放能力，提高了 VOCs 完全氧化活性。CeO_2—ZrO_2—SnO_2 固溶体中 Ce^{4+} 和 Sn^{4+} 的还原性较强，进而催化剂的氧化还原性提高；催化剂 Pt/CeO_2—ZrO_2—SnO_2/γ-Al_2O_3 上甲苯、乙烯、乙醛的完全氧化温度分别为 55℃、110℃ 和 140℃。Sediame 等研究了 Pt/CeO_2—Al_2O_3 催化剂上正丁醇和乙酸的完全氧化，稀土元素 Ce 的添加提高了乙酸的转化效率，而正丁醇的转化率并没有显著提高，这也说明不同官能团 VOCs 在催化剂上的氧化机理不同。Wu 等制备了一系列 WO_x 改性的 Pt/Al_2O_3 催化剂。研究数据表明，WO_x 的添加能够提高丙烷在 Pt/Al_2O_3 催化剂上的完全氧化活性，WO_x 以单体/聚合的 WO_x 簇形式存在。

Zahra 等采用浸渍法制备了 CeO_2 掺杂的 $1\%Pt/Al_2O_3$—CeO_2 催化剂，CeO_2 的质量分数分别为 10%、20% 和 30%；CeO_2 纳米晶粒尺寸为 8.1~8.7nm 时，催化剂催化活性较高，甲苯、二甲苯以及苯的净化效率分别为 100%、100% 和 85%，高催化活性是因为 CeO_2 提高了催化剂的氧化还原能力。Mateiova 等以溶胶—凝胶法制备错复合氧化物（$Ce_{0.5}Zr_{0.5}O_2$）为载体，制备了相应的 Pt 催化剂和 Au 催化剂，用于二氯甲烷和乙醇的完全氧化反应。研究结果表明，Pt 和 Au 的负载增强了载体表面 Ce 的氧化还原特性，尤其是对 Pt 催化剂较为显著。两种贵金属的负载降低了 $Ce_{0.5}Zr_{0.5}O_2$ 对二氯甲烷的催化氧化活性，但可以提高 CO_2 的选择性，这主要是氯甲烷首先在载体酸性位上进行吸附，而贵金属的负载弱化了载体的酸性，因此减弱了二氯甲烷在催化剂上的吸附数量和强度；对于乙醇完全氧化而言，Pt 催化剂则大大提高了乙醇的氧化活性。

2.4.4.2　Pd 基催化剂

与 Pt 基催化剂相比，Pd 基催化剂对于甲烷、卤代烃等具有更优异的活性，且抗烧结，受卤素和水汽的影响较小。在一定条件下，Pd 基催化剂比 Pt 基和 Au 基催化剂具有更高的活性。Kim 等研究了 Pd/Al_2O_3 催化剂对苯、甲苯和邻二甲苯的催化性能及催化特性。在相同的反应温度下，反应时间越长，VOCs 转化效率越高；氢气预处理能够提高催化剂的活性。催化剂活性取决于 Pd 的氧化状态（PdO/Pd^{2+} 或 Pd^0）和 Pd 纳米粒子大小，并且活性相以 PdO/Pd^0 形式存在的催化剂其催化活性相对较高，对邻二甲苯、甲苯和苯的完全转化温度分别为 190℃、190℃和 240℃。催化剂中活性相 Pd 的含量越高，Pd/Al_2O_3 催化剂对邻二甲苯的起燃温度越低，转化率越高。Son 等认为预处理方法影响 Pd/Al_2O_3 催化剂活性，经过氢气预处理的催化剂比在空气中预处理的催化剂具有更高的活性。

稀土元素独特的 4f 电子层结构使其功能也更加多元化，这些元素自身具备一定的催化能力，有时还可以作为添加剂或助催化剂，与 VOCs 的 Lewis 酸根配位形成化合物，使更多的 VOCs 得以吸附在催化剂表面，进而提高主催化剂在各方面的催化性能，其中在实际工业应用中研究最多的是抗老化能力和抗中毒能力方面的提升。Kang 等报道 Na 改性的 Pd/Al_2O_3 催化剂在氧化反应中表现出较好的抗水中毒性和低温活性。元素 Na 的添加可抑制水分子的吸附，增加表面氧物种的数量，提升晶格氧的流动性，从而改善了带负电荷 Pd 的分散性和催化剂的氧化还原特性。Shi 等研究了 $Pd/HZSM-5$ 催化剂中添加 Zr、Zn、Cu、La、Ba、Fe、Mn、Ca、Mg 和 Li 元素对甲烷氧化性能的影响，结果表明 ZrO_2 能够促进 Pd 基催化剂的活性及热稳定性。相对于 $Pd/HZSM-5$ 而言，$Pd—Zr/HZSM-5$ 催化剂对甲烷的 T_{10} 和 T_{90} 分别降低 25℃ 和 55℃。催化剂活性随着 O_2 脱附温度及甲烷还原催化剂温度的降低而增强。较多 PdO_x 物种的存在很可能是促进催化剂活性提高的主要因素。Ce 掺杂 $Pd/CeO_2—ZrO_2—Al_2O_3$ 后，减弱了载体的酸性，催化剂表面弱碱中心的数量增加，从而影响 VOCs 的吸—脱附平衡过程，增强金属与载体间的相互作用，增加 Pd 元素周围的电子密度，使 Pd 保持在部分氧化状态，进而提高了甲醇的催化裂解反应活性。

2.4.4.3　Au 催化剂

由于对反应分子（氧、氢等）的惰性，Au 催化剂的发现与发展起步比较晚，且 Au 催化剂的性能不如 Pd 和 Pt 催化剂。Masatake 等发现，对于低碳链烃类（甲烷和丙烷和丙烯等）燃烧来说，Au/Co_3O_4 是目前较活跃的催化剂体系。Bastos 等制备了 CeO_2 和 MnO_x 氧化物用于乙酸乙酯、乙醇和甲苯的完全氧化反应，负载 Au 后，催化剂活性明显地提高，尤其是 Au/CeO_2 催化剂，对乙酸乙酯、乙醇和甲苯的完全转化温度分别为 250℃、230℃和 300℃。Carabineiro 等制备了多种 Au/MO_x 催化剂应用于乙酸乙酯和甲苯的催化氧化反应。结果表明催化剂 Au/MgO 和 Au/Y_2O_3 随着 Au 负载量的增加而催化活性增强。Au/NiO 和 Au/CuO 催化剂对乙酸乙酯和甲苯的氧化活性最好，催化剂的活性取决于载体的还原性和 Au 纳米粒子的尺寸。Centeno 等研究了正己烷、苯和异丙醇在 Au/Al$_2$O$_3$ 和 Au/CeO$_2$/Al$_2$O$_3$ 催化剂上的氧化性能，Ce 掺杂增强了 Au 的锚定和分散性，能够稳定小尺寸 Au 纳米粒；催化反应中 Ce 能够提高 Au 基催化剂的活性，主要源于 Ce 的存在提高了催化剂表面晶格氧的流动性及稳定和维持了活性 Au 纳米粒子的氧化状态。

Grisel 等研究了制备技术对 Au/Al$_2$O$_3$ 催化剂上甲烷氧化性能的影响，发现制备技术主要影响 Au 纳米粒子的粒径和以吸附态存在的 Au 的数量。甲烷在 Au/Al$_2$O$_3$ 上是结构敏感反应，小尺寸的 Au 纳米粒子是高活性物种。均匀沉积沉淀法制备的催化剂中 Au 纳米粒子为 3 ~ 5nm，为活性较高的催化剂，但是此催化剂在使用过程中存在轻微 Au 粒子团聚，从而导致催化剂的失活现象。基于此，研究者后续研究了过渡金属掺杂的 Au/MO$_x$/Al$_2$O$_3$（M = Cr、Mn、Fe、Co、Ni、Cu 和 Zn）催化剂。通过 MO$_x$ 的掺杂，在 700℃热处理过程中 Au 纳米粒子能够稳定存在。大部分过渡金属氧化物均能提高甲烷的氧化活性，其顺序为 CuO$_x$ > MnO$_x$ > CrO$_x$ > FeO$_x$ > CoO$_x$ > NiO$_x$ > ZnO$_x$。对 Au/Al$_2$O$_3$ 催化而言，Au/MnO$_x$/Al$_2$O$_3$ 上甲烷氧化的表观活化能较低主要原因是 MnO$_x$ 与 Au 纳米粒子的协同效应；反应过程中，反应发生在 Au 纳米粒子与 MO$_x$ 的边界，甲烷在 Au 纳米粒子上发生化学吸附，MO$_x$ 提供活性氧物种。

2.4.4.4　贵金属的协同效应

与单金属催化剂相比，第二种贵金属或者过渡金属的添加可以增强其活性或者对于特定反应产物的选择性，可以提高催化剂的抗中毒性。两种金属之间的协同效应提高了活性物种的分散度，是双金属催化剂活性更好的原因之一。Kim 等在甲苯完全氧化反应中发现，Pt—Au/ZnO/Al$_2$O$_3$ 催化剂比单 Pt、单 Au 催化剂拥有更高的活性，Pt/Au 的比例影响 Pt 和 Au 纳米粒子的尺寸和催化剂的活性。Lee 等报道了 Au 与 Pd 之间的协同效应可增强 Au—Pd/CeO$_2$ 催化剂上甲苯的完全氧化活性。适量的 Au 添加到 Pd/CeO$_2$ 催化剂中能够增加金属态 Pd 的比例，从而增强了催化剂的活性。Lapisardi 等研究发现，Pt 掺杂的 Pd/Al$_2$O$_3$ 催化剂在湿甲烷贫燃反应中表现出优异的催化性能，两种贵金属存在相互作用。少量 Pt 的添加影响 PdO 的生成和分解，进而影响了催化剂的反应活性。Fu 等报道 Pt—Pd/MCM-41 催化剂上具有优异的性能，在 180℃下几乎达到 100%甲苯转化。Pt 和 Pd 之间的相互作用致使 Pt 纳米粒子分散度较高，粒径较小，且具有较多的 Pt 种类，催化剂的氧吸附能力和还原能力增强，进而催化剂的活性比单一组分的活性高。

Wang 等制备了油酸改性的 Pt—Pd/Al$_2$O$_3$-OA 催化剂，研究结果表明，油酸的添加能够提高 Pt 和 Pd 纳米粒子的分散度，进而提高催化剂的活性与单贵金属催化剂相比，Pt—Pd/Al$_2$O$_3$-OA 催化剂在甲苯燃烧反应中表现出了较高的反应活性和热稳定性，且反应过程中不会发生积碳。Zhao 等将 3DPdxPt 合金用于甲烷氧化反应，PdxPt 合金比单金属 Pd 拥有更强的甲烷活化能力。PdO—PtO$_2$ 是反应活性相，Pd$_{2.41}$Pt 具有最佳的甲烷燃烧活性，且表现出了最好的稳定性及抗 CO$_2$ 和 H$_2$O 中毒能力。Hosseini 等研究了不同形貌的 Pd—Au/TiO$_2$ 催化剂对甲苯和丙烯的催化氧化性能。研究发现，具有壳@核结构的催化剂 Pd@Au/TiO$_2$ 性能最好。甲苯和丙烯的氧化反应遵循 Langmuir-Hinshelwood 机理，甲苯和丙烯存在竞争吸附现象，甲苯的存在抑制丙烯的催化氧化。

催化剂载体是固体催化剂特有的组成部分，是催化剂活性组分的骨架，支撑活性组分，使活性组分得到分散，增强催化剂强度，有时还担当助剂的角色；载体本身的物理化学性质，如比表面积、孔容、孔径和表面酸碱性等，载体与活性组分的相关作用均影响催化剂的催化活性。在负载型贵金属催化剂中，国内外研究比较多的有 Al_2O_3、TiO_2、SiO_2 分子筛和活性炭等。近年来，报道的催化剂载体还有 Co_3O_4、Mn_2O_3 等多孔金属氧化物。因此，载体不同，催化剂表现出不同的 VOCs 催化燃烧活性。

Tsou 等研究了低浓度邻二甲苯在 Pt/HBEA 催化剂上的催化反应。邻二甲苯发生两种反应，一种是转化为 CO_2 和 H_2O，另一种是在分子筛孔内发生碳化反应，碳化反应并不影响邻二甲苯转化为 CO_2。邻二甲苯的完全转化温度与 Pt 的含量密切相关，Pt 的分散度对催化剂性能影响不大，且发现 Pt^0 的存在能够显著提高催化剂的活性。

Wu 等报道活性炭负载约 0.3%Pt 催化剂在 BTX（苯、甲苯和二甲苯）完全氧化方面展示了较高的活性。对于空速为 $21000^{-1}h$ 的 BTX，在 140℃ 时就可以实现完全转化，一方面由于活性炭可以富集 VOCs，另一方面经过预处理的活性炭呈现石墨化是催化剂具有高活性的关键因素。

Wei 等研究了三维有序介孔 TiO_2 负载 Pt 和 Pd 催化剂（图 2-14），其中载体具有完美有序的介孔结构，Pt 和 Pd 纳米粒子尺寸均为 3.6nm，均以半球形结构分散于载体的介孔中；Pt 和 Pd 与 TiO_2 的相互作用增强了催化剂的氧化还原能力，三维有序介孔 TiO_2 负载的 Pt 和 Pd 合金催化剂不仅提高了催化剂的活性（T_{10}、T_{50} 和 T_{90} 分别为 262℃、338℃ 和 386℃），而且能够明显降低贵金属的用量。

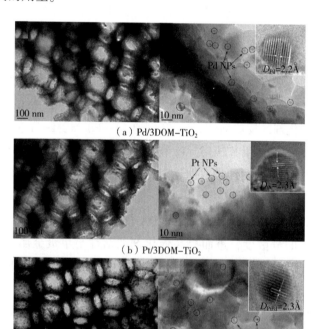

（a）Pd/3DOM–TiO$_2$

（b）Pt/3DOM–TiO$_2$

（c）PtPd/3DOM–TiO$_2$

图 2-14　催化剂的 TEM 和 HRTEM 图像

　　载体的酸碱度在负载型催化剂中发挥着重要作用，影响活性组分的分散度及金属与载体的相互作用，从而影响催化剂的活性。Yoshida 等研究了载体对 Pt 基催化剂和 Pd 基催化剂的低温丙烷氧化性能的影响，发现催化剂的催化活性随载体的酸强度不同而不同。对于 Pt 催化剂而言，载体的酸性越强其性能越好，而 Pd 则比较适合负载于酸强度适中的氧化物载体上；载体对 Pt 催化剂和 Pd 催化剂上丙烷氧化活性的影响主要体现在载体调控活性组分的氧化状态。Pt 和 Pd 负载于酸性载体时，均不易被氧化。随着载体酸强度的降低，Pd 的氧化程度增强，催化剂活性也增强。然而负载在碱性载体上的 Pd 催化剂活性最弱，尽管此时 Pd 的氧化程度最大，这种低活性是由于氧化铅颗粒过度稳定，形成了类似的二元氧化物；而 Pt 催化剂则是载体酸性越强，Pt 纳米粒子越不易氧化，相应的催化剂活性越好。Dai 等探讨了载体酸性位对 Pd/ZSM-5 催化剂上甲烷燃烧性能的影响，实验数据表明 ZSM-5 的酸性位的存在提高了 Pd 的分散度，能够阻止 Pd 纳米粒子团聚，对提高催化剂的活性和稳定性起到了关键作用。

参考文献

[1] MARBERGER A. VO$_x$ surface coverage optimization of V$_2$O$_5$/WO$_3$–TiO$_2$ SCR catalysts by variation of the V loading and by aging [J]. Journal of Catalysis, 2015, 5 (4)：1704–1720.

[2] WENT G T. The effects of structure on the catalytic activity and selectivity of V$_2$O$_5$/TiO$_2$ for the reduction of NO by NH$_3$ [J]. Journal of Catalysis, 1992, 134 (2)：492–505.

[3] NUGUID R J G. Interconversion between Lewis and Brönsted–Lowry acid sites on vanadia–based catalysts [J]. Physical Chemistry Chemical Physics, 2022, 24 (7)：4555–4561.

[4] NUGUID R J G. Modulated excitation Raman spectroscopy of V$_2$O$_5$/TiO$_2$：Mechanistic insights into the selective catalytic reduction of NO with NH$_3$ [J]. ACS Catalysis, 2019, 9 (8)：6814–6820.

[5] ALEMANY L J. Reactivity and physicochemical characterization of V$_2$O$_5$–WO$_3$/TiO$_2$ De–NO$_x$ catalysts [J]. Journal of Catalysis, 1995, 155 (1)：117–130.

[6] RAMIS G. Characterization of tungsta–titania catalysts [J]. Langmuir, 1992, 8 (7)：1744–1749.

[7] MARBERGER A. The Significance of Lewis Acid Sites for the Selective Catalytic Reduction of Nitric Oxide on Vanadium–Based Catalysts [J]. Angewandte Chemie International Edition, 2016, 55 (39)：11989–11994.

[8] OZKAN U S. Investigation of the reaction pathways in selective catalytic reduction of NO with NH$_3$ over V$_2$O$_5$ catalysts：isotopic labeling studies using ^{18}O$_2$, ^{15}NH$_3$, 1^5NO, and ^{15}N^{18}O [J]. Journal of Catalysis, 1994, 149 (2)：390–403.

[9] ZHAO X. Highly dispersed V$_2$O$_5$/TiO$_2$ modified with transition metals (Cu, Fe, Mn, Co) as efficient catalysts for the selective reduction of NO with NH$_3$ [J]. Chinese Journal of Catalysis, 2015, 36 (11)：1886–1899.

[10] WANG C. Dispersion of tungsten oxide on SCR performance of V$_2$O$_5$–WO$_3$/TiO$_2$：Acidity, surface species and catalytic activity [J]. Chemical Engineering Journal, 2013, 225：520–527.

[11] YAO X. Selective catalytic reduction of NO$_x$ by NH$_3$ over CeO$_2$ supported on TiO$_2$：Comparison of anatase, brookite, and rutile [J]. Applied Catalysis B：Environmental, 2017, 208：82–93.

[12] LEE M S. Ammonium ion enhanced V$_2$O$_5$–WO$_3$/TiO$_2$ catalysts for selective catalytic reduction with ammonia

［J］. Nanomaterials，2021，11（10）：2677.

［13］HUANG N. The promotion effect of ceria on high vanadia loading NH₃−SCR catalysts ［J］. Catalysis Communications，2019，121：84−88.

［14］LEE M S. Effect of catalyst crystallinity on V−based selective catalytic reduction with ammonia ［J］. Nanomaterials，2021，11（6）：1452.

［15］KAMATA H. The role of K₂O in the selective reduction of NO with NH₃ over a V₂O₅（WO₃）/TiO₂ commercial selective catalytic reduction catalyst ［J］. Journal of Molecular Catalysis A：Chemical，1999，139（2−3）：189−198.

［16］赵莉. 钒钛基 SCR 脱硝催化剂碱土金属中毒 ［J］. 化工进展，2019，38（3）：1419−1426.

［17］KONG M. Effect of different potassium species on the deactivation of V₂O₅−WO₃/TiO₂ SCR catalyst：Comparison of K₂SO₄，KCl and K₂O ［J］. Chemical Engineering Journal，2018，348：637−643.

［18］吕晓纬. 铁基中低温 SCR 脱硝催化剂性能研究 ［D］. 重庆：重庆大学，2015.

［19］WANG H. Superior Performance of Fe₁₋ₓWₓO₈ for the Selective Catalytic Reduction of NOₓ with NH₃：Interaction between Fe and W ［J］. Environmental Science and Technology，2016，50（24）：13511−13519.

［20］GUO K. Construction of Fe₂O₃ loaded and mesopore confined thin−layer titania catalyst for efficient NH₃−SCR of NOₓ with enhanced H₂O/SO₂ tolerance ［J］. Applied Catalysis B：Environmental，2021，287：119982.

［21］HAN J. Investigation of the facet−dependent catalytic performance of Fe₂O₃/CeO₂ for the selective catalytic reduction of NO with NH₃ ［J］. The Journal of Physical Chemistry C，2016，120（3）：1523−1533.

［22］YE D. Designing SO₂−resistant cerium−based catalyst by modifying with Fe₂O₃ for the selective catalytic reduction of NO with NH₃ ［J］. Molecular Catalysis，2019，462：10−18.

［23］袁堃. 纳米氧化铈的缺陷化学及其在多相催化中作用的研究进展 ［J］. 中国稀土学报，2020，38（3）：326−344.

［24］姚小江. 铈基催化剂在 NO 催化消除中的性能研究 ［D］. 南京：南京大学，2014.

［25］MA L. Shape dependence and sulfate promotion of CeO₂ for selective catalytic reduction of NOₓ with NH₃ ［J］. Applied Catalysis B：Environmental，2018，232：246−259.

［26］SHEN Y. Deactivation mechanism of potassium additives on Ti₀.₈Zr₀.₂Ce₀.₂O₂.₄ for NH₃−SCR of NO ［J］. Catalysis Science & Technology，2012，2（9）：1806−1810.

［27］LIU H. Three−dimensionally ordered macroporous Fe−doped ceria catalyst with enhanced activity at a wide operating temperature window for selective catalytic reduction of NOₓ ［J］. Applied Surface Science，2019，498：143780.

［28］QU R. Relationship between structure and performance of a novel cerium−niobium binary oxide catalyst for selective catalytic reduction of NO with NH₃ ［J］. Applied Catalysis B：Environmental，2013，142：290−297.

［29］MA K. Cavity size dependent SO₂ resistance for NH₃−SCR of hollow structured CeO₂−TiO₂ catalysts ［J］. Catalysis Communications，2019，128：105719.

［30］WANG D. NH₃−SCR performance of WO₃ blanketed CeO₂ with different morphology：Balance of surface reducibility and acidity ［J］. Catalysis Today，2019，332：42−48.

［31］ZHANG T. A novel Ce−Ta mixed oxide catalyst for the selective catalytic reduction of NOₓ with NH₃ ［J］. Applied Catalysis B：Environmental，2015，176：338−346.

［32］YAO X. Acid pretreatment effect on the physicochemical property and catalytic performance of CeO₂ for NH₃−

SCR〔J〕. Applied Catalysis A：General, 2017, 542：282-288.

〔33〕LIU J. Promotional effect of H_2O_2 modification on the cerium-tungsten-titanium mixed oxide catalyst for selective catalytic reduction of NO with NH_3〔J〕. Journal of Physics Chemistry of Solids, 2018, 121：360-366.

〔34〕LIU Z. Ce-Sn binary oxide catalyst for the selective catalytic reduction of NO_x by NH_3〔J〕. Applied Surface Science, 2018, 428：526-533.

〔35〕ŠKODA M. Sn interaction with the CeO_2（111）system：bimetallic bonding and ceria reduction〔J〕. Applied surface science, 2008, 254（14）：4375-4379.

〔36〕ZHAO Y. Density functional theory study of Sn adsorption on the CeO_2 surface〔J〕. The Journal of Physical Chemistry C, 2011, 115（33）：16461-16466.

〔37〕WANG Y. Cerium and tin oxides anchored onto reduced graphene oxide for selective catalytic reduction of NO with NH_3 at low temperatures〔J〕. RSC advances, 2018, 8（63）：36383-36391.

〔38〕LI C. The selective catalytic reduction of NO with NH_3 over a novel Ce-Sn-Ti mixed oxides catalyst：promotional effect of SnO_2〔J〕. Applied Surface Science, 2015, 342：174-182.

〔39〕SHAN W. Catalysts for the selective catalytic reduction of NO_x with NH_3 at low temperature〔J〕. Catalysis Science & Technology, 2015, 5（9）：4280-4288.

〔40〕ZHAO B. Phase structures, morphologies, and NO catalytic oxidation activities of single-phase MnO_2 catalysts〔J〕. Applied Catalysis A：General, 2016, 514：24-34.

〔41〕TIAN W. Catalytic reduction of NO_x with NH_3 over different-shaped MnO_2 at low temperature〔J〕. Journal of hazardous materials, 2011, 188（1-3）：105-109.

〔42〕HAN L. Selective catalytic reduction of NO_x with NH_3 by using novel catalysts：State of the art and future prospects〔J〕. Chemical Reviews, 2019, 119（19）：10916-10976.

〔43〕LIU Z. Novel Mn-Ce-Ti mixed-oxide catalyst for the selective catalytic reduction of NO_x with NH_3〔J〕. ACS Applied Materials Interfaces, 2014, 6（16）：14500-14508.

〔44〕QI G. MnO_x-CeO_2 mixed oxides prepared by co-precipitation for selective catalytic reduction of NO with NH_3 at low temperatures〔J〕. Applied Catalysis B：Environmental, 2004, 51（2）：93-106.

〔45〕LI S. A CeO_2-MnO_x core-shell catalyst for low-temperature NH_3-SCR of NO〔J〕. Catalysis Communications, 2017, 98：47-51.

〔46〕XIN Y. Selective catalytic reduction of NO_x with NH_3 over short-range ordered WOFe structures with high thermal stability〔J〕. Applied Catalysis B：Environmental, 2018, 229：81-87.

〔47〕ZHANG C. Low temperature SCR reaction over Nano-Structured Fe-Mn Oxides：Characterization, performance, and kinetic study〔J〕. Applied Surface Science, 2018, 457：1116-1125.

〔48〕JIA J. Enhanced low-temperature NO oxidation by iron-modified MnO_2 catalysts〔J〕. Catalysis Communications, 2019, 119：139-143.

〔49〕XIN Y. Molecular-Level Insight into Selective Catalytic Reduction of NO_x with NH_3 to N_2 over a Highly Efficient Bifunctional V_a-MnO_x Catalyst at Low Temperature〔J〕. ACS Catalysis, 2018, 8（6）：4937-4949.

〔50〕SMIRNIOTIS P G. Low-temperature selective catalytic reduction（SCR）of NO with NH_3 by using Mn, Cr, and Cu oxides supported on Hombikat TiO_2〔J〕. Angewandte Chemie International Edition, 2001, 40（13）：2479-2482.

〔51〕WU Z. Ceria modified MnO_x/TiO_2 as a superior catalyst for NO reduction with NH_3 at low-temperature

［J］. Catalysis Communications，2008，9（13）：2217-2220.

［52］ ZHAO X. Mn-Ce-V-WO$_x$/TiO$_2$ SCR catalysts：catalytic activity，stability and interaction among catalytic oxides ［J］. Journal of Catalysis，2018，8（2）：76.

［53］ LI Q. Effect of preferential exposure of anataseTiO2 ｛0 0 1｝ facets on the performance of Mn-Ce/TiO$_2$ catalysts for low-temperature selective catalytic reduction of NO$_x$ with NH$_3$ ［J］. Chemical Engineering Journal，2019，369：26-34.

［54］ YAO X. Influence of different supports on the physicochemical properties and denitration performance of the supported Mn-based catalysts for NH$_3$-SCR at low temperature ［J］. Applied Surface Science，2017，402：208-217.

［55］ GAO Y，LUANT，ZHANG M Y，et al. Structure-Activity Relationship Study of Mn/Fe Ratio Effects on Mn-Fe-Ce-O$_x$/γ-Al$_2$O$_3$ Nanocatalyst for NO Oxidation and Fast SCR Reaction ［J］. Journal of Catalysis，2018，8（12）：642.

［56］ KIM Y J. Mn-Fe/ZSM5 as a low-temperature SCR catalyst to remove NO$_x$ from diesel engine exhaust ［J］. Applied Catalysis B：Environmental，2012，126：9-21.

［57］ YAN R. Novel shielding and synergy effects of Mn-Ce oxides confined in mesoporous zeolite for low temperature selective catalytic reduction of NO$_x$ with enhanced SO$_2$/H$_2$O tolerance ［J］. Journal of Hazardous Materials，2020，396：122592.

［58］ MOUSAVI S M. Modelling and optimization of Mn/activate carbon nanocatalysts for NO reduction：comparison of RSM and ANN techniques ［J］. Environmental Technology，2013，34（11）：1377-1384.

［59］ LI W. Ho-modified Mn-Ce/TiO$_2$ for low-temperature SCR of NO$_x$ with NH$_3$：Evaluation and characterization ［J］. Chinese Journal of Catalysis，2018，39（10）：1653-1663.

［60］ SAMOJEDEN B. The influence of the promotion of N-modified activated carbon with iron on NO removal by NH$_3$-SCR（Selective catalytic reduction）［J］. Energy，2016，116：1484-1491.

［61］ 苏胜. 铝基氧化铜干法烟气脱硫及再生研究 ［J］. 燃料化学学报，2004，32（4）：407-412.

［62］ PINA M P. Zeolite films and membranes. Emerging applications ［J］. Microporous and Mesoporous Materials，2011，144（1-3）：19-27.

［63］ 王兰. 活性炭烟气脱硫技术的探讨 ［J］. 煤气与热力，2006，26（6）：42-43.

［64］ 程振民. 活性炭脱硫研究（Ⅱ）水蒸气存在下 SO$_2$ 的氧化反应机理 ［J］. 环境科学学报，1997，17（3）：5.

［65］ 陈银飞. MgAlFe 复合氧化物高温下脱除低浓度 SO$_2$ 的性能 ［J］. 高校化学工程学报，2000，14（4）：346-351.

［66］ 温斌. 流化催化裂化中 DeSO$_x$ 催化剂的研究 ［J］. 环境化学，2000，19（3）：7.

［67］ MOODY D C. Catalytic reduction of sulfur dioxide ［J］. Journal of Catalysis，1981，70：48-55.

［68］ PAIK S C. Selective hydrogenation of SO$_2$ to elemental sulfur over transition metal sulfides supported on Al$_2$O$_3$ ［J］. Applied Catalysis B：Environmental，1996，8（3）：267-279.

［69］ PAIK S C. Selective catalytic reduction of sulfur dioxide with hydrogen to elemental sulfur over Co-Mo/Al$_2$O$_3$ ［J］. Applied Catalysis B：Environmental，1995，5（3）：233-243.

［70］ 班志辉. 在 Ru/Al$_2$O$_3$ 催化剂上用 H$_2$ 对 SO$_2$ 选择性催化还原的研究 ［J］. 环境污染治理技术与设备，2001，2：36-43.

［71］ HAAS L. Kinetic Evidence of a Reactive Intermediate in Reduction of SO$_2$ with CO ［J］. Journal of Catalysis, 1973, 29 （2）: 264-269.

［72］ ZHUANG S-X. Catalytic conversion of CO, NO and SO$_2$ on the supported sulfide catalyst: I. Catalytic reduction of SO2 by CO ［J］. Applied Catalysis B: Environmental, 2000, 24 （2）: 89-96.

［73］ GOETZ V N. Catalyst Evaluation for the simultaneous reduction of sulfur dioxide and nitric oxide by carbon monoxide ［J］. Industrial Engineering Chemistry Product Research Development, 1974, 13 （2）: 110-114.

［74］ PAIK S C. The catalytic reduction of SO$_2$ to elemental sulfur with H$_2$ or CO ［J］. Catalysis today, 1997, 38 （2）: 193-198.

［75］ HAPPEL J. Lanthanum titanate catalyst-sulfur dioxide reduction ［J］. Industrial Engineering Chemistry Product Research Development, 1975, 14 （3）: 154-158.

［76］ HIBBERT D B. The reduction of sulphur dioxide by carbon monoxide on aLa$_{0.5}$Sr$_{0.5}$CoO$_3$ catalyst ［J］. Journal of Chemical Technology, 1979, 29 （12）: 713-722.

［77］ MA J. On the synergism between La$_2$O$_2$S and CoS$_2$ in the reduction of SO$_2$ to elemental sulfur by CO ［J］. Journal of catalysis, 1996, 158 （1）: 251-259.

［78］ TSCHOPE A. Redox activity of nonstoichiometric cerium oxide-based nanocrystalline catalysts ［J］. Journal of catalysis, 1995, 157 （1）: 42-50.

［79］ ZHU T. Redox chemistry over CeO$_2$-based catalysts: SO$_2$ reduction by CO or CH$_4$ ［J］. Catalysis Today, 1999, 50 （2）: 381-397.

［80］ KIM H. Reduction of SO$_2$ by CO to elemental sulfur over Co$_3$O$_4$-TiO$_2$ catalysts ［J］. Applied Catalysis B: Environmental, 1998, 19 （3-4）: 233-243.

［81］ HELSTROM J J. The kinetics of the reaction of sulfur dioxide with methane over a bauxite catalyst ［J］. Industrial Engineering Chemistry Process Design Development, 1978, 17 （2）: 114-117.

［82］ SARLIS J. Reduction of sulphur dioxide by methane over transition metal oxide catalysts ［J］. Chemical Engineering Communications, 1995, 140 （1）: 73-85.

［83］ MULLIGAN D J. Reduction of sulfur dioxide over alumina-supported molybdenum sulfide catalysts ［J］. Industrial Engineering Chemistry Research, 1992, 31 （1）: 119-125.

［84］ WILTOWSKI T S. Catalytic reductionof SO$_2$ with methane over molybdenum catalyst ［J］. Journal of Chemical Technology & Biotechnology, 1996, 67 （2）: 204-212.

［85］ ZHU T. Direct reduction of SO$_2$ to elemental sulfur by methane over ceria-based catalysts ［J］. Applied Catalysis B: Environmental, 1999, 21 （2）: 103-120.

［86］ LI S. Low-temperature CO oxidation over supported Pt catalysts prepared by colloid-deposition method ［J］. Catalysis Communications, 2008, 9 （6）: 1045-1049.

［87］ HINOKUMA S. Structure and CO oxidation activity of Pt/CeO$_2$ catalysts prepared using arc-plasma ［J］. Bulletin of the Chemical Society of Japan, 2012, 85 （1）: 144-149.

［88］ BRATAN V. CO oxidation over Pd supported catalysts—in situ study of the electric and catalytic properties ［J］. Applied Catalysis B: Environmental, 2017, 207: 166-173.

［89］ WANG C. Superior oxygen transfer ability of Pd/MnO$_x$-CeO$_2$ for enhanced low temperature CO oxidation activity ［J］. Applied Catalysis B: Environmental, 2017, 206: 1-8.

［90］ NIKOLAEV S. The effect of H$_2$ treatment at 423-573 K on the structure and synergistic activity of Pd-Cu alloy catalysts for low-temperature CO oxidation [J]. Applied Catalysis B: Environmental, 2017, 208: 116-127.

[91] THORMHLEN P. Low-temperature CO oxidation over platinum and cobalt oxide catalysts [J]. Journal of Catalysis, 1999, 188 (2): 300-310.

[92] 沈小女. CeO_2 修饰的 Pt/SiC 催化剂催化 CO 氧化反应的性能 [J]. 石油化工, 2008, 37 (3): 300-304.

[93] HARUTA M. Gold catalysts prepared by coprecipitation for low-temperature oxidation of hydrogen and of carbon monoxide [J]. Journal of catalysis, 1989, 115 (2): 301-309.

[94] 王淑荣. Au/SnO_2 的制备及其低温 CO 氧化催化性能 [J]. 物理化学学报, 2004, 20 (4): 428-431.

[95] QIAN K. Anchoring highly active gold nanoparticles on SiO_2 by CoO_x additive [J]. Journal of Catalysis, 2007, 248 (1): 137-141.

[96] 郝郑平. 负载型金催化剂的制备，催化性能及应用前景 [J]. 分子催化, 1996, 10 (3): 235-240.

[97] CHEN J. Facile synthesis of Ag-OMS-2 nanorods and their catalytic applications in CO oxidation [J]. Microporous Mesoporous Materials, 2008, 116 (1-3): 586-592.

[98] 银建中. Ag/SBA-15 纳米复合材料的超临界流体沉积法制备，性能表征和催化特征 [J]. 无机材料学报, 2009, 24 (1): 129-132.

[99] JIN L. Ag/SiO_2 catalysts prepared via γ-ray irradiation and their catalytic activities in CO oxidation [J]. Journal of Molecular Catalysis A: Chemical, 2007, 274 (1-2): 95-100.

[100] GAC W. The influence of silver on the structural, redox and catalytic properties of the cryptomelane-type manganese oxides in the low-temperature CO oxidation reaction [J]. Applied Catalysis B: Environmental, 2007, 75 (1-2): 107-117.

[101] XU J. Ag supported on meso-structured SiO_2 with different morphologies for CO oxidation: On the inherent factors influencing the activity of Ag catalysts [J]. Microporous Mesoporous Materials, 2017, 242: 90-98.

[102] WU G. Low temperature CO oxidation on $Cu-Cu_2O/TiO_2$ catalyst prepared by photodeposition [J]. Catalysis Science and Technology, 2011, 1 (4): 601-608.

[103] KONDRAT S A. The effect of heat treatment on phase formation of copper manganese oxide: Influence on catalytic activity for ambient temperature carbon monoxide oxidation [J]. Journal of Catalysis, 2011, 281 (2): 279-289.

[104] HE M. Characterization of CuO species and thermal solid-solid interaction in $CuO/CeO_2-Al_2O_3$ catalyst by in-situ XRD, Raman spectroscopy and TPR [J]. Journal of Rare Earths, 2006, 24 (2): 188-192.

[105] YEN H. Tailored mesostructured copper/ceria catalysts with enhanced performance for preferential oxidation of CO at low temperature [J]. Angewandte Chemie InternationalEdition, 2012, 124 (48): 12198-12201.

[106] 余强. 铜基催化剂用于一氧化碳催化消除研究进展 [J]. 催化学报, 2012, 33 (8): 1245.

[107] 毛东森. $CuO-CeO_2$ 的固相反应法制备及其催化 CO 低温氧化性能 [J]. 无机化学学报, 2010, 3: 447-452.

[108] 吕永阁. Co_3O_4 纳米立方体的可控合成及其 CO 氧化反应性能 [J]. 物理化学学报, 2014, 30 (2): 382-388.

[109] WANG M. Experimental and Theoretical Investigations on the Magnetic-Field-Induced Variation of Surface Energy of Co_3O_4 Crystal Faces [J]. Chemistry-A European Journal, 2010, 16 (40): 12088-12090.

[110] WANG Y. An energy-efficient catalytic process for the tandem removal of formaldehyde and benzene by metal/HZSM-5 catalysts [J]. Catalysis Science & Technology, 2015, 5 (11): 4968-4972.

［111］LI J. Effect of TiO$_2$ crystal structure on the catalytic performance of Co$_3$O$_4$/TiO$_2$ catalyst for low-temperature CO oxidation ［J］. Catalysis Science and Technology, 2014, 4（5）: 1268-1275.

［112］JANSSON J. A mechanistic study of low temperature CO oxidation over cobalt oxide ［J］. Topics in catalysis, 2001, 16: 385-389.

［113］TANG C W. Influence of pretreatment conditions on low-temperature carbon monoxide oxidation over CeO$_2$/Co$_3$O$_4$ catalysts ［J］. Applied Catalysis A: General, 2006, 309（1）: 37-43.

［114］LIU W. Total oxidation of carbon monoxide and methane over transition metal fluorite oxide composite catalysts: I. Catalyst composition and activity ［J］. Journal of Catalysis, 1995, 153（2）: 304-316.

［115］JIA A P. Study of catalytic activity at the CuO-CeO$_2$ interface for CO oxidation ［J］. The Journal of Physical Chemistry C, 2010, 114（49）: 21605-21610.

［116］王艳. 逆负载型 CeO$_2$/CuO 催化剂与 CuO/CeO$_2$ 催化剂 CO 优先氧化性能及活性位的研究 ［D］. 内蒙古: 内蒙古大学, 2013.

［117］HORNéS A. Inverse CeO$_2$/CuO catalyst as an alternative to classical direct configurations for preferential oxidation of CO in hydrogen-rich stream ［J］. Journal of the American Chemical Society, 2010, 132（1）: 34-35.

［118］陈小根. 用于 CO 氧化的单原子催化剂研究进展 ［J］. 现代化工, 2021, 41（6）: 70-75.

［119］FREY K. Nanostructured MnO$_x$ as highly active catalyst for CO oxidation ［J］. Journal of catalysis, 2012, 287: 30-36.

［120］LI J. Influence of Mn doping on the performance of CuO-CeO$_2$ catalysts for selective oxidation of CO in hydrogen-rich streams ［J］. Applied Catalysis A: General, 2010, 381（1-2）: 261-266.

［121］邹汉波. 掺杂碱金属与碱土金属的 CuO-CeO$_2$ 催化剂的漫反射红外光谱分析 ［J］. 光谱学与光谱分析, 2010, 3: 672-676.

［122］ZHONG L. Improved low-temperature activity of La-Sr-Co-O nano-composite for CO oxidation by phase cooperation ［J］. RSC advances, 2014, 4（106）: 61476-61481.

［123］李明. 非贵金属室温 CO 氧化催化剂的研究 ［J］. 环境科学与技术, 2007, 30（4）: 29-31.

［124］CAI L N. The choice of precipitant and precursor in the co-precipitation synthesis of copper manganese oxide for maximizing carbon monoxide oxidation ［J］. Journal of Molecular Catalysis A: Chemical, 2012, 360: 35-41.

［125］XING X. Synthesis of mixed Mn-Ce-O$_x$ one dimensional nanostructures and their catalytic activity for CO oxidation ［J］. Ceramics International, 2015, 41（3）: 4675-4682.

［126］PENG K. Engineering oxygen vacancies in metal-doped MnO$_2$ nanospheres for boosting the low-temperature toluene oxidation ［J］. Fuel, 2022, 314: 123123.

［127］LI K. Highly active urchin-like MCo$_2$O$_4$（M=Co, Cu, Ni or Zn）spinel for toluene catalytic combustion ［J］. Fuel, 2022, 318: 123648.

［128］DONG C. Tuning oxygen vacancy concentration of MnO$_2$ through metal doping for improved toluene oxidation ［J］. Journal of Hazardous Materials, 2020, 391: 122181.

［129］ZHANG W. Boosting catalytic toluene combustion over Mn doped Co$_3$O$_4$ spinel catalysts: Improved mobility of surface oxygen due to formation of Mn-O-Co bonds ［J］. Applied Surface Science, 2022, 590: 153140.

［130］WANG Y. Study on the structure-activity relationship of Fe-Mn oxide catalysts for chlorobenzene catalytic combustion [J]. Chemical Engineering Journal, 2020, 395: 125172.

[131] WANG Y. Oxygen vacancy engineering in Fe doped akhtenskite-type MnO_2 for low-temperature toluene oxidation [J]. Applied Catalysis B: Environmental, 2021, 285: 119873.

[132] ZHANG P. Mesoporous $MnCeO_x$ solid solutions for low temperature and selective oxidation of hydrocarbons [J]. Nature communications, 2015, 6 (1): 8446.

[133] CHEN X. In situ pyrolysis of Ce-MOF to prepare CeO_2 catalyst with obviously improved catalytic performance for toluene combustion [J]. Chemical Engineering Journal, 2018, 344: 469-479.

[134] ZHANG X. The catalytic oxidation performance of toluene over the Ce-Mn-Ox catalysts: Effect of synthetic routes [J]. Journal of Colloid and Interface Science, 2020, 562: 170-181.

[135] LI J R. Efficient catalytic degradation of toluene at a readily prepared Mn-Cu catalyst: Catalytic performance and reaction pathway [J]. Journal of Colloid Interface Science, 2021, 591: 396-408.

[136] ZENG Y. Double redox process to synthesize $CuO-CeO_2$ catalysts with strong Cu-Ce interaction for efficient toluene oxidation [J]. Journal of Hazardous Materials, 2021, 404: 124088.

[137] ZHANG C. Insights into the size and structural effects of zeolitic supports on gaseous toluene oxidation over MnO_x/HZSM-5 catalysts [J]. Applied Surface Science, 2019, 486: 108-120.

[138] LIU C-F. Tailoring Co_3O_4 active species to promote propane combustion over Co_3O_4/ZSM-5 catalyst [J]. Molecular Catalysis, 2022, 52: 112297.

[139] ZHANG L. Dichloromethane catalytic combustion over Co_3O_4 catalysts supported on MFI type zeolites [J]. Microporous Mesoporous Materials, 2021, 312: 110599.

[140] ZHOU C. Improved reactivity for toluene oxidation on MnO_x/CeO_2-ZrO_2 catalyst by the synthesis of cubic-tetragonal interfaces [J]. Applied Surface Science, 2021, 539: 148188.

[141] CHAI G. Spinel Co_3O_4 oxides-support synergistic effect on catalytic oxidation of toluene [J]. Applied Catalysis A: General, 2021, 614: 118044.

[142] ZHANG Y. Investigation into the catalytic roles of oxygen vacancies during gaseous styrene degradation process via CeO_2 catalysts with four different morphologies [J]. Applied Catalysis B: Environmental, 2022, 309: 121249.

[143] MA Y. Investigation into the enhanced catalytic oxidation of o-Xylene over MOF-derived Co_3O_4 with different shapes: The role of surface twofold-coordinate lattice oxygen (O2f) [J]. ACS Catalysis, 2021, 11 (11): 6614-6625.

[144] WU S. O-vacancy-rich porous MnO_2 nanosheets as highly efficient catalysts for propane catalytic oxidation [J]. Applied Catalysis B: Environmental, 2022, 312: 121387.

[145] LUO Y. MnO_2 nanoparticles encapsuled in spheres of Ce-Mn solid solution: Efficient catalyst and good water tolerance for low-temperature toluene oxidation [J]. Applied Surface Science, 2020, 504: 144481.

[146] FENG L. Zeolitic imidazolate framework-67 derived ultra-small CoP particles incorporated into N-doped carbon nanofiber as efficient bifunctional catalysts for oxygen reaction [J]. Journal of Power Sources, 2020, 452: 227837.

[147] CHOYA A. Oxidation of lean methane over cobalt catalysts supported on ceria/alumina [J]. Applied Catalysis A: General, 2020, 591: 117381.

[148] ZHANG W. Cu-Co mixed oxide catalysts for the total oxidation of toluene and propane [J]. Catalysis Today,

2022, 384: 238-245.

[149] MENG L. Low-temperature complete removal of toluene over highly active nanoparticles CuO-TiO$_2$ synthesized via flame spray pyrolysis [J]. Applied Catalysis B: Environmental, 2020, 264: 118427.

[150] ZHANG X. The promoting effect of H$_2$O on rod-like MnCeO$_x$ derived from MOFs for toluene oxidation: A combined experimental and theoretical investigation [J]. Applied Catalysis B: Environmental, 2021, 297: 120393.

[151] GARETTO T F. The origin of the enhanced activity of Pt/zeolites for combustion of C2-C4 alkanes [J]. Applied Catalysis B: Environmental, 2007, 73 (1-2): 65-72.

[152] LUO H. A novel insight into enhanced propane combustion performance on PtUSY catalyst [J]. Raremetals, 2017, 36 (1): 1-9.

[153] ZHU Z. High Performance and Stability of the Pt-W/ZSM-5 Catalyst for the Total Oxidation of Propane: The Role of Tungsten [J]. ChemCatChem, 2013, 5 (8): 2495-2503.

[154] PARK J E. Effect of Pt particle size on propane combustion over Pt/ZSM-5 [J]. Catalysis letters, 2013, 143 (11): 1132-1138.

第3章 费—托合成技术

3.1 概述

能源的开发与利用推动着人类社会发展和文明进步的脚步。随着现代化社会的发展和人们生活水平的提高，全球能源消耗逐年增加。2021 年，全球一次能源消费增长 5.8%，创下史上最大增幅。虽然近年来可再生能源消耗量持续增加，但是化石在一次能源消费中的占比仍高达 82%，其中石油消费比例最高，超过 30%。至 2020 年底全球探明石油储量约为 1.732 万亿桶，按照当年的储产比，全球石油还能以现有水平生产 50 余年。随着原油资源的枯竭，找寻替代资源，发展非石油基资源转化为燃料油技术显得至关重要。

费—托合成（fischer-tropsch synthesis，FTS）技术是将合成气（CO+H$_2$）催化转化为清洁燃料油和化学品的关键技术。利用费—托合成技术可将煤、天然气以及生物质转化而来的合成气转化为烃类产物。费—托合成催化过程如图 3-1 所示。发展以费—托合成为基础的合成气转化工艺能有效降低当前对化石燃料的过度依赖，促进能源结构向可持续方向转型。

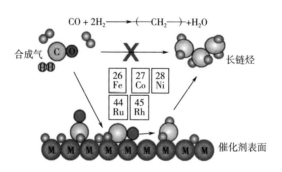

图 3-1　通过费—托合成催化合成气制烃类的过程

我国作为能源消耗大国，2021 年，我国石油对外依存度高达 72%。相比而言，我国煤炭资源储量相对丰富。长期以煤炭资源为主导的能源结构导致环境污染与生态文明建设之间的矛盾日益突出，加重了环境治理成本。高效合理利用煤炭资源是解决这些矛盾和环境问题的有效途径。通过将由煤炭资源转化而来的合成气，催化转化为清洁液态燃油和升值化学品，不仅能大大提高碳资源利用率，还能从源头消除煤资源中的污染物转移扩散，同时，也降低了我国对进口原油的依赖，对保障我国能源安全具有重大战略意义。本章主要介绍费—托合成反应的基本原理，不同催化剂的特征、制备方法以及工业化情况。

3.2　费—托合成反应

费—托合成反应的原料只有 CO 和 H_2 两种分子，反应所生成的产物却多达百种。产物除了各种烃类、CO_2、水外，还包括醇、醛、酮及醚等含氧化合物。费—托合成反应基元反应众多、反应机理复杂，在典型的费—托合成反应中，包括有以下多种类型的反应均可能在该体系中发生，包括：

（1）烷烃的生成。

$$nCO+(2n+1)H_2 \longrightarrow C_nH_{2n+2}+nH_2O \tag{3-1}$$

$$nCO+(3n+1)H_2 \longrightarrow C_nH_{2n+2}+2nH_2O \tag{3-2}$$

$$2nCO+(n+1)H_2 \longrightarrow C_nH_{2n+2}+nCO_2 \tag{3-3}$$

$$(3n+1)CO+(n+1)H_2 \longrightarrow CnH_{2n+2}+(2n+1)CO_2 \tag{3-4}$$

（2）烯烃的生成。

$$nCO+2nH_2 \longrightarrow C_nH_{2n}+nH_2O \tag{3-5}$$

$$2nCO+nH_2 \longrightarrow C_nH_{2n}+nCO_2 \tag{3-6}$$

$$3nCO+nH_2O \longrightarrow C_nH_{2n}+2nCO_2 \tag{3-7}$$

$$nCO_2+3nH_2 \longrightarrow C_nH_{2n}+2nH_2O \tag{3-8}$$

（3）水煤气变换反应。

$$CO+H_2O \longrightarrow CO_2+H_2 \tag{3-9}$$

（4）甲烷的生成。

$$2CO+2H_2 \longrightarrow CH_4+CO_2 \tag{3-10}$$

$$CO+3H_2 \longrightarrow CH_4+H_2O \tag{3-11}$$

$$CO_2+4H_2 \longrightarrow CH_4+2H_2O \tag{3-12}$$

（5）含氧化合的生成。

$$nCO+2nH_2 \longrightarrow C_nH_{2n+1}OH+nH_2O \tag{3-13}$$

$$(n+1)CO+(2n+1)H_2 \longrightarrow C_nH_{2n+1}CHO+nH_2O \tag{3-14}$$

$$(2n+1)CO+(n+1)H_2 \longrightarrow C_nH_{2n+1}CHO+nCO_2 \tag{3-15}$$

$$(2n-1)CO+(n+1)H_2 \longrightarrow C_nH_{2n+1}OH+(n-1)CO_2 \tag{3-16}$$

$$3nCO+(n+1)H_2O \longrightarrow C_nH_{2n+1}OH+2nCO_2 \tag{3-17}$$

（6）CO 歧化反应。

$$2CO \longrightarrow C+CO_2 \tag{3-18}$$

（7）催化剂表面积碳反应。

$$CO+H_2 \longrightarrow C+H_2O \tag{3-19}$$

（8）催化剂中体相金属的氧化、还原和碳化等反应。

$$M_xO_y+yH_2 \longrightarrow yH_2O+xM \tag{3-20}$$

$$M_xO_y + yCO \longrightarrow yCO_2 + xM \qquad (3-21)$$

$$xM + yC \longrightarrow M_xC_y \qquad (3-22)$$

合成气直接制备烃类的反应方程式可简化为：

$$CO + H_2 \longrightarrow \left(CH_2\right) + H_2O$$

$$\Delta H_{298} = -204 \sim -165 \text{kJ/mol} \qquad (3-23)$$

所以，催化合成气生成烃类的反应为强放热反应。其实除生成烃类的反应外，水煤气变换反应（$\Delta H_{298} = -41 \text{kJ/mol}$）、醇类的生成反应（$\Delta H_{298} = -256 \sim -135 \text{kJ/mol}$）、CO 歧化反应（$\Delta H_{298} = -173.6 \text{kJ/mol}$）都为放热反应。可见，费—托合成反应是一个多反应、多产物、强放热的复杂反应体系。

3.3 费—托合成产物分布

费—托合成产物分布广，产物可包含 C_1 到 C_{80} 的 200 余种产物，且种类繁多，包含烷烃、烯烃、醇类、醛类以及芳烃。究其原因是费—托合成反应复杂的机理。多年来，研究者们从未停止对于费—托合成反应机理的探索和讨论。从 Fischer 和 Tropsch 最初提出的表面碳化物机理，到 Anderson 等提出的烯醇中间体缩聚机理，以及 Emmett 和 Davis 等推崇的氧化物机理和 Dry 等提出的环状金属配合物中间体机理，由于反应本身的复杂性，许多基元反应中间体存在时间极短，很多机理只能根据大量的实验数据推测，关于费—托合成反应的机理，至今尚没有形成定论。

早期大量的研究结果表明，费—托合成烃类产物的选择性存在一定的内在联系，产物链增长过程与有机反应中的单体聚合反应有着类似的动力学过程，也就是说费—托合成反应产物的链增长过程很大程度上遵循聚合机理。反应过程中碳链进行增长的速率可描述为：

$$R_p = \frac{d[-CH_2-]}{dt} \qquad (3-24)$$

碳链终止反应的速率 R_t 可看成初级产物 α-烯烃加氢脱附或者直接脱附的概率：

$$R_t = \frac{d[Olefin]}{dt} \qquad (3-25)$$

那么，定义碳链进行增长的概率为 α：

$$\alpha = \frac{R_p}{R_p + R_t} \qquad (3-26)$$

Schulz 等研究费—托合成产物分布规律时发现，每种碳数的产物进行链增长的概率 α 值是一个常数，通过大量的实验和总结前人的研究，他们发现费—托合成产物分布可以用以下公式进行描述：

$$m_p = (\ln^2\alpha)p\alpha^p \qquad (3-27)$$

$$\log\left(\frac{m_p}{p}\right) = \log(\ln^2\alpha) + p\log\alpha \qquad (3-28)$$

其中，p 为碳原子数目，m 为碳数为 p 的产物的质量分数，可以看到，log（m_p/p）与 p 呈线性关系，直线斜率为 $\log\alpha$，所以 α 值与费—托合成不同碳数产物有着良好的对应关系。也就是说，一个催化剂 α 确定了，其产物分布基本也就确定了，这就是 ASF（anderson-schulz-flory）分布。所以，费—托合成产物分布由链增长概率决定，产物分布随 α 的变化趋势如图 3-2 所示。可以看到，除 CH_4 和 C_{19+} 产物段外，其他碳数段产物均有极限值，例如，$C_2\sim C_4$ 段产物选择性的极限值为 56%，此时的 α 值约为 0.45，$C_5\sim C_{11}$ 产物段选择性的极限值约为 51%，此时的 α 值约为 0.79。

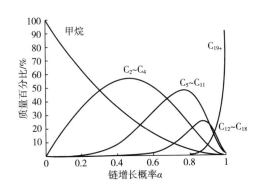

图 3-2 费—托合成阿尔法值与产物分布的关系

对于一个费—托合成催化剂而言，其产物选择性虽然可以通过催化剂改性、改变工艺条件等方式来调控，但催化剂的产物分布从根本上都遵从 ASF 分布，根本原因是反应过程中 CH_x（$x=1$，2，3）单体的偶联过程难以控制。为了打破 ASF，通过费—托合成过程获得高附加值的产物，研究者们提出了功能催化剂的概念。将具有择形作用的分子筛引催化剂的设计合成。Noritatsu Tsubaki 等在设计合成分子筛包覆钴基费—托合成催化剂方面做了大量研究工作，作者设计了 H-β 分子筛包覆 Co/Al_2O_3 催化剂，测试发现，利用 H-β 分子筛包覆后产物出现了大量的异构产物，C_{iso}/C_n 比例可达 3.13。利用 ZSM-5 对 Co/SiO_2 催化剂进行包覆后，能使 $C_5\sim C_{11}$ 段产物选择性提高到 72%。王野等利用分子筛作为载体负载 Co、Ru 金属，通过调控分子筛酸性和活性相粒径可以获得高选择性的汽油产物，打破 ASF 分布。

3.4 费—托合成催化剂

费—托合成催化剂通常包括活性金属、载体和助剂 3 种组分。第Ⅷ族的金属如 Fe、Co、Ni、Ru、Rh 都可以作为费—托合成的活性金属。Ni 基催化剂加氢活性高，会导致高的甲烷选择性，很少作为生产烃类的主催化剂，但由于 Ni 基催化剂 α 值（链增长概率）低，加入适量助剂可作为生产低碳烯烃的催化剂。Ru 基催化剂活性高，重质烃选择性高，且易还原分散，是优良的费—托合成催化剂。但由于价格昂贵，一般只作为助剂使用。Rh 一般作为合成气制含氧化合物的催化剂。Fe 基和 Co 基催化剂是在工业上广泛使用的催化剂，本章节主要介绍被应用和研究最广泛的 Fe 基和 Co 基催化剂。表 3-1 列举了一些工业 Fe 基催化剂和 Co 基催化剂的应用实例。

表 3-1　工业铁基催化剂和钴基催化剂应用实例

催化剂	组成	产品	反应器	工艺
铁基催化剂	Fe/K，Fe/Mn，Fe/Mn/Ce	$C_2 \sim C_4$ 烯烃	浆态床 固定床	合成醇（Synthol）
	Fused Fe/K，Fe/K/ZSM-5	汽油	流化床 固定床	合成醇，美孚（Synthol，Mobil）
	Fe/K	柴油	固定床（低温）	萨索（Sasol-Arge）
	Fe/K，Fe/Cu/K	石蜡	浆态床（低温）	美孚（Mobil）
钴基催化剂	Co/ThO$_2$/Al$_2$O$_3$/Silicalite，Co/ZSM-5	汽油	流化床 固定床	美孚（Mobil）
	Co/Zr，Ti 或 Cr/Al$_2$O$_3$；Co/Zr/TiO$_2$；Co—Ru/Al$_2$O$_3$	柴油	固定床（低温）	萨索，壳牌（Sasol，Shell）
	Co/Zr，Ti 或 Cr/Al$_2$O$_3$；Co/Ru/Al$_2$O$_3$	石蜡	浆态床（低温）	壳牌（Shell）

3.4.1　钴基催化剂

钴基催化剂是最早应用于费—托合成工业生产的催化剂。相比于铁催化剂，钴催化剂活性更高，重质烃选择性更高，稳定性更好，且更适用于由天然气转化来的氢碳比为 2∶1 的合成气。工业上钴催化剂只用于低温费—托合成（操作温度 200~250℃），且需要载体的支撑来节约成本、提高催化效率。近年来，关于钴催化剂的研究多集中于新材料的研发和选择性的调控。

3.4.1.1　催化剂活性相

同铁基催化复杂的活性相不同，金属钴已经被证明是钴基费—托合成催化剂唯一的活性相。对于许多反应而言，在相同的金属担载量下，减小金属颗粒尺寸是增加催化活性的有效方式。但是费—托合成是典型的"结构敏感型"反应，钴颗粒尺寸大小会很大程度上影响催化剂的本征活性和选择性。研究发现，在低压下（0.1MPa），当 Co 颗粒小于 6nm 时，催化剂的 TOF 和 C_{5+} 选择性随着 Co 粒径的减小而急剧减小。当颗粒大于 6nm 时，随着 Co 粒径增大，催化剂的本征活性和选择性几乎不变，在高压下（3.5MPa），颗粒的临界尺寸为 8nm。

除尺寸外，金属钴活性相的晶型也能很大程度上影响钴基催化剂的活性和选择性。如图 3-3 所示，金属钴在费—托合成反应过程中可能存在两种晶型：密排六方晶型的 hcp-Co 和面心立方的 fcc-Co。研究表明，相对于 fcc-Co，hcp-Co 具有更好的活性和重质烃选择性。

（a）密排六方晶型钴 （b）面心立方型钴

图 3-3 两种不同晶型的 Co 活性相

3.4.1.2 催化剂载体

载体的存在对钴基催化剂至关重要，其主要作用有：一是减少金属使用量，降低催化剂成本；二是固定活性相，防止团聚，提高催化剂稳定性；三是改变催化剂表面的电子环境；四是调控活性相的尺寸大小，优化催化剂结构；五是调控产物选择性等。钴基催化剂的载体主要包括氧化物载体和碳载体。常用的氧化物载体有 Al_2O_3、SiO_2、TiO_2 和分子筛。

Al_2O_3 存在包括 α、δ、γ 等在内的 7 种不同的晶型。这些不同的物相是氢氧化铝或铝薄水铝石在焙烧过程中产生的。其中 γ-Al_2O_3 在费—托合成中应用较为广泛，通常需要在 $400\sim$ $600℃$ 焙烧。Al_2O_3 载体低廉易得，比表面大且结构稳定性好，是最为常用的钴基费—托合成催化剂载体。研究者针对 Al_2O_3 的结构对钴基费—托合成性能的影响做了系统的工作。研究发现 Al_2O_3 的孔径大小对 Co_3O_4 的粒径和催化剂的还原度有巨大影响，大孔径的 Al_2O_3 载体会导致钴颗粒更大，且降低了催化剂的还原性，使活性降低。Al_2O_3 的纳米结构对 Co 基催化剂性能也有巨大影响，研究发现以 Al_2O_3 纳米纤维为载体的催化剂具有更好的分散度，且 Al_2O_3 纤维所形成的鸟巢状结构能有效限域钴颗粒，防止颗粒的团聚，使催化剂在高转化率下保持良好的稳定性。Holmen 等系统研究了 Al_2O_3 晶型对钴基催化剂性能的影响，研究发现 σ-Al_2O_3 和 α-Al_2O_3 负载的 Co 催化剂相对于 γ-Al_2O_3 和 θ-Al_2O_3 负载的 Co 催化剂具有更高的 C_{5+} 选择性，其中 α-Al_2O_3 最佳，归因于其适中的孔道结构。

SiO_2 载体由于表面的亲水硅羟基，在活性相分散上有先天优势，但是颗粒与载体相互作用力相对较小，在反应和还原过程中可能发生活性相的团聚。近年来，多数研究工作集中在硅基有序多孔载体的开发和使用。研究者对不同孔结构 SiO_2 负载 Co 催化体系进行了系统研究，研究发现泡沫 SiO_2（MCF）的三维开放孔道能有效分散 Co 颗粒，有利于合成气和产物的传输，相对于其他硅系孔材料具有更佳的活性和 C_{5+} 选择性。图 3-4 为 MCF 的透射电镜图片。

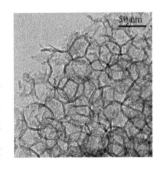

图 3-4 MCF 的透射电镜图

利用 TiO_2 为载体，能得到高分散度的催化剂，但是其与钴物种过强的相互作用也使催化剂还原度大打折扣。为了在保持高分散的前提下提高的催化剂还原度，研究者利用碳层，硅层和氧化铝层包裹的 TiO_2 作为钴催化剂载体，研究发现经过表面修饰后，TiO_2 负载 Co 催化剂的活性能选择性能得到进一步提高。

3.4.1.3 催化剂助剂

除载体的影响外，助剂也可对钴基催化剂的活性和选择性进行调变，助剂主要分为贵金属助剂和氧化物助剂。助剂的添加能够改变催化剂的活性、选择性和稳定性，其作用具体可归纳为以下几点：一是诱导金属表面结构发生改变；二是与金属组分发生强相互作用，迁移到活性金属的表面，降低催化剂利用率；三是与活性金属直接发生化学作用，对费—托合成有促进或抑制作用；四是稳定活性中心，延长催化剂寿命；五是助剂电子效应；六是促进金属钴还原和分散；七是与金属钴在 CO 或 H_2 分子的活化过程中起协同作用，促进活性中间体的生成、溢流和储存，提高催化剂的活性和 C_{5+} 烃类的选择性。

许多研究表明，贵金属助剂，如 Ru、Rh、Pt 和 Pd 能很大程度上影响 Co 基催化剂结构，进而影响催化性能。贵金属助剂影响钴基催化剂结构的方式主要有：促进 Co 氧化物的还原、提高钴物种的分散度、与 Co 活性位点形成合金等。贵金属促进还原的主要方式是氢溢流作用。Batley 等研究发现，Pt 能使 Co_3O_4 颗粒的还原温度降低。Khodakov 等同样发现，Pt 能有效降低 Co/Al_2O_3 催化剂中和 Co 物种与载体的相互作用，提高催化剂还原性。Takeuchi 等研究发现，Ru 也能有效降低 Co/SiO_2 催化剂中 Co 氧化物的还原温度。Reinikainen 等同样观察到了 Ru 提高催化剂还原度，促进催化性能的现象。除此之外，Pd、Ir 以及 Re 同样被证实能促进 Co 基催化剂中 Co 的还原。

贵金属的加入同样能够提高钴基催化剂中钴颗粒的分散度。将贵金属盐与钴盐共浸渍在载体上，在焙烧过程中，贵金属能有效促进提高物氧化物的分散，防止颗粒的烧结。Schanke 等研究表明，Pt 助剂的加入能有效提高 Co/SiO_2 催化剂中 Co 物种的分散度。Iglesia 等研究发现，Ru 助剂提高 Co 催化剂分散度，抑制催化剂失活。Guczi 等同样发现，Pd 能提高 Co/SiO_2 催化剂分散性，有利于活性和 C_{2+} 选择性。除此之外，贵金属还能通过与金属 Co 形成合金的方式影响催化剂性能。近期，王野课题组发现，当 Ir 作为助剂加入 Co/CNF 催化剂中时，Ir 能与 Co 形成合金，Ir 原子以单原子的形式分散在 Co 颗粒中，使 Co 呈现密排六方（hcp）晶型，有利于催化剂的活性和选择性。此外，也能提高催化剂的耐水性。

相对于贵金属助剂，氧化物助剂价格更加低廉，使用方式更加灵活。作为钴基催化剂较常用的助剂，ZrO_2 已经被证实对钴催化剂的结构有积极的影响。研究表明，ZrO_2 能有效提高 Co/SiO_2 催化剂的活性和重质烃选择性。Enache 等研究表明，ZrO_2 的加入能促进 Co 氧化物的还原，提高催化剂活性。Jacobs 等研究表明，ZrO_2 也能提高 Co/Al_2O_3 催化剂中 Co 物种的分散以及 Co 氧化物的还原。MnO 能有效提高钴基催化剂表面的碱度，促进 CO 的吸附解离，提高催化剂活性和 C_{5+} 选择性，抑制甲烷选择性。除此之外，ThO_2、La_2O_3、MgO、Cr_2O_3 和 CeO_2 等金属氧化物也是钴基催化剂的常用助剂，助剂的作用表现为提高活性、调控产物分布。需要指出的是，氧化物对于钴催化剂的影响与催化剂载体、制备过程中的氧化物前驱体加入的方式以及加入量等都息息相关。

3.4.1.4　催化剂的活化

对费—托合成钴基催化剂而言，为了提高金属利用率，通常需要将钴物种分散在载体之上。此外，零价态的钴在纳米尺度上无法在空气中稳定存在。新鲜的钴基催化剂中钴物种常常是以稳定的 Co_3O_4 的形式存在于载体之上。所以，催化剂在填装在反应器后，反应发生前，需要经过还原处理，将 Co 氧化物还原成为金属钴，使活性位点暴露。

通常，钴基催化剂使用的活化气为纯氢气。但是氢气的还原温度对催化剂性能影响巨大。较高的还原温度会有利于更多的 Co 氧化物被还原为金属 Co，提高催化剂的还原度，有利于活性。但是，过高的还原温度同时可能导致 Co 颗粒的团聚，活性位点数目，不利于活性。所以优化的还原温度对催化剂的性能至关重要。另外，因为不同的载体与 Co_3O_4 颗粒的相互作用不同，催化剂的优化还原温度不尽相同。通常，钴基催化剂的还原温度为 $350 \sim 500℃$。

预处理的目的是将氧化物态的钴转变为金属态，所以利用其他的还原气体，如 CO 等也能将氧化钴还原。但是 CO 不仅可以将 Co_3O_4 还原为零价，还能将金属 Co 碳化为 Co_2C，但是 Co_2C 并没有费—托合成活性。有意思的是，如果将 Co_2C 进一步还原，能得到另一种具有较高活性的 hcp 型金属 Co 活性相。因此，研究者开发了还原—碳化—还原（reduction-carburization-reduction，RCR）的预处理过程，用以转变金属 Co 的晶型，提高费—托合成活性。

Bahr 等发现金属 Co 经过 CO 碳化可以形成 Co_2C。通过还原—碳化—还原过程多步处理可以改变 Co 活性相晶型的现象首先被 Hofer 等发现。他们发现将 Co—Th—Mg 硅藻土催化剂 400℃ 还原之后得到 fcc-Co。无论是 fcc-Co 和 hcp-Co 经过碳化之后都会形成碳化钴。将碳化钴进行加氢处理（还原）得到甲烷和 hcp-Co。后来，Ducreux 等发现，通过这种多步处理的方法得到的 hcp-Co 活性相对于 fcc-Co 具有更多的缺陷位点而具有更佳的催化活性。这说明钴基费—托合成具有晶型的敏感性。Karaca 等利用原位 XRD 监测了 $CoPt/Al_2O_3$ 催化剂在 RCR 不同阶段的物相转变过程。他们发现，直接还原 $CoPt/Al_2O_3$ 催化剂后，催化剂中 Co^0 的物相主要为 fcc-Co，其含量高达 80%，而 hcp-Co 仅有 20%。而经过 RCR 处理后得到的 Co^0 中 hcp-Co 含量高于 90%，具有更高的催化活性。戴维斯等同样也发现，利用 RCR 多部预处理 Co/SiO_2 可以得到较高活性的 hcp-Co 活性相。此外，他们发现 hcp-Co 具有更高的 C_{5+} 选择性和更低的 CH_4 选择性。

Patanou 等系统考察了 RCR 方法中碳化温度对 $CoRe/Al_2O_3$ 催化剂性能的影响。他们发现当碳化温度为 230℃ 时，催化剂具有更佳的催化活性与 C_{5+} 选择性，当将碳化温度升高到 300℃ 时，不利于催化剂最后的活性。他们同样发现 RCR 过程中最后的还原温度对催化性能有巨大的影响，当第二步还原为 200℃ 时，碳化钴颗粒中的 C 难以被完全移除，导致催化剂活性较低，当还原温度高达 450℃ 时，会使催化剂中 fcc-Co 含量增加，不利于催化活性。他们发现第二步还原的温度最佳为 350℃。基于 RCR 多步处理方法，为了获得高活性 hcp-Co 活性相，Du 等开发了 RSCR 法，在第一步还原后将催化剂在合成气中进行预处理，再进行碳化和还原。他们发现，通过 RSCR 法可以获得高活性 hcp-Co 活性相，比 RCR 获得的催化剂性能更佳。

3.4.1.5 催化剂的失活

寿命是催化剂最重要的属性之一。钴基费—托合成催化剂失活的本质是：可与合成气接触的活性位点的流失。通常，钴基催化剂失活主要有以下几方面原因：

（1）硫化物中毒。

钴基催化剂适用于来自天然气重整而来的 H_2/CO 约为 2 合成气。当合成气中的硫化物浓度大于 0.1mg/kg 时就会导致钴催化剂失活。硫化物使钴催化剂失活的根本原因是与金属钴形成了难还原的物种，掩蔽了表面活性位点。通常可以通过脱硫，降低原料气中的硫化物含量防止催化剂中毒。

（2）钴颗粒的烧结与团聚。

钴颗粒的烧结是钴基催化剂失活的重要原因之一。研究表明，在许多体系中，钴颗粒在反应过程中会发生颗粒的长大，导致活性位点数目的减少。增强金属与载体相互作用能有效防止颗粒的烧结与团聚，但是这样也会导致催化剂颗粒难以还原。此外，载体孔结构的坍塌也可能导致钴颗粒的团聚。

（3）钴颗粒的氧化。

当 CO 转化率较高时，反应器中会存在大量的 H_2O 分子。研究表明，当 Co 颗粒小于 4.2nm 时，很容易被水氧化成 CoO，导致催化剂失活。

（4）颗粒的积碳。

积碳也是钴基催化剂失活的原因之一。在反应过程，CO 首先在 Co 颗粒表面解离，会形成大量的表面 C 物种。部分 C 物种可能会渗入 Co 颗粒，形成 Co_2C，使催化剂失活。

（5）难还原物种的形成。

金属 Co 可能在反应过程中与金属氧化物形成难还原物种。比如，Co 可能与 Al_2O_3 形成 $CoAlO_3$，Co 可能与 SiO_2 形成 $CoSiO_3$，与 TiO_2 形成 $CoTiO_3$。这会导致活性位点不可逆地丧失，造成催化剂失活。

3.4.2 铁基催化剂

Fe 基催化剂的工业化已经有 60 多年的历史，Fe 基催化剂价格低廉、甲烷选择性低、可操作范围广且有水煤气变化反应活性而适用于煤和生物质转化而来的低氢碳比合成气。廉价高效的性质决定了 Fe 基催化剂的工业地位和学术地位。但是 Fe 基催化剂活性、选择性和使用寿命与 Co、Ru 催化剂相比相对较差，所以，Fe 基催化剂通常需要添加一些助剂来提高其催化剂性能。工业上 Fe 基催化剂既可用于低温费—托合成，也可用于高温费—托合成。低温费—托合成一般使用沉淀铁催化剂，所用反应器为固定床或浆态床。

3.4.2.1 沉淀铁催化剂

沉淀铁催化剂通常由活性金属、电子助剂和结构助剂组成。如典型的 Fe—Cu—K—SiO₂催化剂，其中 Cu 作为还原型助剂能促进氧化铁颗粒的还原，K 作为电子助剂能有效提高催化剂表面碱度，促进铁物种的渗碳，SiO_2 为结构助剂起到分散铁物种的作用。结构助剂能有效分散铁颗粒，提高催化剂机械强度和骨架结构稳定性，提高催化剂使用寿命。常见的结构助

剂有 SiO_2、Al_2O_3、CeO_2 以及 MnO_2 等。

十几年来山西煤化所李永旺课题组对 FeMn 的催化剂体系做了大量系统的研究工作。他们发现 Mn 会降低催化剂还原度，但是适量的 Mn 能有效提高催化活性，提高催化剂表面碱度，促进铁物种的碳化。对于沉淀铁催化剂而言，加入结构助剂分散稳定活性相的同时，往往还需要加入电子助剂来进一步提高催化剂性能。常见的电子助剂除 Mn 外还有 K 和 Na。K 的加入会增大沉淀铁催化剂中氧化铁颗粒的粒径大小，并且抑制了氧化铁的还原，K 的加入也促进了水煤气反应（WGSR）的发生。K 助剂能有效减弱催化剂对氢气的吸附解离，促进 C—C 偶联，因而可以有效降低甲烷选择性提高烯烷比和 C_{5+} 选择性。Na 助剂也能有效改善催化剂表面电子环境，促进烯烃的生成。

李永旺课题组系统研究了 SiO_2 加入量对沉淀铁催化剂性能的影响，他们发现焙烧过后 Si 会与 Fe 形成 Fe—O—Si 键，该反应过程会进一步形成 Fe_2SiO_4 化合物，不利于活性。另外，大量 SiO_2 的加入能有效防止铁活性相的团聚。李永旺课题组也系统研究了 Al_2O_3 对铁基催化剂的影响，他们发现 Al 的加入会降低催化剂的还原度和对 CO 的吸附能力，导致活性下降，但是 Al 的加入能有效提高 C_{5+} 选择性，同时他们发现 Al 的加入改变了活化条件对催化剂性能的影响。

Alonso 等系统研究了 Ce 对沉淀铁催化剂的影响，他们发现加入 Ce 之后催化剂中会形成 Fe—O—Ce 桥键，Ce 的加入能有效提高烃类的产率，提高烯烃选择性以及 C_{5+} 选择性。金属 Mn 不仅能作为结构助剂，也能作为电子助剂。

温晓东等结合实验和理论计算研究发现，Na 能提高烯烃选择性的根本原因是 Na 能有效抑制氢的解离，并且促进烯烃的脱附。碱金属助剂虽然能促进催化剂的碳化，但是往往会抑制氧化铁的还原，还原性助剂的加入能有效调整催化剂的性能。Cu 的加入能有效促进铁物种的还原，改善催化剂表面性质。Smit 等结合多种原位 X 射线表征手段分析发现，Cu 能促进氧化铁还原的根本原因是 Cu^0 晶核上 H_2 和 CO 的溢流作用。

3.4.2.2　负载型铁基催化剂

负载型铁基催化剂往往比体相铁催化剂有更高的机械强度，较常用的载体为硅铝材料和碳材料。负载型催化剂虽然能大大提高催化剂稳定性，提高铁物种的分散度，但是载体与铁物种之间的强相互作用往往导致催化剂还原度低，严重阻碍了铁物种的碳化，使催化活性大打折扣。

近年来碳纳米管、石墨烯、有序介孔材料等新型催化剂载体层出不穷，负载铁后应用在费—托合成反应中不仅能提高催化活性，也能有效控制产物选择性。包信和课题组发现当铁活性相被封装在碳纳米管内后，催化剂活性和稳定性都得到了提升，通过进一步理论计算发现碳纳米管提供的微纳米环境能有效降低过渡金属 d 带能量，进而弱化 CO 的吸附，有利于活性。

赵东元课题组通过软模板法制备了有序介孔碳负载的高度分散的氧化铁颗粒，在不加入任何助剂的情况下 C_{5+} 选择性能高于 60%。乔明华课题组发现利用石墨烯负载的铁颗粒经过适量 K 修饰之后低碳烯烃选择性能高于 60%，再经 Mg 修饰能有效降低二氧化碳选择性。包信和等也发现掺 N 的石墨烯负载的铁催化剂能有效生产低碳烯烃，抑制甲烷的生成，根本原因是 N 能作为给电子助剂，抑制加氢，有利于烯烃的脱附。

de Jong 等利用与活性相相互作用较弱的 $\alpha\text{-Al}_2\text{O}_3$ 负载铁作为合成气转化的催化剂，加入 S 和 Na 助剂之后，实现了 60% 以上的低碳烯烃选择性。载体不仅能分散铁活性相，提高催化剂机械强度，也越来越多地扮演功能催化组分的角色。不仅能改善催化剂表面电子环境，提高活性和选择性，还能起到调控铁物相的作用。

3.4.2.3 催化剂的物相

20 世纪以来，研究者对铁基催化剂进行了大量的研究。研究发现，与钴基催化剂不同，铁基催化剂物相组成十分复杂，包括单质铁、碳化铁、氧化铁在内的 7 种物相都被认为有一氧化碳加氢的活性。在典型的铁基费—托合成反应条件下，铁基催化剂可能同时存在包括单质铁、氧化铁和不同种类的碳化铁在内的 5 种物相。复杂的物相给铁基催化剂构效关系的研究带来了巨大难度。

20 世纪 80 年代 Raupp 与 Delgass 等利用原位的穆斯堡尔谱测试铁物相与活性的关系，他们发现催化剂的 CO 转化率随着碳化铁含量的增加而增加，直到保持平衡，基于此数据他们判定碳化铁为铁基催化剂的主要活性相。碳化铁是由碳原子渗入铁原子间隙形成的一类化合物，根据碳原子原子坐标不同会形成不同化学计量比的碳化铁物种。包括 Fe_7C_3、$\chi\text{-Fe}_5\text{C}_2$、$\theta\text{-Fe}_3\text{C}$、$\varepsilon\text{-Fe}_2\text{C}$ 以及 $\varepsilon'\text{-Fe}_{2.2}\text{C}$ 在内的 5 种碳化铁都曾在费—托合成反应过程中被发现。5 种碳化铁物种的晶体结构参数列于表 3-2，可以看到化学计量数不同的碳化铁除晶体结构不同之外，颗粒中碳浓度也不尽相同。密排六方晶型的 $\varepsilon\text{-Fe}_2\text{C}$ 只在 200℃ 以下才能稳定存在，当温度高于 200℃ 会逐渐转化为 $\chi\text{-Fe}_5\text{C}_2$，当温度进一步升高到 450℃ 会转化为 $\theta\text{-Fe}_3\text{C}$，碳化铁的稳定性随着碳浓度的增加而降低。需要指出的是，碳化铁转化速度不仅与温度有关，也与颗粒粒径大小和催化剂组分有关。de Smit 等结合高压下原位 XRD、XAFS、Raman 光谱和理论计算研究发现碳化铁物种之间的互相转化由反应体系中碳的化学势 μ_c 决定。催化剂的预处理条件、反应温度、压力、气氛都能很大程度上影响碳的化学势，进而导致碳化铁物种的转化，其中温度的影响最大。此研究结果解释了在典型费—托合成反应条件下碳化铁物相转化的根本原因。

表 3-2 不同碳化铁晶体结构参数

碳化铁	空间群	晶格参数	碳浓度（C 原子个数/Å^{-3}）
$\theta\text{-Fe}_3\text{C}$	Pnma（62）	$a=5.092$，$b=6.741$，$c=4.527$	0.0257
$\varepsilon'\text{-Fe}_{2.2}\text{C}$	P63/mmc（194）	$a=b=2.749$，$c=4.340$	0.0298
$\chi\text{-Fe}_5\text{C}_2$	C2/c（15）	$a=11.588$，$b=4.579$，$c=5.059$	0.0301
Fe_7C_3	P63/mc（186）	$a=b=6.882$，$c=4.54$	0.0322
$\varepsilon\text{-Fe}_2\text{C}$	P63/mmc（194）	$a=b=2.749$，$c=4.340$	0.0340

明确和量化每种碳化铁物种在费—托合成中的作用对深入认识铁催化剂具有重大意义。多数研究表明，在典型的铁基费—托合成反应温度下 $\chi\text{-Fe}_5\text{C}_2$ 为主要的活性相，$\theta\text{-Fe}_3\text{C}$ 为失

活相。马丁等制备出了均一的 χ-Fe_5C_2 颗粒，负载在 SiO_2 上之后相比 Fe_2O_3 颗粒具有更佳的催化性能。刘义等人研究发现在 Fe—Mn 催化剂体系中，低碳烯烃的选择性与 θ-Fe_3C 的含量相关。焦海军等通过理论计算发现一氧化碳在 Fe_2C（011）面上加氢能垒要低于 Fe_5C_2（010）面、Fe_3C（001）面和 Fe_4C（100）面。Martin 等通过理论计算也发现在碳化铁物种中，Fe—CO 键能随着碳化铁中碳浓度的增加而减弱，有利于提高催化活性。乔明华等利用快速淬火法制备出了近乎纯相的 ε-Fe_2C，经过研究发现 ε-Fe_2C 相在 200℃ 时催化活性是 χ-Fe_5C_2 相的4.7 倍。近期他们发现低温下铁催化剂催化活性与 ε-Fe_2C 含量具有良好的相关性。

杨勇等在 Fe/SiO_2 体系中通过调控活化条件控制催化剂中不同种类碳化铁的含量，结合粒径统计结果反推的不同碳化铁物种的转换频率（turnover frequency，TOF），发现 Fe_7C_3 比 χ-Fe_5C_2 和 ε-Fe_2C 具有更高的本征活性。可以看到研究者们研究结果存在巨大差异，是由于研究体系不尽相同，更重要的原因是碳化铁物相会随着反应的进行发生变化，而非原位的表征手段对物相的判定不一定与真实反应条件下的物相匹配。要实现对每一种碳化铁物相的认识，首先要做的是稳定反应过程中的碳化铁物相，这也是当前铁催化剂物相研究的最大难题之一。

3.4.2.4　催化剂的活化

铁基催化剂的活化过程能极大影响催化剂的活性、选择性和寿命。然而，铁基催化剂的活化过程却十分复杂。一是与钴基催化剂单一的活性相不同，铁基催化剂在活化和反应过程中会发生物相变化，形成不同种类的铁物种。二是传统铁基催化剂为了提高催化剂活性与稳定性，需要加入 Cu、K 以及 SiO_2 等作为电子或结构助剂。这些因素都会影响铁催化剂在反应过程的物相组分，颗粒尺寸大小甚至催化剂的孔结构。通常，铁基催化剂的预处理气氛可以纯 H_2，也可以是纯 CO 或者不同氢碳比的合成气（H_2+CO），预处理温度为 200~500℃。

Anderson 等研究发现，不经过活化的铁催化剂活性较差。铁基催化剂可以在 200~300℃，利用纯 H_2、纯 CO 或者合成气预处理。根据催化剂组分不同，预处理气氛和温度对催化剂活性和选择性有很大的影响。Bukur 系统考察了预处理条件对于沉淀铁催化剂性能的影响。他们发现，沉淀铁催化剂在经过焙烧之后形成 α-Fe_2O_3。氢气还原处理会使氧化铁转为 α-Fe 和 Fe_3O_4 的混合物。氢气还原的催化剂 CO 转化率随时间逐渐升高，是因为 α-Fe 逐渐被碳化成碳化铁活性相的缘故。氢气还原的温度也对催化剂活性有较大的影响，250℃ 还原的催化剂活性明显高于 280℃ 还原的催化剂。CO 和合成气预处理的催化剂初始活性较高，但是在 180h 内持续失活。Wang 等考察了预处理气氛 Fe—Mn 合金催化剂性能的影响。他们发现，经过氢气还原处理的催化剂具有较低的甲烷选择性以及 C_{5+} 选择性，主要产物集中在 C_2~C_4。经过 CO 预处理的催化剂产物主要为 C_{5+}。此外，经过 CO 处理的 Fe—Mn 催化剂具有更好的 CO 转化率。需要指出的是，由于铁剂催化剂组分在反应过程的复杂性，了解其预处理气氛温度对其性能以及其变化的影响至关重要。对于一个全新的铁催化剂体系，首要的工作就是确定最佳的预处理条件。

3.4.2.5　催化剂的失活

催化剂的失活是当前铁基催化剂面临的主要问题之一。工业上，Co 基催化剂可持续运行一年以上，但是铁基催化剂的寿命往往不超过 3000h（125 天）。铁催化剂失活的本质同样是活性位点的流失与转化。主要有以下几方面：

（1）高活性碳化铁物相的相变。

碳化铁已经被证实为铁基催化剂的主要活性相，其活性要优于各种氧化铁相。反应器中的水分压会随着 CO 转化率的升高而升高，在较高的水分压下，碳化铁颗粒表面会部分被氧化为氧化铁，这是铁催化剂失活的主要原因之一。此外，不同的碳化铁相具有不同的活性，高活性的碳化铁物相向低活性物相的转变也可能是催化剂失活的原因。有研究表明，$\varepsilon\text{-Fe}_2\text{C}$ 与 $\chi\text{-Fe}_5\text{C}_2$ 是铁基催化剂主要的活性相，而 $\theta\text{-Fe}_3\text{C}$ 是催化剂的失活相。

（2）催化剂积碳。

积碳同样是铁基催化剂失活的重要原因之一。长时间的运行会使铁催化剂表面形成较为惰性的碳物相，碱性助剂的使用也会加速 CO 的解离，使碳物种在催化剂表面沉积，堵塞活性中心，使催化剂失活。

（3）颗粒的长大。

铁基催化剂往往被用于中温和高温费—托合成条件（270~350℃），此外，费—托合成反应是强放热反应，这些因素会导致铁颗粒在反应过程中发生迁移并长大，使催化剂活性中心数目减少，导致催化剂失活。

（4）硫化物中毒。

用于铁基催化剂的合成气可能来自生物质转化，这种合成气中残余的 S 物种会与铁活性中心产生强相互作用，使催化剂失活。

铁催化剂在反应过程中复杂的微环境是铁催化剂构效关系研究的主要障碍。也是对失活机制研究的主要障碍。对铁催化剂在反应过程中物相的调控和稳定是提高铁催化剂寿命的方法之一。此外，结构助剂的使用能有效防止碳化铁颗粒的团聚和烧结，提高催化剂寿命。然而，对于抑制铁催化剂失活方面的研究工作还有很长的路要走。关键在于表面 C—O—H 物种的反应微平衡的精准控制。

3.4.3　镍基催化剂

事实上，相比钴基和铁基催化剂，镍基催化更早地被用于 CO 加氢反应。早在 1902 年，Sabatier 和 Senderens 就发现镍催化剂可以催化 CO 加氢生成 CH_4。后来，Vannice 等研究发现，如果利用 TiO_2 作为载体负载镍催化剂能够不仅能提高催化剂活性，还能使催化剂产物向高碳产物偏移，生成更多的 C_{2+} 产物。近期，Ma 等通过调控 TiO_x 与 Ni 之间的相互作用，成功将催化剂的 C_{2+} 选择性提高到了 60% 以上。尽管如此，Ni 基催化剂由于过高的甲烷选择性仍然很难被广泛应用。一些研究使用 Ni—Co 或 Ni—Fe 合金作为催化剂以提高 C_{5+} 产物选择性，但是并未取得令人满意的结果。

3.4.4　钌基催化剂

尽管由于价格昂贵的缘故并未被用于工业生产，但是钌（Ru）基催化剂依旧是实验室基础研究的热点之一。因为其具有远高于 Fe 基和 Co 基催化剂的活性和重质烃选择性，且可以在较低温度下催化合成气转化（170℃）。Ru 催化剂具有显著的结构敏感性。尺寸和晶型的改变都能显著影响催化剂活性能选择性。Gonzalez 和 Carballo 等研究发现，当 Ru 颗粒尺寸小于 10nm 时催化剂本征活性会明显降低，原因是小颗粒的 Ru 与 CO 作用较强，会掩蔽部分活性位点。Ma 等考察了 Ru 晶型对费—托合成催化剂性能的影响。他们发现面心立方（fcc）Ru 上有大量势垒适中的开放面层，而传统密排六方结构（hcp）Ru 上只有少数势垒较低的台阶面，所以（fcc）Ru 具有更高的催化活性。Wang 等利用经过改性的处理的 ZSM-5 分子筛作为载体负载 Ru 颗粒，催化合成气反应得到了高达 79% 的汽油段产物选择性，甲烷选择性仅有 5.9%。利用碳纳米管负载 Ru 颗粒可以得到高选择性的柴油产物（$C_{12} \sim C_{20}$）。

3.4.5　铑基催化剂

铑（Rh）基催化剂同样由于昂贵的价格难以被广泛应用于工业生产。不仅如此，其 CO 加氢活性也远不如 Ru 催化剂。此外，铑基催化剂催化 CO 加氢的产物大部分为氧化物而不是烃类。所以，早期有许多关于利用铑催化剂催化 CO 加氢合成乙醇的工作。其他的大部分工作，铑都是作为助剂加入 Co 催化剂，以提高其还原度和分散度。

3.5　产物分布调控

3.5.1　费—托合成制低碳烯烃

低碳烯烃（乙烯、丙烯、丁烯）是石油和化学工业中最重要的基本化工原料，在国民经济生产中占据着至关重要的位置。低碳烯烃（fischer-tropsch synthesis to oefins，FTO）不仅是高分子合成中的重要单体，也是合成树脂、合成橡胶、塑料和合成纤维的最主要原料。低碳烯烃的产量，尤其乙烯产量是衡量一个国家的经济发展水平的重要标志。在工业范围内，乙烯和丁烯主要应用于塑料产业中，而丁二烯是生产合成橡胶的重要原料。2012 年，欧洲超过 60% 的乙烯都用来生产聚乙烯。同时乙烯也被用来生产其他塑料产品，如聚氯乙烯（polyvinyl chloride，PVC）、聚苯乙烯（polystyrene，PS）及 ABS（acrylonitrile butadiene styrene）塑料等。此外，低碳烯烃还可用来生产高附加值的中间化学品，如乙苯、环氧乙烷和二氯化乙烯等，环氧乙烷可进一步生产得到乙二醇，这是化纤行业中生产聚酯的重要原料。此外，低碳烯烃还可用来生产醇类等化工原料，例如丙烯可用于制备环氧丙烷等。

在欧洲和亚洲，乙烯主要由石脑油和汽油的裂解得到。而在加拿大和中东地区，乙烯通过乙烷脱氢或丙烷丁烷的裂解得到。就世界范围来看，乙烯的商业化生产主要还是基于石脑油裂解过程。与此同时，丙烯通常是作为石脑油裂解生产的伴生产品或者从炼油过程中得到，特别是从流化床催化裂化（FCC）过程中得到。另外，丁烯以及丁二烯也是作为石脑油或汽油裂解生产乙烯和丙烯装置的副产，然后通过 C_4 产物抽提等方法得到。

由于我国一直是富煤、贫油、少气的能源格局，石油资源相对匮乏，对进口的依赖不断提高。另外，低碳烯烃下游需求广泛、产业链长，随着我国经济水平的快速发展，对低碳烯烃的需求快速的增长。由于我国石油工业基础薄弱，对低碳烯烃的需求缺口依然巨大。截至2020年，若按当量需求计算，仍有超过 50% 的乙烯及 40% 的丙烯需要从国外进口。因此，结合我国的能源现状，如果可经由合成气（可经煤炭气化得到）生产低碳烯烃，将具有重大的经济价值，符合国家能源可持续发展重大战略需求。

由合成气转化制低碳烯烃的技术路线有很多种，如图 3-5 所示。技术路线主要可分为两种，一种是间接路线，即先合成甲醇或二甲酸等中间体，然后通过甲醇制烯烃（methanol to olefins，MTO）或二甲醚制烯烃（dimethyl ether to light olefins，DMTO）过程实现转化的过程。另一种为直接合成路线，即由费—托合成反应直接制备低碳烯烃。所有的间接转化路线（MTO、DMTO 或 MTP 过程）都包含了多个步骤的过程，增加了设备投资及能源消耗。与费—托合成油的裂解、MTO 及 DMTO 相比，由合成气经费—托合成路线直接转化到低碳烯烃的过程是一个很有意义的发展方向。

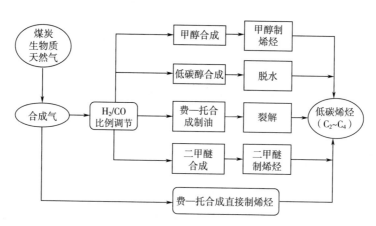

图 3-5　合成气制低碳烯烃工艺路线

传统费—托合成催化剂通常用来催化合成气生产清洁燃料，产物大多为直链烷烃。其中 $C_5 \sim C_{11}$ 为汽油段，$C_{12} \sim C_{20}$ 为柴油段，C_{20} 以上为蜡品。甲烷和低碳的烷烃通常被认为是副产物。低碳烯烃尽管附加值高，但是选择性极低，若不对催化剂结构加以调控，低碳烯烃选择性通常不超过 10%。即使对催化剂结构加以优化，达到 ASF 分布的极限，低碳烯烃选择性也仅有 52% 左右。

铁基催化剂链增长概率较低，加氢能力较弱，易于修饰，比较适合用来催化合成气生产低碳烯烃。de jong 等利用 $\alpha\text{-}Al_2O_3$ 作为载体，负载氧化铁颗粒。通过 S 和 Na 等助剂的修饰，使催化剂低碳烯烃选择性达到了 61%。说明对铁催化剂的金属载体相互作用，电子结构等加以调控，催化剂低碳烯烃选择性可以达到理论的极限。

研究人员还进一步研究了 S 和 Na 的含量，Fe 颗粒尺寸以及载体等因素对催化剂低碳烯烃选择性的影响。设计铁基催化剂催化合成气生产烯烃，表面电子结构至关重要。碱金属助剂如 K、Na 等都能有效增加催化剂表面碱度抑制 CH_x 单体加氢，增加烯烃选择性。除此之外，N 以及 Mn 等助剂也能增强 CO 的吸附，弱化氢气解离，调控表面的实际 H/C 比例，提高低碳烯烃选择性。Bao 等利用石墨烯作为载体，在石墨烯表面修饰 N 助剂，用以负载氧化铁颗粒。催化剂在 340℃，0.5MPa 的条件下，在 CO 转化率为 21% 的时候可以实现 49.6% 的低碳烯烃选择性，催化剂在 90h 内保持稳定。

通过原位的 XAS（X-ray absorption spectrum）分析，研究人员发现 N 助剂可以起到给电子的作用，同时提高了催化剂的活性和低碳烯烃选择性。Wang 等利用碳纳米管为载体，负载氧化铁颗粒，利用 Mn 和 K 修饰之后，催化剂低碳烯烃选择性达到了 50.3%。Liu 等制备了 Fe_3O_4 纳米碳球，再对碳球进行了修饰实现了高达 60% 的低碳烯烃选择性，他们发现 Mn 的修饰量对催化剂低碳烯烃选择性至关重要。Qiao 等利用石墨作为载体，负载氧化铁颗粒，通过修饰 K 助剂以抑制中间体的过度加氢，实现了高达 68% 的低碳烯烃选择性。

需要指出的是，相对于 Co 基催化剂，Fe 基费—托合成催化剂具有较高的水煤气变换反应活性，导致催化剂 CO_2 选择性较高，而碱金属助剂有利于水煤气变换反应的活性。所以，若一个 Fe 催化剂催化合成气生成低碳烯烃的选择性较高，则它的 CO_2 选择性也会较高。例如，在 Qiao 等报道的石墨烯负载的 K 修饰的 Fe 催化剂中，CO_2 选择性高达 49%。降低 CO_2 选择性的关键是抑制水煤气变换反应活性。为了达到这个目的，Qiao 等利用 Mg 修饰了催化剂。经过修饰的催化剂低碳烯烃选择性基本不变，但是 CO_2 选择性降低到了 40%。需要指出的是，我们通常所说的低碳烯烃选择性指的是低碳烯烃在烃类产物中的占比，并未包含 CO_2。所以对于一个 CO_2 选择性高达 40% 的催化剂而言，碳的整体利用率仍有待提高。

Co 基催化剂通常用来催化合成气生成汽油或柴油组分，C_{5+} 选择性是主要目标。Co 基催化剂的表面性质也决定了其只能用来生产重质烃类。但是通过 Co 催化剂进行碱金属修饰，金属 Co 会在反应过程中形成 Co_2C 物种。Zhong 等发现通过调控 Co_2C 形貌可以调控。他们利用沉积沉淀法制备了 CoMn 催化剂，利用 Na 对催化剂进行了修饰。催化剂显示出了高达 51% 的低碳烯烃选择性，CH_4 选择性仅有 5%。烯烃/烷烃（o/p 比值）高达 30 以上。对催化剂活化和反应中的物相进行了追踪，发现反应过程物相发生了复杂的转变。还原后得到的 Co^0 会在反应过程中逐步被碳化为 Co_2C。

此外，催化剂中的 Mn 和 Na 会促进 Co_2C 的形成，并诱导其形貌演化为主要暴露（101）和（020）晶面的纳米棱柱。CH_4 作者指出，Co_2C 的这两个晶面是催化合成气形成低碳烯烃的活性位点。主要暴露（111）晶面的纳米球的主要产物的 CH_4。在后续的研究中发现 Mn 和 Na 的存在都对 Co_2C 棱柱的形成至关重要，此外，Co_2C 颗粒的尺寸也对催化剂最终的低碳烯烃选择性有很大影响。需要指出的是，Co_2C 同样也是水煤气变换反应的活性物种，在催化合成气转化为低碳烯烃的同时 CO_2 选择性仍然高达 45%。为了降低 CO_2 选择性，研究人员先将 CoMn 颗粒利用 Al 进行修饰，然后保护疏水 SiO_2 层，成功抑制了水煤气反应，降低了 CO_2 选择性，但是催化剂低碳烯烃选择性也有所降低。

3.5.2 功能催化剂调控产物选择性

3.5.2.1 多级孔分子筛负载活性组分制备高辛烷值产品

如前文所述，费—托合成反应的 C—C 偶联过程本质上遵循聚合机理，在传统钴基以及铁基催化剂的开放表面，C—C 偶联过程难以抑制（如图 3-6）。导致产物分布广泛，呈现 ASF 分布。为了调控催化剂产物分布，打破 ASF 分布，研究者将分子筛组分引入了催化剂的设计中，拟利用其特殊的孔道结构以及酸位点将产物进行二次加工，得到更多的异构以及烯烃组分。

多级孔分子筛具有特殊的孔道结构，骨架中的微孔尺寸中存在高浓度酸位点，能有效催化烯烃偶联，烷烃骨架异构化以及长链烃裂解等反应。Kim 等以多级孔 MFI 结构分子筛为载体，搭载 Co 纳米颗粒，成功调控了催化剂产物分布，使异构烷烃选择性高达 28% 以上。王野等利用 Y 型分子筛负载不同 Co 颗粒，通过调控分子筛酸性和 Co 颗粒大小，使催化剂 C_{10} ~ C_{15} 段选择性达到了 85%。最近，王野等利用 Li、Na、K 等元素置换的 Y 分子筛负载钴用于费—托合成反应，研究发现，通过精确调控分子筛的 B 酸位点能成功将钴催化剂的产物分布控制在汽油和航天柴油段，打破 ASF 分布。

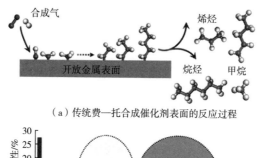

（a）传统费—托合成催化剂表面的反应过程

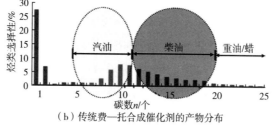

（b）传统费—托合成催化剂的产物分布

图 3-6　传统费—托合成催化剂表面的反应过程和产物分布

3.5.2.2 分子筛包裹活性组分

使活性金属表面的产物通过分子筛孔道进行二次反应（裂化、异构化等）是改变费—托合成产物分布的重要途径。利用分子筛对活性组分进行包裹可以尽可能增加反应一次产物与分子筛孔道中酸位点的接触概率，改变反应产物选择性。Noritatsu Tsubaki 等利用 H-beta 分子筛包覆 Co/Al_2O_3 催化剂，大幅度提高了催化剂产物中的异构烷烃选择性。定明月等利用 ZSM-5 分子筛包裹了 FeMn 催化剂，成功利用合成气制备了芳烃。

3.5.2.3　氧化物—分子筛体系

长久以来，精准调控费—托合成催化剂产物选择性，实现合成气的定向转化一直是学术上亟待解决的难题。关键在于 C—C 偶联和加氢过程在开放的金属表面难以被精准调控，导致 CH_4 和 C_{5+} 选择性过高。近年来发展的氧化物—分子筛双功能催化剂使 CO 解离和 C—C 偶联过程分别在两个不同的活性位点上进行，且将偶联反应限域在分子筛微孔孔道内部，通过调控分子筛的酸性和孔道性质能有效实现催化剂选择性的调控。氧化物—分子筛功能催化剂的开发大大拓宽了合成气转化乃至碳分子转化的思路。

低碳烯烃是非常重要的化工基础原料，主要来源为石脑油的裂解和烷烃的脱氢。通过费—托合成过程利用合成气直接制取低碳烯烃具有重要的学术价值。然而受 ASF 分布限制，传统费—托合成催化剂催化合成气转化为低碳烯烃的选择性通常不超过51%。2016 年，大连化物所包信和院士课题组设计了 $ZnCrO_x$—SAPO-34 功能催化剂，使 CO 活化和 C—C 偶联过程分别发生在两个独立的活性位点上，有效抑制了 CH_4 的和 C_{5+} 的生成，催化剂低碳烯烃选择性超过了80%，甲烷选择性被限制在了5%以下。他们发现合成气先于氧化物表面生产乙烯酮，乙烯酮再于分子筛孔道内部生产烯烃。

同年，厦门大学王野教授课题组利用 $ZnZrO_x$—SAPO-34 功能催化剂也使低碳烯烃选择性达到了76%。研究发现，氧化物组分表面的氧空位司职 CO 活化，Zn 位点负责 H_2 的活化，合成气在氧化物组分表面形成 CH_3OH 中间体，CH_3OH 扩散至分子筛孔道，发生脱水、偶联反应。SAPO-34 分子筛特殊的 CHA 孔道和适当的酸性对于形成低碳烯烃至关重要。此外，两组分的匹配温度、空间距离等对产物选择性也有很大影响。

氧化物组分负责 CO 与 H_2 的活化，形成中间体，分子筛孔道内的酸位点将中间体再加工，可形成目标产物。利用合适的氧化物，SAPO-34 分子筛匹配即有望实现高的低碳烯烃选择性。包信和院士课题组利用 MnO_x 物种作为 CO 活化组分，与 SAPO-34 分子筛耦合，在 400℃ 下同样使低碳烯烃选择性达到了79%。SSZ-13 拥有与 SAPO-34 同样的 CHA 结构，王野教授课题组利用 $ZnZrO_x$ 与 SSZ-13 分子筛耦合，在 CO 转化率为27%的水平下，使低碳烯烃选择性高达78%。H—MOR 拥有八元环和十二元环两种孔道，包信和院士课题组发现，如果提前毒化 MOR 的十二元环，能有效限制功能催化剂对 C_{3+} 产物的选择性，他们将 $ZnCrO_x$ 与毒化了 12 元环的 MOR 耦合，使催化剂对单一乙烯的选择性达到了73%。他们再次强调反应的中间体为烯酮而不是甲醇。下面列出了近期利用氧化物—分子筛催化剂催化合成气制低碳烯烃的相关信息。

苯、甲苯和二甲苯（BTX）是非常重要的化工原料，可用来生产合成橡胶、合成树脂等众多化工产品，主要来源是石脑油的重整。发展其他碳基资源生产芳烃技术，减少对石油的依赖具有重大意义。我国发展的煤制芳烃技术是先将煤基资源转化为甲醇，再利用甲醇制芳烃（MTA），催化剂一般为 H—ZSM-5。甲醇先在分子筛酸位点上脱水形成二甲醚，二甲醚脱水形成烯烃，烯烃在孔道内部发生环化脱氢形成芳烃。利用传统费—托合成催化剂催化合成气直接转化为芳烃选择性一般较低。最近，王野教授课题组利用氧化物—分子筛功能催化剂的思路，设计了 $ZnZrO_x$—H—ZSM-5 功能催化剂，在 CO 转化率为20%的水平下使芳烃选择性达到了 80%，且与工业上易失活的 MTA 催化剂不同，功能催化剂显示出了优异的稳定性，运行 1000h 无明显失活现象。研究表明，合成气先于氧化物表面生产甲醇和二甲醚中间产物，中间产物扩散至分子筛孔道内形成烯烃，进一步形成芳烃。

可以看到，合成气可以在合适的氧化物表面生产甲醇和二甲醚，甲醇和二甲醚再于分子筛孔道内发生 MTA 反应。但是烯烃物种其实是二甲醚转化为芳烃的关键中间产物。也就是说如果合成气在氧化组分上先生产烯烃，烯烃扩散至 H—ZSM-5 孔道内的酸位点，同样可以生成芳烃产物。北大马丁教授课题组利用 Zn—Fe—Na 催化剂作为产生烯烃的组分，利用改性的 H—ZSM-5 为分子筛组分，设计了功能催化剂。催化剂在 CO 转化率高达 88.8% 的水平下芳烃的选择性达到了 50.6%，二氧化碳选择性不超过 28%。可以看到，利用传统费—托合成活性金属作为 CO 活化组分，虽然催化剂芳烃选择性有所降低，但是可以大大提高功能催化剂活性，降低二氧化碳选择性，使产率提高。定明月等设计了 $Fe_3O_4@MnO—ZSM-5$ 功能催化剂，催化剂在 CO 转化率超过 90% 的水平下芳烃选择性高达 57%。

利用传统费—托合成催化剂催化合成气转化难以得到高选择性的 C_{2+} 氧化物。最近，王野教授课题组在功能催化剂的基础上设计出了 CuZnAl/ZSM-5｜MOR 功能催化剂（"｜"代表利用石英棉隔离催化剂）。在 200℃，3MPa，$H_2/CO=1$ 的条件下使乙酸甲酯和乙酸的选择性高达 87%，CO 转化率为 11%。合成气先于 CuZnAl 组分上形成甲醇，甲醇于 ZSM-5 分子筛上脱水形成二甲醚，二甲醚和未反应完的甲醇最后于 MOR 分子筛上发生羰基化反应分别形成乙酸甲酯和乙酸。他们提出了"催化接力"的概念，利用 $ZnAlO_x$ 作为高温下的甲醇合成催化剂，下游放入 MOR 分子筛使甲醇发生脱水和羰基化，形成乙酸甲酯和乙酸，再于下游放入 $ZnAlO_x$ 可使乙酸甲酯和乙酸脱水形成乙醇，乙醇选择性高达 60%。下游再填入 MOR 分子筛可以使乙醇进一步脱水形乙烯，选择性高达 65%。在此基础上，他们设计出了 $K^+—ZnO—ZrO_2$｜H—MOR—DA-12MR｜Pt—Sn/SiC 三功能催化剂，可以使合成气直接制取乙烯的选择性高达 90%。

由上文可知，氧化物—分子筛功能催化剂中的分子筛组分的孔道和酸性质能很大程度上决定产物选择性。基于分子筛微孔孔道特有的择型效应，通过改变分子筛孔道特性，调控中间产物在孔道内的反应，有望实现最终产物的调控。最近，包信和院士课题组设计出了 $Zn-CrO_x—H—ZSS-39$ 功能催化剂，利用 ZSS-39 分子筛特殊 AEI 结构中的八元环孔道以及 Si—P—Al 酸性位点可以使单一丙烷选择性达到 80%，CO 转化率高达 63%。

费—托合成催化剂上的偶联过程本质上服从聚合机理，使产物分布整体服从 ASF 分布，除甲烷外很难获得高选择性的单一产物。Fujimoto 教授课题组很早就致力于合成气制异构烷烃的研究。在早期的研究中，他们将 ZSM-5 分子筛混入 Co/SiO_2 催化剂，发现 ZSM-5 的加入能有效降低催化剂重质烃选择性，并提高异构烷烃选择性。在 $H_2:CO=3$ 的富氢条件下，Co/SiO_2 催化剂的烯烃选择性被抑制，ZSM-5 组分的作用是使产生的长链烃加氢裂化。在随后的研究中，他们制备了由 $Cu/ZnO/ZrO_2/Al_2O_3$（CZZA）复合氧化物和 H-beta 组成的双功能催化剂，可以使单一异丁烷选择性高达 50%，但是催化剂会因为积碳迅速失活，将 H-beta 骨架内置换少量的 Pd 之后催化剂稳定性和选择性进一步提高，单一异构丁烷选择性能高达

80%。$Cu/ZnO/ZrO_2/Al_2O_3$ 可以有效催化合成转化为 CH_3OH，分子筛酸位点催化 CH_3OH 偶联脱水形成 CH_3OCH_3，CH_3OCH_3 在分子筛酸位点上进一步反应生成异丁烷，Pd 的氢溢流作用对中间产物的加氢异构化有关键作用。

3.6　费—托合成催化剂的制备方法

费—托合成催化剂的制备方法影响着活性位点的颗粒大小，分散与落位以及与载体助剂的相互作用。因此，催化剂的性能与其制备方法息息相关。制备过程一般包括前驱体的选择，载体的选择以及前驱体的沉积与分解。下面介绍一些常见的费—托合成催化剂的制备方法。

3.6.1　浸渍法

浸渍法是制备负载型钴基催化剂最常用的方法之一。在利用浸渍法制备催化剂时，首先将指定浓度的活性金属的盐溶液滴加到干燥的多孔载体上，使盐溶液通过毛细作用进入载体孔道，最后铺满载体表面。在一定真空度下旋转干燥，最后通过焙烧使金属盐分解，获得负载型催化剂。浸渍法虽然过程简单，但是载体的性质，包括载体的亲疏水性、孔道大小与形状以及表面电子性质都能影响活性金属的分布与落位，最后影响催化性能。

3.6.2　沉积—沉淀法

沉积—沉淀法（deposition-precipitation，DP 法）是将需负载的目标金属溶液添加至载体（通常为金属氧化物或多孔碳材料）悬浊液中，形成混合均匀的悬浮液，在充分搅拌的条件下，控制一定的温度和 pH，使目的金属沉积在载体表面上，随后进行过滤、洗涤、干燥、焙烧等处理，得到负载有目的金属的催化剂。通过沉积—沉淀法可获得高负载量，高分散度的负载型催化剂。沉积—沉淀法的关键在活性金属盐在载体表面的沉积过程。所以，整个过程对于溶液中 pH 控制非常重要，以防止金属盐的氢氧化物沉积在载体之外。

3.6.3　共沉淀法

共沉淀法是将活性金属盐，金属氧化物载体的前驱体盐以及助剂盐均匀溶解，加入沉淀剂使其共同沉淀，然后经过干燥焙烧形成负载型催化剂。对于相对廉价的铁基催化剂，铁负载量可以较高（可高于 50%），共沉淀法是最常用的方法。铁基催化剂通常需要加入结构助剂（SiO_2、Al_2O_3 等），电子助剂（K、Na、Mn 等）以及还原性助剂（通常为 Cu）。利用共沉淀法可以将各种金属阳离子均匀溶解在同一溶液中，然后共同沉淀，所制备的催化剂相对均一。

3.6.4　溶胶—凝胶法

溶胶—凝胶法是用含高化学活性组分的化合物作前驱体，在液相下将这些原料均匀混合，并进行水解、缩合化学反应，在溶液中形成稳定的透明溶胶体系，溶胶经陈化胶粒间缓慢聚合，形成三维网络结构的凝胶，凝胶网络间充满了失去流动性的溶剂，形成凝胶。凝胶经过干燥、烧结固化制备出分子乃至纳米亚结构的材料。通过溶胶凝胶法可制备出活性金属高度分散、高比表面、孔结构丰富的多组分催化剂。溶胶凝胶法常用来制备多组分的费—托合成铁基催化剂。Kang 等人比较了利用沉积—沉淀法，溶胶凝胶法以及浸渍法制备 Fe—Al—K 催化剂的结构和性能，发现利用溶胶—凝胶法制备的催化剂比表面最大，而且显示出了最优的催化性能。

参考文献

［1］2020 年 BP 世界能源统计年鉴［M］. 北京：中国统计出版社，2020.

［2］DRY M E. The Fischer-Tropsch Process：1950—2000［J］. Catalysis today，2002，71（3-4）：227-241.

［3］FISCHER F. The synthesis of petroleum at atmospheric pressures from gasification products of coal［J］. Brennst-off-Chemie，1926，7：97-104.

［4］STROCH H H. The Fischer-Tropsch and Related Synthesis［M］. 1951.

［5］DAVIS B H. Fischer-Tropsch synthesis：reaction mechanisms for iron catalysts［J］. Catalysis Today，2009，141（1-2）：25-33.

［6］ANDERSON R B. Fischer-tropsch reaction mechanism involving stepwise growth of carbon chain［J］. The Journal of Chemical Physics，1951，19（3）：313-319.

［7］ANDERSON R B. Schulz-flory equation［J］. Journal of Catalysis，1978，55（1）：114-115.

［8］LI X. One-step synthesis of H-β zeolite-enwrapped Co/Al_2O_3 Fischer-Tropsch catalyst with high spatial selectivity［J］. Journal of Catalysis，2009，265（1）：26-34.

［9］YAMANE N. Building premium secondary reaction field with a miniaturized capsule catalyst to realize efficient synthesis of a liquid fuel directly from syngas［J］. Catalysis Science & Technology，2017，7（10）：1996 2000.

［10］PENG X. Impact of hydrogenolysis on the selectivity of the Fischer-Tropsch synthesis：diesel fuel production over mesoporous zeolite-Y-supported cobalt nanoparticles［J］. Angewandte Chemie International Edition，2015，54（15）：4553-4556.

［11］BEZEMER G L. Cobalt particle size effects in the Fischer-Tropsch reaction studied with carbon nanofiber supported catalysts［J］. Journal of the American Chemical Society，2006，128（12）：3956-3964.

［12］LIU J X. Crystallographic dependence of CO activation on cobalt catalysts：HCP versus FCC［J］. Journal of the American Chemical Society，2013，135（44）：16284-16287.

［13］LIU C. Synthesis of γ-Al_2O_3 nanofibers stabilized Co_3O_4 nanoparticles as highly active and stable Fischer-Tropsch synthesis catalysts［J］. Fuel，2016，180：777-784.

［14］RANE S. Effect of alumina phases on hydrocarbon selectivity in Fischer-Tropsch synthesis［J］. Applied Catalysis A：General，2010，388（1-2）：160-167.

［15］WEI L. Fischer-Tropsch synthesis over a 3D foamed MCF silica support：Toward a more open porous network of cobalt catalysts [J]. Journal of Catalysis, 2016, 340: 205-218.

[16] LIU C. Hydrothermal carbon-coated TiO$_2$ as support for Co-based catalyst in Fischer-Tropsch synthesis [J]. ACS Catalysis, 2018, 8 (2): 1591-1600.

[17] BATLEY G E. Studies of topochemical heterogeneous catalysis: 3. Catalysis of the reduction of metal oxides by hydrogen [J]. Journal of Catalysis, 1974, 34 (3): 368-375.

[18] HÉLINE K. Structure and catalytic performance of Pt-promoted alumina-supported cobalt catalysts under realistic conditions of Fischer-Tropsch synthesis [J]. Journal of catalysis, 2011, 277 (1): 14-26.

[19] TAKEUCHI K. Synthesis of C$_2$-oxygenates from syngas over cobalt catalysts promoted by ruthenium and alkaline earths [J]. Applied catalysis, 1989, 48 (1): 149-157.

[20] REINIKAINEN M. Characterisation and activity evaluation of silica supported cobalt and ruthenium catalysts [J]. Applied Catalysis A: General, 1998, 174 (1-2): 61-75.

[21] SCHANKE D. Study of Pt-promoted cobalt CO hydrogenation catalysts [J]. Journal of Catalysis, 1995, 156 (1): 85-95.

[22] IGLESIA E. Bimetallic synergy in cobalt ruthenium Fischer-Tropsch synthesis catalysts [J]. Journal of Catalysis, 1993, 143 (2): 345-368.

[23] GUCZI L. Bimetallic catalysis: CO hydrogenation over palladium-cobalt catalysts prepared by sol/gel method [J]. Journal of Molecular Catalysis A: Chemical, 1999, 141 (1-3): 177-185.

[24] KANG J. Iridium boosts the selectivity and stability of cobalt catalysts for syngas to liquid fuels [J]. Chem, 2022, 8 (4): 1050-1066.

[25] ENACHE D I. In situ XRD study of the influence of thermal treatment on the characteristics and the catalytic properties of cobalt-based Fischer-Tropsch catalysts [J]. Journal of Catalysis, 2002, 205 (2): 346-353.

[26] JACOBS G. Fischer-Tropsch synthesis: support, loading, and promoter effects on the reducibility of cobalt catalysts [J]. Applied Catalysis A: General, 2002, 233 (1-2): 263-281.

[27] MORALES F. Mn promotion effects in Co/TiO$_2$ Fischer-Tropsch catalysts as investigated by XPS and STEM-EELS [J]. Journal of Catalysis, 2005, 230 (2): 301-308.

[28] WELLER S. The role of bulk cobalt carbide in the Fischer—Tropsch synthesis1 [J]. Journal of the American Chemical Society, 1948, 70 (2): 799-801.

[29] DUCREUX O. Microstructure of supported cobalt Fischer-Tropsch catalysts [J]. Oil & Gas Science and Technology-Revue de l'IFP, 2009, 64 (1): 49-62.

[30] KARACA H. Structure and catalytic performance of Pt-promoted alumina-supported cobalt catalysts under realistic conditions of Fischer-Tropsch synthesis [J]. Journal of catalysis, 2011, 277 (1): 14-26.

[31] GNANAMANI M K. Fischer-Tropsch synthesis: Activity of metallic phases of cobalt supported on silica [J]. Catalysis today, 2013, 215: 13-17.

[32] PATANOU E. The impact of sequential H$_2$-CO-H$_2$ activation treatment on the structure and performance of cobalt based catalysts for the Fischer-Tropsch synthesis [J]. Applied Catalysis A: General, 2018, 549: 280-288.

[33] TSAKOUMIS N E. Structure-Performance Relationships on Co-Based Fischer-Tropsch Synthesis Catalysts: The More Defect-Free, the Better [J]. ACS Catalysis, 2018, 9 (1): 511-520.

[34] DU H. Constructing efficient hcp-Co active sites for Fischer-Tropsch reaction on an activated carbon supported

cobalt catalyst via multistep activation processes [J]. Fuel, 2021, 292: 120244.

[35] ZHANG C H. Study on the iron-silica interaction of a co-precipitated Fe/SiO₂ Fischer-Tropsch synthesis catalyst [J]. Catalysis Communications, 2006, 7 (9): 733-738.

[36] WAN H J. Study on Fe－Al₂O₃ interaction over precipitated iron catalyst for Fischer－Tropsch synthesis [J]. Catalysis Communications, 2007, 8 (10): 1538-1545.

[37] PÉREZ-ALONSO F J. Relevance in the Fischer-Tropsch Synthesis of the formation of Fe—O—Ce interactions on Iron-Cerium mixed oxide systems [J]. The Journal of Physical Chemistry B, 2006, 110 (47): 23870-23880.

[38] DE SMIT E. The role of Cu on the reduction behavior and surface properties of Fe-based Fischer-Tropsch catalysts [J]. Physical Chemistry Chemical Physics, 2010, 12 (3): 667-680.

[39] CHEN W. Effect of confinement in carbon nanotubes on the activity of Fischer-Tropsch iron catalyst [J]. Journal of the American Chemical Society, 2008, 130 (29): 9414-9419.

[40] SUN Z. A general chelate-assisted co-assembly to metallic nanoparticlesincorporated ordered mesoporous carbon catalysts for Fischer－Tropsch synthesis [J]. Journal of the American Chemical Society, 2012, 134 (42): 17653-17660.

[41] CHENG Y. Mg and K dual-decorated Fe-on-reduced graphene oxide for selective catalyzing CO hydrogenation to light olefins with mitigated CO₂ emission and enhanced activity [J]. Applied Catalysis B: Environmental, 2017, 204: 475-485.

[42] CHEN X. N－doped graphene as an electron donor of iron catalysts for CO hydrogenation to light olefins [J]. Chemical Communications, 2015, 51 (1): 217-220.

[43] GALVIS H M T. Effects of sodium and sulfur on catalytic performance of supported iron catalysts for the Fischer-Tropsch synthesis of lower olefins [J]. Journal of Catalysis, 2013, 303: 22-30.

[44] RAUPP G B. Mössbauer investigation of supported Fe and FeNi catalysts: Ⅱ. Carbides formed Fischer-Tropsch synthesis [J]. Journal of Catalysis, 1979, 58 (3): 348-360.

[45] DE SMIT E. Stability and reactivity of ϵ-χ-θ iron carbide catalyst phases in Fischer-Tropsch synthesis: Controlling μC [J]. Journal of the American Chemical Society, 2010, 132 (42): 14928-14941.

[46] YANG C. Fe₅C₂ nanoparticles: a facile bromide-induced synthesis and as an active phase for Fischer-Tropsch synthesis [J]. Journal of the American Chemical Society, 2012, 134 (38): 15814-15821.

[47] LIU Y. Manganese-modified Fe₃O₄ microsphere catalyst with effective active phase of forming light olefins from syngas [J]. ACS catalysis, 2015, 5 (6): 3905-3909.

[48] HUO C F. Insight into CH₄ formation in iron-catalyzed Fischer-Tropsch synthesis [J]. Journal of the American Chemical Society, 2009, 131 (41): 14713-14721.

[49] CHENG J. Density functional theory study of iron and cobalt carbides for Fischer-Tropsch synthesis [J]. The Journal of Physical Chemistry C, 2009, 114 (2): 1085-1093.

[50] XU K. ε-Iron carbide as a low-temperature Fischer-Tropsch synthesis catalyst [J]. Nature Communications, 2014, 5: 5783-5791.

[51] CHANG Q. Relationship between iron carbide phases (ε-Fe₂C, Fe₇C₃, and χ-Fe₅C₂) and catalytic performances of Fe/SiO₂ Fischer-Tropsch catalysts [J]. ACS Catalysis, 2018, 8 (4): 3304-3316.

[52] ABBASLOU R M M. Effect of pre-treatment on physico-chemical properties and stability of carbon nanotubes supported iron Fischer-Tropsch catalysts [J]. Applied Catalysis A: General, 2009, 355 (1-2): 33-41.

［53］NIU L. Effect of potassium promoter on phase transformation during H_2 pretreatment of a Fe_2O_3 Fischer Tropsch synthesis catalyst precursor ［J］. Catalysis Today, 2020, 343: 101-111.

［54］WEI Y. Enhanced Fischer-Tropsch performances of graphene oxide-supported iron catalysts via argon pretreatment ［J］. Catalysis Science & Technology, 2018, 8 (4): 1113-1125.

［55］VOSOUGHI V. Effect of pretreatment on physicochemical properties and performance of multiwalled carbon nanotube supported cobalt catalyst for Fischer-Tropsch Synthesis ［J］. Industrial & Engineering Chemistry Research, 2016, 55 (21): 6049-6059.

［56］PENDYALA V R R. Fischer-Tropsch synthesis: effect of activation gas after varying Cu promoter loading over K-promoted Fe-based catalyst ［J］. Catalysis letters, 2014, 144: 1624-1635.

［57］BUKUR D B. Activation studies with a precipitated iron catalyst for Fischer-Tropsch synthesis: I. Characterization studies ［J］. Journal of Catalysis, 1995, 155 (2): 353-365.

［58］BUKUR D B. Activation studies with a precipitated iron catalyst for Fischer-Tropsch synthesis: II. Reaction studies ［J］. Journal of Catalysis, 1995, 155 (2): 366-375.

［59］BUKUR D B. Pretreatment effect studies with a precipitated iron Fischer-Tropsch catalyst ［J］. Applied Catalysis A: General, 1995, 126 (1): 85-113.

［60］WANG C. Tuning Fischer-Tropsch synthesis product distribution toward light olefins over nitrided Fe-Mn bimetallic catalysts ［J］. Fuel, 2023, 343: 127977.

［61］Vannice M A. Metal-support effects on the activity and selectivity of Ni catalysts in COH_2 synthesis reactions ［J］. Journal of Catalysis, 1979, 56 (2): 236-248.

［62］XU M. Boosting CO hydrogenation towards C_{2+} hydrocarbons over interfacial TiO_{2-x}/Ni catalysts ［J］. Nature Communications, 2022, 13 (1): 6720.

［63］LI T. Study on an iron-nickel bimetallic Fischer-Tropsch synthesis catalyst ［J］. Fuel processing technology, 2014, 118: 117-124.

［64］XU K. ε-Iron carbide as a low-temperature Fischer-Tropsch synthesis catalyst ［J］. Nature communications, 2014, 5 (1): 5783.

［65］CARBALLO J M G. Catalytic effects of ruthenium particle size on the Fischer-Tropsch Synthesis ［J］. Journal of catalysis, 2011, 284 (1): 102-108.

［66］LI W Z. Chemical insights into the design and development of face-centered cubic ruthenium catalysts for Fischer-Tropsch synthesis ［J］. Journal of the American Chemical Society, 2017, 139 (6): 2267-2276.

［67］KANG J. Mesoporous zeolite-supported ruthenium nanoparticles as highly selective Fischer-Tropsch catalysts for the production of C_5-C_{11} isoparaffins ［J］. Angewandte Chemie International Edition, 2011, 50 (22): 5200-5203.

［68］KANG J. Ruthenium nanoparticles supported on carbon nanotubes as efficient catalysts for selective conversion of synthesis gas to diesel fuel ［J］. Angewandte Chemie International Edition, 2009, 48 (14): 2565-2568.

［69］GAO J. Relationships between oxygenate and hydrocarbon formation during CO hydrogenation on Rh/SiO_2: Use of multiproduct SSITKA ［J］. Journal of Catalysis, 2010, 275 (2): 211-217.

［70］TORRES GALVIS H M. Catalysts for production of lower olefins from synthesis gas: a review ［J］. ACS catalysis, 2013, 3 (9): 2130-2149.

［71］XU Z. Analysis of China's olefin industry using a system optimization model considering technological learning and energy consumption reduction [J]. Energy, 2020, 191: 116462.

[72] XU Z. Analysis of China's olefin industry with a system optimization model-With different scenarios of dynamic oil and coal prices [J]. Energy Policy, 2019, 135: 111004.

[73] 陈嵩嵩. 煤基大宗化学品市场及产业发展趋势 [J]. 化工进展, 2020, 39 (12): 5009-5020.

[74] TORRES GALVIS H M. Supported iron nanoparticles as catalysts for sustainable production of lower olefins [J]. science, 2012, 335 (6070): 835-838.

[75] TORRES GALVIS H M. Iron particle size effects for direct production of lower olefins from synthesis gas [J]. Journal of the American Chemical Society, 2012, 134 (39): 16207-16215.

[76] OSCHATZ M. Ordered mesoporous materials as supports for stable iron catalysts in the Fischer-Tropsch synthesis of lower olefins [J]. ChemCatChem, 2016, 8 (17): 2846-2852.

[77] OSCHATZ M. Systematic variation of the sodium/sulfur promoter content on carbon-supported iron catalysts for the Fischer-Tropsch to olefins reaction [J]. Journal of energy chemistry, 2016, 25 (6): 985-993.

[78] CHEN X. N-doped graphene as an electron donor of iron catalysts for CO hydrogenation to light olefins [J]. Chemical Communications, 2015, 51 (1): 217-220.

[79] WANG D. Modified carbon nanotubes by $KMnO_4$ supported iron Fischer-Tropsch catalyst for the direct conversion of syngas to lower olefins [J]. Journal of Materials Chemistry A, 2015, 3 (8): 4560-4567.

[80] LIU Y. Manganese-modified Fe_3O_4 microsphere catalyst with effective active phase of forming light olefins from syngas [J]. ACS catalysis, 2015, 5 (6): 3905-3909.

[81] CHENG Y. Fischer-Tropsch synthesis to lower olefins over potassium-promoted reduced graphene oxide supported iron catalysts [J]. ACS catalysis, 2016, 6 (1): 389-399.

[82] CHENG Y. Mg and K dual-decorated Fe-on-reduced graphene oxide for selective catalyzing CO hydrogenation to light olefins with mitigated CO_2 emission and enhanced activity [J]. Applied Catalysis B: Environmental, 2017, 204: 475-485.

[83] ZHONG L. Cobalt carbide nanoprisms for direct production of lower olefins from syngas [J]. Nature, 2016, 538 (7623): 84-87.

[84] LI Z. Effects of sodium on the catalytic performance of CoMn catalysts for Fischer-Tropsch to olefin reactions [J]. ACS catalysis, 2017, 7 (5): 3622-3631.

[85] GONG K. Size effect of the $Co_xMn_{1-x}O$ precursor for Fischer-Tropsch to olefins over Co_2C-based catalysts [J]. Catalysis Science & Technology, 2021, 11 (15): 5232-5241.

[86] AN Y. Morphology control of Co_2C nanostructures via the reduction process for direct production of lower olefins from syngas [J]. Journal of Catalysis, 2018, 366: 289-299.

[87] KIM J C. Mesoporous MFI zeolite nanosponge supporting cobalt nanoparticles as a Fischer-Tropsch catalyst with high yield of branched hydrocarbons in the gasoline range [J]. ACS Catalysis, 2014, 4 (11): 3919-3927.

[88] LI J. Integrated tuneable synthesis of liquid fuels via Fischer-Tropsch technology [J]. Nature Catalysis, 2018, 1 (10): 787-793.

[89] XU Y. Selective conversion of syngas to aromatics over Fe_3O_4@MnO_2 and hollow HZSM-5 bifunctional catalysts [J]. ACS Catalysis, 2019, 9 (6): 5147-5156.

[90] JIAO F. Selective conversion of syngas to light olefins [J]. Science, 2016, 351 (6277): 1065-1068.

[91] Cheng K. Direct and highly selective conversion of synthesis gas into lower olefins: design of a bifunctional cata-

lyst combining methanol synthesis and carbon-carbon coupling [J]. Angewandte chemie international edition, 2016, 55 (15): 4725-4728.

[92] ZHU Y. Role of manganese oxide in syngas conversion to light olefins [J]. ACS catalysis, 2017, 7 (4): 2800-2804.

[93] LIU X. Design of efficient bifunctional catalysts for direct conversion of syngas into lower olefins via methanol/ dimethyl ether intermediates [J]. Chemical Science, 2018, 9 (20): 4708-4718.

[94] JIAO F. Shape-selective zeolites promote ethylene formation from syngas via a ketene intermediate [J]. Angewandte Chemie International Edition, 2018, 57 (17): 4692-4696.

[95] CHENG K. Bifunctional catalysts for one-step conversion of syngas into aromatics with excellent selectivity and stability [J]. Chem, 2017, 3 (2): 334-347.

[96] ZHAO B. Direct transformation of syngas to aromatics over Na-Zn-Fe$_5$C$_2$ and hierarchical HZSM-5 tandem catalysts [J]. Chem, 2017, 3 (2): 323-333.

[97] ZHOU W. Direct conversion of syngas into methyl acetate, ethanol, and ethylene by relay catalysis via the intermediate dimethyl ether [J]. Angewandte Chemie International Edition, 2018, 57 (37): 12012-12016.

[98] KANG J. Single-pass transformation of syngas into ethanol with high selectivity by triple tandem catalysis [J]. Nature communications, 2020, 11 (1): 827.

[99] LI G. Selective conversion of syngas to propane over ZnCrO$_x$-SSZ-39 OX-ZEO catalysts [J]. Journal of Energy Chemistry, 2019, 36: 141-147.

[100] LI C. Synthesis gas conversion to isobutane-rich hydrocarbons over a hybrid catalyst containing Beta zeolite-role of doped palladium and influence of the SiO$_2$/Al$_2$O$_3$ ratio [J]. Catalysis Science & Technology, 2015, 5 (9): 4501-4510.

[101] XIAO J. Toward fundamentals of confined catalysis in carbon nanotubes [J]. Journal of the American Chemical Society, 2015, 137 (1): 477-482.

第4章 液相有机反应催化剂

4.1 概述

多相催化剂具有良好的稳定性和易分离回收性，广泛应用于化学、食品、药、汽车以及石油等多种工业。多相系统反应按照反应物-催化剂的相态可以分为：气—固反应、气—液反应、液—固反应、固—固反应和气—液—固反应等。本章主要讨论以液相有机物为反应物，在固相催化剂的作用下发生的催化反应中用到的催化剂。具体地，针对液相有机催化反应中的催化氧化、催化加氢和偶联反应中常用催化剂的制备、特点，以及相关的反应机理进行介绍。

4.2 液相催化氧化催化剂

在《环境学词典》一书中，液相催化氧化的定义为"在催化反应中，催化剂在液相（液态）反应物中进行的均相氧化作用"。氧化反应在整个有机化学品生产中所占比例超过30%，为各类反应过程中最高。本节主要介绍具有代表性的分子氧、双氧水以及2,2,6,6-四甲基哌啶-氮-氧自由基（TEMPO）等有机催化体系中的选择氧化催化体系。

4.2.1 分子氧氧化催化剂

在多相氧化反应中，以空气或者分子氧为氧化剂，因其反应过程原子经济性较高、绿色环保，成为化学工作者研究的热点。分子氧在催化剂上的吸附和活化产生活性物质是关键步骤（图4-1）。根据维格纳自旋选择规则，将基态 O_2 活化为高能氧物种（如 O_2、$\cdot OH$ 和 $^1O_2$）在氧化反应中是非常可取的。当 O_2 被活化时，O_2 的动力学稳定态会降低，因为它的自旋三线基态会改变，反键轨道被填满。活性 O 的活化行为、种类（如 O_2、O）及分布对其催化选择性也有很大影响。在某些情况下，金属表面一些原子氧的存在可提高 O_2 的吸附和解离速率，这可以归因于金属原子在表面重构过程中的释放。

4.2.1.1 碳基催化剂催化分子氧氧化

在非金属材料催化的多相反应中，相当大的一部分是氧化反应。一个可能的原因是很多非金属材料表面含有一些含氧官能团，这些官能团能够活化氧气，产生活性氧物种或者自由

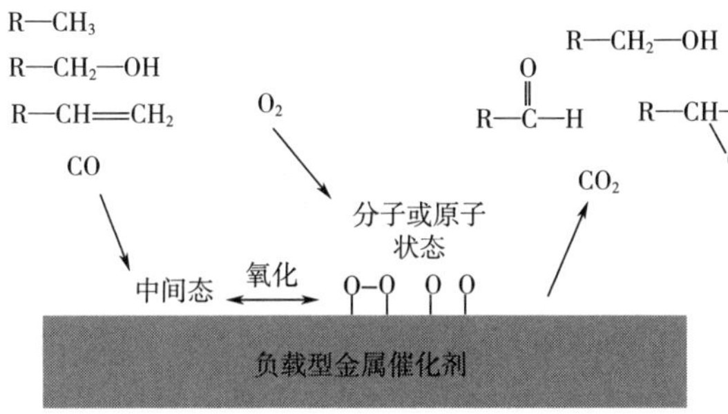

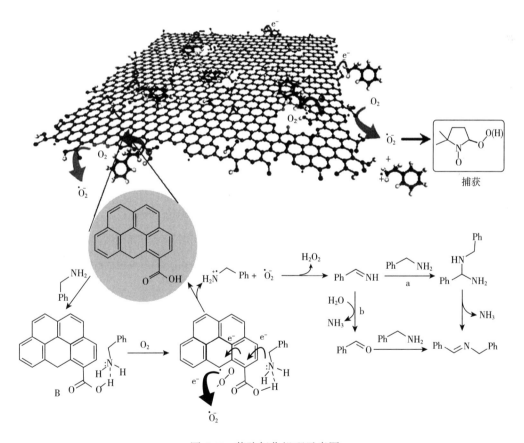

图 4-1 氧化反应过程示意图

基从而驱动一些氧化反应。新加坡 Kian Ping Loh 教授课题组利用氧化石墨烯，可以有效地催化苄胺氧化到亚胺。研究者对氧化石墨烯催化剂进行了非常细致的结构表征和机理研究，反应机理如图 4-2 所示，氧化石墨烯中的—COOH 官能团和石墨烯的边缘位点起到了协同作用来活化 O_2，从而催化苄胺氧化偶联到亚胺。

图 4-2 苄胺氧化机理示意图

Gupta 等将富含氮的碳纳米管（N—CNT）作为甘油氧化制备的催化材料，氧化剂为叔丁基过氧化氢。结合理论计算对催化反应机理进行分析，认为碳基质中的吡啶氮是该反应的活性位点，甘油的氧化过程首先是吡啶基团被氧化，随后与甘油仲位上脱除的氢结合，得到产物二羟基乙酸酯。

对氮的含量而言，材料的导电性一般会随着氮含量的提高呈现先升后降的趋势。这是因为一定含量的氮原子掺杂进入碳材料骨架后，可以为导带提供更多的自由电子，从而实现材料导电性能的提升；但如果氮含量过高，则会使碳材料整体骨架结构坍塌、缺陷位增多，导致材料导电性降低。对于不同类型的氮，石墨氮的引入会在一定程度上增加材料 n 型电导率；吡啶氮增加会导致材料缺陷增多，从而降低电导率。通过对多种类型的碳材料（如碳纳米片、碳纳米纤维及金属负载型碳材料）结构进行改性，可以实现氮掺杂碳材料的制备。由于氮组分的引入，氮掺杂碳材料具有特殊结构，与传统催化剂相比具有更多的优势。氮组分的引入可有效调控催化剂整体的酸碱性质和浸润性，改善其对反应物或产物分子的活化能力。

王心晨等用 mpg-C$_3$N$_4$ 作为光催化剂，在可见光的照射下，100 ℃、8 bar❶的高压氧气氛中，以三氟甲苯为溶剂，实现了芳基醇氧化成对应的醛酮。除此之外，马丁教授报道了氧化石墨烯催化苯的氧化到苯酚（氧化剂为过氧化氢）。在催化苯氧化到苯酚的反应中，二维结构的石墨烯能够以平面的方式吸附苯分子，从而提高产物中苯酚的选择性。

4.2.1.2 非贵金属氧化物催化分子氧氧化

非贵金属氧化物催化剂的研究日益受到重视。徐杰等报道了 VOSO$_4$、NaO$_2$ 催化体系催化醇的氧化，发现该体系对芳香醇的选择氧化非常有效，苯环上取代基的电子效应对氧化效率无明显影响，反应历程涉及 V^{IV}/V^V 的氧化—还原循环。该体系的优点是不怕水，少量水还能够缩短反应的诱导期，促进反应的进行。该组还研究了 Cu（NO$_3$）$_2$/VOSO$_4$ 催化氧化 5-羟甲基糠醛，室温反应 48h，原料定量转化为 2,5-二醛基呋喃（图 4-3）。

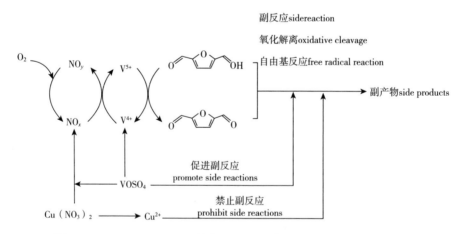

图 4-3　Cu（NO$_3$）$_2$/VOSO$_4$ 催化 5-羟甲基糠醛氧化制 2,5-二醛基呋喃

铜在醇氧化中具有另一个重要能力，即催化脱氢能力。铜不仅可以催化醇高温脱氢，反应条件温和时在催化脱氢方面，也取得了一些进展。Ravasio 等将铜负载到三氧化二铝上，以

---

❶　1bar＝100kPa。

醛或酮为氢受体，催化氧化多种醇都取得了很高的转化率和选择性，钒催化剂具有非常好的稳定性和循环性。

Suib 等报道了锰氧化物八面体分子筛 H—K—OMS-2 催化以空气为氧化物的醇选择氧化，该催化剂用于氧化芳香醇和烯丙醇的收率都很高，且可重复使用。Ni—Al 水滑石催化剂能够用于烯丙基醇、芳香醇和 α-酮醇的氧化，在氧化 α-苯乙醇时循环使用 6 次仍能保持高的催化活性。王峰等研究了 Mo—V—O 氧化物在醇氧化反应中的活性，发现该催化剂可以氧化伯醇生成醛，且苯环上取代基对氧化效率有明显的影响，而仲醇则发生脱水反应生成烯烃。

4.2.1.3 贵金属催化剂催化分子氧氧化

Pd、Ru、Au、Pt 等贵金属催化剂在醇氧化中表现出独特的催化性能。Pt 用于水相醇氧化具有优异的催化活性，通常以 Pt/C、Pt/Al$_2$O$_3$ 等负载型催化剂，用于醇羟基的催化氧化。Ken Griffin 等采用 5% 的 Pt 与 1% 的 Bi 负载在活性炭上，以水为溶剂、空气为氧化剂，高效地实现了仲醇氧化生成酮。使用苯甲醇还原负载在 PS—PEG 氨基树脂上的 Pt 盐，合成了平均直径为 5.9nm 的 Pt 纳米粒子，实现了水相氧化苄醇、烯丙醇、脂环醇，且能实现催化剂的循环使用。

在贵金属家族中，Au 表现出明显的尺寸效应。Tsukuda 将 Au 纳米粒子负载到聚乙烯吡咯烷酮（PVP）上，应用于醇的氧化反应，当反应在 300K 的水相中进行时，可以将芳香醇选择性氧化成芳醛，但对于脂肪醇效果不好。动力学实验结果表明：1.3nm 的 Au 粒子活性远远高于 9.5nm 的 Au 粒子，这说明 O$_2$ 在催化剂上的吸附是影响催化效果的关键因素。

为提高 Au 催化剂的催化性能，多数研究从优化负载型 AuNPs 的结构入手。Ketchie 等运用硼氢化钠还原法将平均粒径为 5~42nm 的 Au 纳米颗粒负载在活性炭上用来催化甘油氧化反应。研究表明催化剂的转换频率（turn over frequency，TOF）与 Au 颗粒的大小密切相关：5nm 的 AuNPs 催化剂的 TOF 是粒径大于 20nm 的 AuNPs 催化剂的 7 倍。然而，较小的 Au 颗粒具有较低的 GA 选择性，这是因为在甘油氧化过程中 H$_2$O$_2$ 的生成速率高，导致更多的 C—C 键在粒径小的 Au NPs 催化剂上的断裂。

负载型 Au 催化剂的性能除了受 AuNPs 颗粒大小的影响外，还与载体的性质有关。Rodrigues 等指出活性炭（AC）表面含氧酸基团降低了活性炭的电子密度和电导率，不利于碳负载 Au 在甘油氧化反应中的催化活性（图 4-4）。与之对应的是，碱性无氧载体提高了催化活性，得益于载体上离域的 π-电子具有较高的电子迁移率，促进了氢氧化物的吸附和再生。该课题组进一步对碳纳米管进行氧化修饰，研究发现：在甘油转化率为 20% 时，未进行氧修饰的多壁碳纳米管负载的 Au 催化剂的甘油酸选择性为 60%，高于具有富氧载体负载的 Au 催化剂的 40%。

载体的氧空位、碱性、尺寸等都对 Au 纳米粒子产生强烈的影响。比如，负载在 CeO$_2$ 上的纳米 Au 是一种性能独特的催化剂，Au/CeO$_2$ 不仅能高选择性地氧化醇生成相应的羰基化合物，而且在无溶剂、常压条件下活性也非常高。因而，在 Ce 上的活性氧空位作用下产生的带正电荷的 Au，可能参与了氧化过程（图 4-5）。

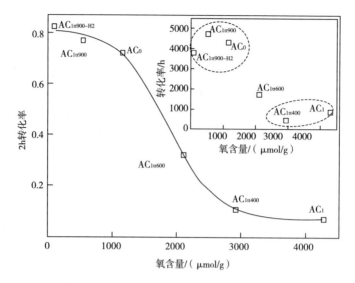

图 4-4　甘油的转化率随 Au/AC 中活性炭上含氧量的变化趋势

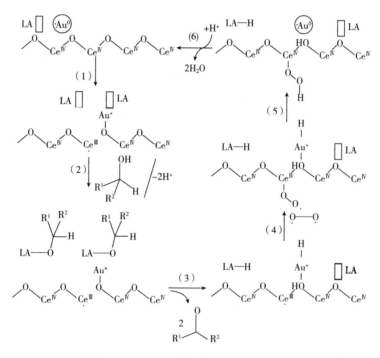

图 4-5　Au/CeO$_2$ 催化氧化醇的反应历程

大量使用碱是 Au 催化醇氧化面临的另一大问题。在反应体系中加入 NaOH 等碱助剂，可以加快羟基脱氢反应速率，避免羧酸产物在催化剂表面吸附和毒化，曹勇等将 Au 纳米粒子负载在 Ga—Al 复合氧化物上，在 80℃ 和常压下，以甲苯为溶剂，能够实现多种醇的选择氧化。在无溶剂、无碱性添加剂的条件下，160℃ 可高活性催化氧化 α-苯乙醇，TOF 值达到 25000h^{-1}。

O$_2$ 在金纳米颗粒表面有三种吸附模式，第一种是弱相互作用 end-on 模式，仅存在于小颗粒上的低配位金原子上，这种吸附模式从催化角度来说是不利的。第二种是 top-bridge-top 模式，这种模式在所有金颗粒上都是稳定的；第三种是 bridge-bridge 模式，需要四个金原子排列在金表面上。金属颗粒的大小对其吸附能有较大影响，从而影响分子氧的活化解离能力。bridge-bridge 构象具有最高的分子活化程度和最低的 O_2 解离能垒。

对于氧的吸附，电子从表面到氧分子的转移是必不可少的，其主要影响因素包括氧覆盖度、氧空位和原子结构或其在氧化物表面上的位置。O_2 在金属表面的活化很大程度上取决于其电子、几何和能量性质。O_2 的活化程度可通过表面金属原子的配位数来确定，O_2 更容易在配位数较低的位点上被活化。此外，金属-载体界面、共吸附物、碱性/水条件均有助于 O_2 的活化。一般来说，由于电子结构的不同，O_2 在各种金属表面上的表现各异。例如，原子氧有利于 Ag 和 Au 表面上的烯烃环氧化，而分子氧有利于 Cu 表面上的丙烯环氧化。Cong 等报道，与纳米颗粒相比，具有部分正电荷的单原子 Pd 位点表现出更好地活化烯丙醇和 O_2 的能力。Zhang 等报道了单原子对醇的氧化表现出比相应的纳米颗粒更高的活性和选择性，这是因为单原子催化剂中最大限度暴露的界面位点促进了 O_2 的活化。此外，一些惰性金属表现出更好的氧化选择性，其选择性取决于催化剂表面的氧覆盖程度。而活性较强的金属通常选择性较差，氧气可以钝化其表面。因此，表面结合的 O_2 的氧化态可能会影响其催化反应性和选择性。分子氧的活化可以通过几种处理方式来实现，如还原性处理、光解等。此外，氧对烃分子的亲电进攻而形成的产物的类型取决于氧吸附的形式。

4.2.1.4　单原子催化剂催化分子氧氧化

为了提高金属的利用率，通过将金属纳米颗粒的尺寸减小到纳米/亚纳米团簇，甚至单个原子的尺度，以增大催化剂与底物的接触概率，从而达到更优异的催化性能。2011 年，张涛院士、刘景月教授与李隽教授共同提出了"单原子催化"的概念，单原子催化剂（single atom catalysts，SACs）即是指载体上的所有金属组分都以单原子分散的形式存在，不存在同原子之间的金属—金属键，是一种特殊的负载型金属催化剂。

金属颗粒随着尺寸越小，表面自由能随之增大，当尺寸降至单原子时，由于表面能很大而极易发生团聚。单原子的电子性质和催化性能很大程度上取决于它和载体中氧原子、氮原子等的配位情况。因此，选择合适的载体对成功制备单原子材料而言非常重要。制备单原子催化剂使用的载体主要分为两大类：①氧化物，包含金属氧化物如 FeO_x、CeO_2 和 Al_2O_3，含氧配体的 PMA（磷钼酸，$H_3PO_4 \cdot 12MoO_3$）和 ZSM-5 分子筛（$Na_4Al_4Si_{92}O_{192}$），以及借由碱金属阳离子 Na^+ 和 K^+ 稳定的沸石和二氧化硅；②碳材料，如石墨烯、碳纳米管、碳量子点、C_3N_4，利用碳材料中掺杂的 N、S、P 与金属 M 原子形成 MN_x、MS_x 来锚定金属原子。除此之外，还可以在金属载体上形成单原子-合金催化剂。

由于氧化物载体中锚定位点少，因而制备的催化剂中单原子含量不高。而碳基单原子材料中，碳基底不仅为金属原子提供稳定的基底，金属原子与相邻碳原子之间强的界面相互作用，还可以调控金属原子的电荷密度和电子结构，从而使得相邻碳原子形成了额外的活性位。

近年来，碳基纳米材料被发现可用于各类需要贵金属催化的过程，其新颖的催化特性有望对传统的贵金属催化剂进行革命性的突破，在节约贵金属资源、提高化工过程可持续性方面具有巨大潜力。其中，过渡金属/氮/碳（铁、钴、镍等，M/N/C）单原子催化剂成为研究的热点，其成本较低，容易合成，在氧还原反应（oxygen reduction reaction，ORR）、析氧反应（oxygen evolution reaction，OER）、析氢反应（hydrogen evolution reaction，HER）和二氧化碳电还原反应（CO_2 reduction reaction，CO_2RR）等电化学反应与氧化和加氢等有机合成反应中都表现出优异的性能，被寄希望于取代贵金属催化剂。

M/N/C 碳基催化剂通常是用过渡金属盐作金属前驱体，和含氮配体形成配合物，再与载体一起，在惰性或者 NH_3 氛围下高温热解制得。但是，目前常使用邻菲罗啉等含氮配体价格较高，不利于工业化大规模制备。并且，虽然已有研究表明 M/N/C 碳基催化剂为单原子催化剂，但对其结构的具体表征还不够清晰，不利于加深对催化剂活性位点和催化机理的认识，阻碍了对催化剂的理性设计。

经典的碳基单原子催化剂 M—N—C（M = Fe、Co、Ni、Mn）最早由金属过渡金属大环化合物高温煅烧而来，这种大环化合物通常是钴或者铜的钛菁类大环化物，非贵金属原子 M 一般同 4 个 N 或 C 原子配位存在于碳原子骨架中（图 4-6）。早在 1964 年，Jasinski 将一系列金属钛菁化合物作为燃料电池的阴极催化剂，发现它们在碱性电解液中的 ORR 性能良好且稳定。但是 H. Alt 等发现在酸性电解液中这种过渡金属大环化合物的 ORR 稳定性不佳。为了解决这个问题，Yeager 课题组通过热解四甲氧基苯基卟啉钴（Co-TMPP）得到了 Co—N—C，该碳材料不仅 ORR 活性高，且有较好的稳定性。M—N—C 催化剂靠热解昂贵的过渡金属大环化合物的方法逐渐被优化，研究者们将过渡金属前驱体（如过渡金属的硝酸盐、乙酸盐等）和含氮配体（1，10-邻菲罗啉、2-2 联吡啶、苯胺等）同碳载体（活性炭、导电炭黑、碳纳米管、石墨烯等）混合，在惰性气体或者氨气氛围下高温热解同样可以制备得到 M—N—C。

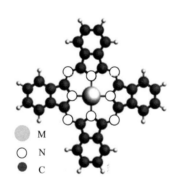

图 4-6　钛菁类化合物结构示意图

胡劲松团队以湿化学法为基础，开发了一种简便的级联保护的锚定新策略，制备得到金属负载量质量分数高达 12.1% 的多种单原子金属催化剂 M—N—C SACs（M = Mn、Fe、Co、Ni、Cu、Mo、Pt）。第一级保护来自络合剂如葡萄糖，它能使金属离子之间分离并锚定于含氧的碳载体上；第二级保护来自载体上过量的络合剂对金属络合物的物理隔离；第三级保护来自高温热解过程中约 500℃ 时生成的金属络合物；第四级保护是高温热解过程中，温度高于 600℃时三聚氰胺分解生成的 CN_x，它可与络合物分解的金属原子形成 $M—N_x$，同时也可以与裂解生成的碳在载体表面形成多孔碳网络，从而原位锚定 $M—N_x$ 并使其暴露成为有效的催化位点。如此层层保护下制备得到的单原子催化剂 Fe—N—C SACs 在 0.1mol/L KOH 电解质中显示出优异的 ORR 电催化活性，其半波电位为 0.90V（vs. RHE），在 0.9V 时动态质量电流为 100.7A/g；Ni—NC SACs 还能催化 CO_2 高效电还原，且在法拉第效率为 89% 时，在电压为 −0.85V 时具有 30mA/cm^2 的高电流密度。

邓德会等通过高能球磨将酞菁铁分子与石墨烯纳米片均匀混合，巧妙地利用 N 原子与石墨烯 C 原子之间强的共价键，使得 N 原子作为一个"锚"来稳定配位不饱和的铁中心，形成了 O=FeN$_4$=O 活性中心。制备得到了质量分数为 4% 的单原子催化剂 FeN$_4$/GN，在反应温度为 25℃甚至 0 时都可以将苯催化氧化生成苯酚。之后，又将同样的制备方法推广到 Mn、Fe、Co、Ni、Cu 等元素，制备得到了一系列单原子催化剂。

4.2.2　有机物氧化体系催化剂

4.2.2.1　TBHP 催化氧化

付洪权等研究在叔丁基过氧化氢（TBHP）作为氧化剂时，用掺氮碳材料催化苯乙烯环氧反应。在吡啶氮和石墨氮的协同作用下，苯乙烯选择性氧化（SOR）得到环氧苯乙烷（SO）和苯甲醛（Bza）。SO 是精细化工和医药品制备环节中的关键中间体，传统的合成方法中，SO 主要由卤醇法或过氧酸直接氧化法制得，不可避免地会产生大量的含卤废水，会造成严重的环境污染，同时对设备产生腐蚀。而在 TBHP 作为氧化剂时，采用非金属催化剂不仅可以达到制备 SO 的目标，还能减少对环境的压力（图 4-7）。因而掺氮碳材料是一个研究热点，前期研究认为石墨氮与活性相关，是催化反应的活性位，而在该研究中，通过实验和 DFT 计算相结合的方法，研究了吡啶氮和石墨氮催化苯乙烯的环氧化机制，揭示了在高氮掺杂量时吡啶氮和石墨氮的协同作用，该协同作用改变了反应的途径和反应活性。

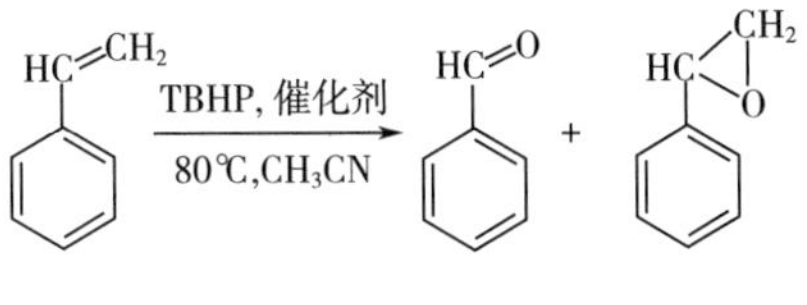

图 4-7　苯乙烯选择性氧化

具体的反应步骤如下（图 4-8）：①TBHP 首先吸附在 NCNT 表面并被活化，获得羟基（HO·）和叔丁基氧基自由基 $[(H_3C)_3CO·]$；②$(H_3C)_3CO·$ 与溶液中的苯乙烯反应，生成环氧苯乙烷和叔丁基自由基 $(H_3C)_3C·$；③$(H_3C)_3CO·$ 氧化后的 $(H_3C)_3C·$ 与 TBHP 分解的 HO·反应，形成叔丁醇，释放到溶剂中；④反应①中释放的 HO·与 TBHP 反应生成 HO$_2$·和叔丁醇，·OOH 可能吸附在氮原子相邻的 sp^2 杂化碳原子上；⑤·OOH 被掺氮材料活化生成 HO·和活性氧物种，该活性氧物种与苯乙烯反应，生成环氧苯乙烷；⑥HO·可能进一步与·OOH 反应生成 H_2O 和·O—O·；⑦副产物苯甲醛的生成。

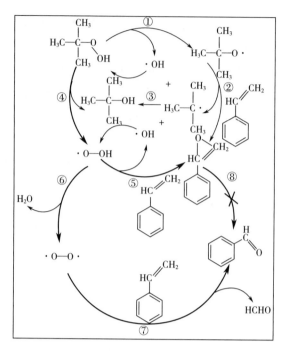

图 4-8 叔丁基过氧化氢（TBHP）氧化苯乙烯的反应机理

4.2.2.2 TEMPO 催化氧化

近年来，有机催化剂在醇氧化反应中的应用发展迅速，其中具有代表性的有机催化剂是 2,2,6,6-四甲基哌啶-N-氧自由基（TEMPO），这是一种具有分解过氧化氢、捕获自由基、猝灭激发态等多重作用的高稳定性自由基。在醇的选择性氧化中，醛酮的过度氧化一般是自由基反应，利用 TEMPO 的特点，使醇的氧化停留在醛酮，避免过度氧化进行。TEMPO 催化醇氧化的机理如图 4-9 所示。

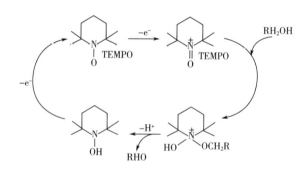

图 4-9 TEMPO 催化醇氧化的反应机理

1965 年，TEMPO 用于醇氧化，Golubev 报道了氮氧正离子作为氧化剂，将伯醇氧化成醛。后来发现用 TEMPO 生成的氮氧正离子可以氧化伯醇、仲醇及二醇。TEMPO 用于催化则是以间氯过氧苯甲酸、过氧硫酸盐、高碘酸（H_5IO_3）、次氯酸钠等计量氧化剂为最终氢受体的。这些氧化剂可以将 TEMPO 氧化成 TEMPO$^+$，然后 TEMPO$^+$ 再氧化醇成相应的羰基化合物。最初，TEMPO 作为催化剂应用于醇氧化，是以 NaClO 为氧化剂。1984 年，Semmelnack 等报道了以分子氧为氧化剂，CuCl/TEMPO 催化醇到醛（酮）的氧化，转化频率（TOF）达到 $916h^{-1}$。自此之后，以过渡金属为助催化剂的催化体系被开发出来，实现了醇的高效选择氧化。其中，具有代表性的体系包括：Sheldon 等报道 Ru（PPh$_3$）$_3$Cl$_3$/TEMPO 可以平稳氧化活泼醇和非活泼醇到相应的醛或酮。

Bjorsvik 等发现 Mn（NO$_3$）$_2$、Co（NO$_3$）$_2$ 和 Cu（NO$_3$）$_2$ 作为助催化剂，可以氧化伯醇和仲醇为醛、酮。徐杰等报道了 VOSO$_4$/TEMPO 催化氧化醇羟基的新体系，该体系以分子氧为氧源，能够在较温和条件下氧化苄醇、脂肪仲醇等。因固体催化剂易于回收利用，采用固体金属氧化物作为助催化剂。该组利用共沉法制备的 CuMn 复合氧化物，可以促进分子氧为氧化剂的 TEMPO 催化醇氧化，该课题组以 VOPO$_4$/TEMPO 为催化剂、分子氧为氧源，在水溶液中实现了 3,4-二甲氧基—苯甲醇的选择性氧化。使用过渡金属作助催化剂，可能会带来含过渡金属的污染问题。最近报道的不含过渡金属的助催化剂体系，开辟了 TEMPO 催化氧分子选择氧化醇的新领域。

4.3　液相催化加氢催化剂

催化加氢是有机反应中较基本的反应，在工业生产及科学研究中有广泛的应用，也是催化学科中研究较为深入、广泛的反应。在高附加值的石油化工精细化学品生产、制药过程中，加氢反应具有极为重要的地位。催化加氢一般生成产物和水，不会生成其他副产物（副反应除外），具有很好的原子经济性。

选择性加氢是有机合成中最为关键的转化之一，从基础研究到工业生产都涉及该过程。一般来说，加氢主要有两种策略：一种是利用高压氢气直接加氢，另一种是氢供体作氢源对氢受体的催化转移加氢（CTH）。超临界催化加氢作为催化加氢前沿，本章也将作为一小节介绍。

4.3.1　H$_2$ 活化催化剂

在氧化反应中的重要步骤一般是氧气分子的活化，加氢反应中很重要的一步就是氢气分子的活化。

4.3.1.1　碳基催化剂催化 H$_2$ 活化

2014 年，西班牙 ITQ 研究所的 Hermenegildo Garcia 报道了利用石墨烯材料可以实现乙炔的选择性加氢。作者利用不同的石墨烯材料（包括氧化石墨烯、还原后的氧化石墨烯、掺杂的石墨烯等）来催化乙炔的选择性加氢反应（表 4-1）。如图 4-10 所示，还原后的氧化石墨烯表现出最好的活性和选择性。有趣的是，作者还发现如果向反应器中添加 CO$_2$，活性会明显提高；而如果添加 NH$_3$，活性就会下降。最后作者提出石墨烯上的受阻路易斯酸碱对是催化上述反应的活性位点。

表 4-1 催化性能

催化剂	转化率/%		产物分布/%				
	C_2H_2	C_2H_4	C_2H_4	C_2H_2	C_2H_6	C_4	C_{4+}
Gr	81.0	14.0	92.2	3.2	1.1	3.5	—
Gr*	99.0	21.0	91.6	0.9	1.2	6.3	—
GO	22.5	0	48.1	5.0	0.3	46.6	
rGO	87.5	4.7	55.1	1.2	1.3	42.4	—
(N) Gr	26.7	6.7	62.5	7.2	0.7	11.5	25.2
(P) Gr	14.6	2.7	72.7	8.8	0.7	17.7	0.1
(S) Gr	24.7	6.4	54.1	6.3	0.4	0.0	39.1

注 GO 氧化石墨烯；Gr, 石墨烯；rGO, 还原氧化石墨烯。

在乙烯过量九倍的情况下测试选择性乙炔氢化的催化结果。反应条件：$10\%C_2H_2$ 和 $90\%C_2H_4$；$(C_2H_2+C_2H_4):H_2 = 1:3$，$110℃$，7mg 催化剂，气体时空速度 14.600mL/(h·g)。

* $10\%C_2H_2$ 和 $90\%C_2H_4$；$(C_2H_2+C_2H_4):H_2 = 1:3$，$120℃$，7mg 催化剂，气体时空速度 7.800mL/(h·g)。

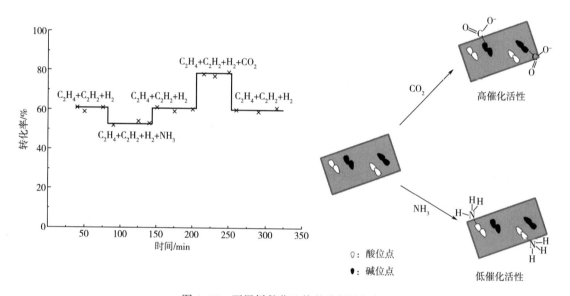

图 4-10 石墨烯催化乙炔的选择性加氢

除了炔烃和烯烃的选择性加氢，石墨烯还可以催化硝基苯的加氢。掺氮碳材料是催化硝基苯直接加氢合成苯胺的有效非金属催化剂。值得指出的是，上述这些加氢反应中，石墨烯或者其他碳材料的活性相比于金属材料（无论是贵金属还是 Fe、Co 这样的非贵金属）来说，活性都低好几个数量级，这是由碳材料的本征属性所决定。

4.3.1.2 贵金属催化剂选择性催化加氢

多相催化剂选择性加氢的研究多集中于活性中心的表面动态结构、反应物在活性中心的吸附与活化方式，及催化剂的结构—性能依存关系等。近年来，基于对催化作用本质和催化剂微观结构的深刻认知，贵金属催化剂多相选择性加氢的研发与应用取得了较大进展。但仍有几个问题需进一步深入探究：①金属—载体强相互作用（SMSI）产生的电子效应、几何效应和协同效应与加氢选择性的构—效关系；②氢气活化裂解方式、活性氢的稳定与迁移媒介和金属—载体相互作用的交叉对催化性能的影响。

常用的贵金属催化剂如下：

（1）Pd 基催化剂。

金属钯是催化加氢的能手。在石油化学工业中，乙烯、丙烯、丁烯、异戊二烯等烯烃类是重要的有机合成原料。由石油化工得到的烯烃含有炔烃及二烯烃等杂质，可将它们转化为烯烃除去。由于形成的烯烃容易被氢化成烷烃，必须选择合适的催化剂。钯催化剂具有很大的活性和极优良的选择性，常用作烯烃选择性加氢催化剂，如林德拉（Lindlar）催化剂（测定在 $BaSO_4$ 上的金属钯，加喹啉以降低其活性）。从乙烯中除去乙炔常用的催化剂是 0.03% Pd/Al_2O_3。在乙烯中加入 CO 可以改进 Pd/Al_2O_3 对乙炔的加氢选择性，并已工业化。甚至有工艺可将烯烃中的乙炔降至 1% 以下。常用的加氢反应钯催化剂有 Pd、Pd/C、$Pd/BaSO_4$、Pd/硅藻土、PdO_2、Ru—Pd/C 等。

在 Pd 基催化剂上，糠醛可发生选择加氢、氢解和脱羰反应。选择加氢产物糠醇是迄今为止较重要的糠醛衍生产品（占糠醛衍生产品总量的 65%）。糠醛分子在 Pd（111）表面上最稳定的吸附构象是呋喃环平放，并与金属表面强键合。由于其他的副反应（脱碳、氢解和环加氢等）不可避免，因此在单金属钯基催化剂上，糠醛转化生成糠醇的选择性很低。单金属钯催化剂较少用于糠醛加氢制糠醇研究。但是制备低负载量 Pd 基催化剂在较低反应温度和氢气压力下，选择加氢制糠醇反应是高效的。

Zhao 等研究在介孔二氧化硅上负载质量分数 5% Pd 催化剂，用于糠醛选择还原，转化率为 75%，糠醇产率为 70.9%。在低温高压（2℃，8MPa H_2）条件下，质量分数 1% Pd 1% Ir/SiO_2 的催化转化率为 61% 时，糠醇（FOL）产率可达 40.9%，催化剂中加入 Ir 有利于糠醛分子通过 C=O 基团一端吸附在催化剂表面。铜改性钯基催化剂具有良好的选择催化加氢性能。BiRadar 等在 MFI 型硅分子筛上负载质量分数 3% Pd 和 20% Cu 的双金属用于糠醛选择加氢，糠醛转化率 100% 时，FOL 选择性达到 91%。Scholz 等以 Fe_2O_3 为载体负载 Pd 后，用于催化氢转移反应，糠醛的转化率为 87%，FOL 产率为 50%。

（2）Ru 基催化剂。

Ru 基催化剂不仅应用于还原芳烃、α,β-不饱和醛、腈、糖类，CO 甲烷化以及多元醇还原氢解生成烷烃反应中，在还原转化呋喃类化合物，特别适用于在温和条件下（20~100℃，1.5~5MPa）催化还原糠醛。单金属 Ru 基催化剂即可高产率生成糠醇。Ru 纳米颗粒大小、Ru 与载体间的电子相互作用以及 RuO_x 的高还原性，都影响催化剂活性，且与载体的选择密切相关。

Chen 等报道了用浸渍法将 Ru 负载在锆掺杂的介孔二氧化硅（质量分数 5% Ru/MSN-Zr），在室温、0.5MPa 条件下反应，糠醛转化率为 88.5%，糠醇产率为 77.4%。与介孔通道较长的 MCM-41 和不掺杂 Zr 的介孔二氧化硅相比，其高活性来源于介孔孔道内存在高度稳定且缺电子 Ru 颗粒（粒径<2nm）。Gao 等用乙二胺铝的缩合与原位还原法制备得到 Ru/AlO

（OH）催化剂，得到高分散性 Ru 纳米颗粒，粒径分布窄，平均粒径在 $1.5 \sim 1.8$nm 之间，在 100℃催化糠醛与甲酸钾的氢转移反应，糠醇产率为 100%。因此，Ru 基催化剂的性能与纳米颗粒的高分散度密切相关，最佳的平均粒径为 1.8nm。

活性炭、炭黑、多壁碳纳米管（MWCNT）和还原态氧化石墨烯等碳材料广泛用作 Ru 基催化剂的载体。Gopiraman 等报道，RuO_2/MWCNT 在催化氢转移反应中，在 82℃下糠醛转化率为 78%，糠醇产率为 74%。Tan 等报道了一种高活性的碳负载 Ru 催化剂，即还原态氧化石墨烯（rGo）负载 Ru（质量分数 2%Ru/rGO），在 0.5MPa、20℃下，糠醛在水相中发生加氢反应，转化率为 96.5%，产率为 96.5%。由于 Ru_0 与载体 rGO 间的电子转移而形成的富电子 Ru_0 颗粒，以及高分散的 Ru 纳米颗粒（约 2nm）是催化剂高活性的原因。单独的纳米 Ru 基催化剂也可在温和的条件下参与反应，Herbois 等采用聚乙烯吡咯烷酮（PVP）稳定 Ru_0 纳米颗粒，在 1.0MPa、30℃时反应，转化率为 61%，糠醇的选择性为 90%。Ru 基催化剂用于选择催化糠醛，反应活性物种仍是一个有争议的问题。带正电荷的 Ru 团簇（$Ru^{\delta+}$），或 Ru 和 Ru^{3+} 的混合物被认为是活性物种。Tan 等认为富电子的 Ru 粒子是 Ru/rGO 中的活性物种。

（3）Pt 基催化剂。

铂是常用于 α,β-不饱和醛催化加氢反应的金属，在糠醛生产转化各方面有广泛应用。利用 Pt 基催化剂从糠醛生产糠醇，可以追溯至 1923 年由 Kaufmann 和 Adams 对铂黑进行的研究。大量的 Pt 基催化剂用于催化糠醛加氢反应。糠醛选择加氢反应的主要问题在于副反应（氢解、脱羧等）发生，为提高糠醇选择性，Pt 基催化剂常通过添加金属助剂、选择特殊载体固定 Pt 或控制 Pt 颗粒形貌来改善。

在金属助剂方面，Sn 是最有效的金属添加剂。Pt_3Sn/SnO_2/rGO 在 70℃、2MPa H_2 时，糠醇的产率达 98%。在气相反应中，PtSn@ $mSiO_2$ 的催化加氢性能优异，在 160℃下转化率为 100%，糠醇产率为 98%。这是由于 Sn 的加入在 PtSn 双金属体系中会产生几何效应（Pt 位稀释）和电子效应。Sn（0）本身不具有本征加氢活性，但 Pt 在形成 PtSn 合金后被分隔。通过从 Pt 到 PtSn 间的电子转移，对 Pt 进行改性，从而提高加氢速率。此外，Sn 是一种亲氧金属，其 Pauling 电负性低于 Pt（数值分别为 1.96 和 2.28）。加入 Sn 有利于糠醛羰基的极化和吸附，提高不饱和醇选择性。同时 Sn 离子也可作为 Lewis 酸中心，促进糠醛醛基激活。除 Sn 外，Re 也被认为是一种有效的金属助剂，但 Re 电正性较低，其催化加氢效果低于 Sn。其他的金属助剂也包括 Mo、Mn 和 Fe 等。

Pt 粒径分布和颗粒形貌也会影响催化产物的分布。Pushkarev 等在气相加氢反应中发现，较小的 Pt NPs（小于 2nm）有利于呋喃的生成，而较大的 PtNPs（$2.5 \sim 7.1$nm）有利于生成糠醇。八面体 PtNPs 促进糠醇的生成，立方 Pt NPs 催化生成等量的糠醇和呋喃两种产物。

载体的选择也是另一个显著影响产物分布的因素。SiO_2 作为载体时，能促进 α,β-不饱和醛选择加氢。以 TiO_2 为载体，相比于 SiO_2，负载 Pt 后，催化生成糠醇活性提高 50 倍，这是由于 TiO_2 表面的氧空位作为活化糠醛的活性中心，电子从还原态 Ti^{3+} 转移到 C ＝O 键，形成产物糠醇的中间体。

4.3.1.3　过渡金属催化剂选择性催化加氢

（1）Cu 基催化剂。

铜基催化剂是第一种用于糠醛加氢反应的催化体系，与贵金属相比，其加氢能力较低，但有利于选择性催化 C=O 键加氢，避免呋喃环加氢。糠醇是铜基催化剂用于糠醛加氢制得的主要产物，铜基催化剂包括：负载型单金属 Cu、Cu 的双金属（含 Co、Fe、Mg、Ca、Al 和 Zn）、铜铬酸盐和多孔铜氧化物。

糠醛气相加氢是工业生产糠醇的主要途径，最初以亚铬酸铜（$CuCr_2O_4 \cdot CuO$）为催化剂。但该催化剂中的铬有毒性，环境不友好，推动了无铬催化体系开发。在 Cu/SiO_2、Cu/MgO、Cu 掺杂的 ZnAl 氧化物、$Cu—CaO/SiO_2$ 等催化剂作用下都取得了高糠醇产率。多年来，Cu 基催化剂活性物种的本质一直是争论的焦点。多数学者认为 Cu^0 和 Cu^+ 的同时存在才能发生选择加氢反应。对亚铬酸铜催化剂来说，Cr 不是活性中心，而是作为 Cu^+ 的稳定剂，避免其还原为零价态。

易失活是铜基催化剂的主要问题。常见失活原因包括 Cu^+ 被还原、Cu 颗粒烧结、吸附反应中间体和积炭引起的 Cu 活性位中毒等。抑制 Cu 基催化剂失活方法多样，但选择合适载体是易实现的方法。Liu 等介绍了采用分步成核和老化处理制备得到均匀分散的 Cu/MgO 催化剂，在连续反应 200h 后活性仍保持稳定。Manikadan 等引入金属添加剂制备双金属 $CuFe/\gamma-Al_2O_3$，连续反应 24h，保持糠醇选择性为 99%。

Cu 基催化剂可用于催化氢转移糠醛过程，如 Cu 掺杂的多孔金属氧化物在异丙醇的作用下，150℃时糠醇产率可达 100%。粒径约 5nm 的 Cu 颗粒高分散以及 Cu 与载体间的相互作用，促进了异丙醇活化和 H 向羰基的转移。Gong 等发现 $Cu/AC—SO_3H$ 对 CTH 反应也具有高活性，在 150℃下反应 5h 后糠醇产率为 100%。

（2）Ni 基催化剂。

在非贵金属中，金属 Ni 以其优异催化加氢能力而闻名，其催化加氢产物种类多样。大部分负载型 Ni 基催化剂由于呋喃环和镍之间的强相互作用而导致其选择性加氢生成四氢糠醇。单金属 Ni 基催化剂由于加氢活性过高，不适用于糠醛选择性加氢制糠醇。因此，需对镍基催化剂改性，以改善对—CHO 基团选择性加氢能力。

Ni/MgO 是最先用于液相糠醛选择加氢制糠醇研究的催化剂，反应糠醇产率为 95%。以 Ni—Al 合金为原料，采用碱性溶液浸出 Al 制备 Raney Ni 催化剂，由于其对氢活化的优异性能，广泛用于加氢催化反应中。但是纯 Raney Ni 由于其对呋喃环加氢和重排反应的高活性导致选择加氢制糠醇的效率低下。通过铵、碱土金属或含过渡金属的杂多酸对其改性，获得较好的活性和选择性。在 Ni 上沉积（NH_4）$_6Mo_7O_{24}$ 后，反应 6h 后，转化率为 99.9%，产率为 98%。

负载型 Ni 基催化剂也常用于 CTH 反应。Scholz 等发现 Ni/Fe_2O_3 用于异丙醇为氢源的 CTH 反应较困难，在 180℃反应 7.5h 后，转化率为 46%，糠醇收率为 33%。Al_2O_3 负载双金属 Ni—Cu 催化剂在催化氢转移反应中，在 200℃反应 4h 后糠醇产率可达 95%。

非晶态镍合金催化剂受到越来越多科研人员的关注。NiB 合金在温和的反应条件下即具有优异选择加氢性能。B 和 Ni 之间的强相互作用促进糠醛中 C═O 键的活化，从而有利于糠醇生成。在 NiB 合金添加 Fe、Ce、Mo、Co、P 或 Al 第三组分金属后，选择加氢性能提高。亲氧的 Fe 加入不仅可增加催化剂比表面积，而且可增加不饱和的 Ni 活性位数量及分散度，有利于吸附糠醛的 C═O 键。此外，Fe 对 Ni 的电子传递可以改善 Ni 的环境，有利于加氢活性的提高。加入 Ce、Mo 和 Al，有利于提高 NiB 合金的比表面积，从而提高催化活性。此外，合金中 MoO_3 或 Ce_2O_3 的存在会产生酸性位，有利于糠醛 C═O 键的吸附和极化。掺入 Al 形成合金，纳米颗粒小且表面暴露活性位数量大。掺入 P 的合金将改变 Ni 的电子密度，糠醇选择性提高。将 NiB 非晶合金分散在 Al_2O_3 和 SiO_2 等载体上不仅可以提高活性位数量，而且可促进反应的传质过程。$NiMoB/\gamma-Al_2O_3$ 催化剂对应的糠醇产率为 91%，高于无载体 Ni 合金催化剂活性。Guo 等报道了酸活化凹凸棒石（H^+-ATP）负载 NiCoB 非晶合金，载体与 NiCoB 颗粒间的相互作用提高颗粒的分散性，催化性能优于未负载型催化剂，收率提高 17%。

（3）Fe 基催化剂。

Fe 储量大、价廉、环保、易回收。Fe 主要用作亲氧金属添加剂，以提高其他金属催化剂（如 Pd、Cu、Ni、Co 等）的加氢/氢解活性。单金属 Fe 基催化剂在选择还原糠醛反应中活性较低。研究发现，碳或氮助剂加入可显著提高加氢活性。Shi 等将碳化铁封装在石墨烯内并分散在碳纳米管中（$Fe_3C@rGO/CNT$），在 2MPa H_2，100℃反应 12h 后，可将糠醛完全转化为糠醇。

Li 等研究了铁—氮催化剂用于 CTH 糠醛反应，采用醋酸铁与氮源前驱体混合热解制备铁基催化剂［5%（质量分数）Fe—L_1/C-800］。与金属氧化物相比，碳材料作为载体时催化效率更佳，若用 Co 或 Ni 替代 Fe 时催化活性降低。1，10-邻菲罗啉（L_1）在众多氮源前驱体中性能突出，在 800℃时热解生成大量活性 Fe—N 物质。Fe—L_1/C-800 催化剂在 160℃下，2-丁醇中反应 15h 后，糠醛转化率为 91.6%，糠醇产率可达 83%，在其他氢供体如甲醇、乙醇、1-丙醇、异丙醇和环己醇中的活性较差。但 Fe—L_1/C-800 经过三次循环加氢实验后，活性逐渐降低，这是由于 Fe—N 物种的破坏、转化形成 Fe_2O_3 且孔结构破坏，限制了该催化剂的应用前景。

4.3.2 转移加氢催化剂

多相转移加氢过程中的三类重要化学转化：①生物质平台化合物的高值化转化；②含氮化合物（如硝基化合物和喹啉化合物等）的转移加氢；③含氯有机化合物的转移加氢脱氯。1944 年 Thomas 提出催化转移氢化（CTH）反应。CTH 反应是指氢供体作为氢源，对氢受体进行催化转移氢化的还原反应，反应中无须外界提供氢气。CTH 是一种有效选择还原手段，选择合适的催化剂，催化氢源定量释放氢转移至氢受体，进行加氢过程，其中氢的转移可以是发生在分子内或分子间，常用于不同分子间的转移加氢。

CTH 与用 H_2 加氢还原的根本区别是，选用有机物作氢源，替代常用的还原剂氢气，避免氢气泄露以及爆炸问题，反应过程更安全，装置设备要求不高，具有反应条件温和、安全性好和易操作等优点。催化氢转移过程中，氢供体常用醇类化合物，如异丙醇、2-丁醇、甲酸等，而这些醇类化合物可通过生物质转化生成，即木质纤维素经水解转化为糖类化合物，在发酵过程处理得到（图 4-11）。

图4-11 甲酸作氢源的多相转移催化路线

4.3.2.1 金属氧化物催化剂催化转移加氢

钙钛矿作为一种非贵金属氧化物催化剂，可用于催化硝基苯制苯胺反应。Jayaram 等采用微波辅助法制备 $LaMO_3$（$M=Mn$，Fe，Co，Cr，Al）系列钙钛矿，并用于液相催化氢转移反应，对硝基苯选择加氢制备苯胺。结果发现，相比于传统柠檬酸制备的钙钛矿，微波法制备的钙钛矿的催化加氢活性略有提升，这是由于微波法制备的钙钛矿比表面积略高。B 位金属决定催化活性大小，$LaMO_3$ 的大小活性次序为 Fe>Al>Cr>Co>Mn。但是在催化硝基苯转化反应中，必须有碱性材料的加入，如 KOH、NaOH、Na_2CO_3 或 K_2CO_3，发现加入强碱性 KOH 时催化活性最佳（苯胺产率98%），加入 Na_2CO_3 催化活性最差（苯胺产率1.6%）。对 $LaFeO_3$ 研究了其循环催化活性，每次循环前，回收催化剂在120℃处理活化后，再继续下一次循环，可以满足循环活性5次以上。但是未能对钙钛矿用于催化氢转移硝基苯转化为苯胺的反应机理路径进行探究。

糠醛作为重要的生物质基平台化合物，选择性加氢制备糠醇是糠醛转化利用的重要步骤。Zhu 等选取糠醛选择加氢制糠醇为模型反应，以异丙醇替代易燃易爆的 H_2，通过催化氢转移加氢方式，研究原料价格较低廉的铁系多孔型钙钛矿对催化氢转移糠醛加氢制糠醇的作用过程。开发了一种新型软模板法制备多孔形貌钙钛矿复合氧化物，提高钙钛矿的比表面积和孔体积，从而提高其表面活性位数量以及催化作用效率。同时探究铁系钙钛矿用于催化氢转移糠醛过程中，表面活性位与反应物分子的作用机理，为进一步设计高催化活性的钙钛矿催化剂打下基础。然后从催化作用的本质（吸附—反应—脱附）出发，提高多孔钙钛矿催化剂对反应物分子的吸附能力，在钙钛矿颗粒外原位包覆具有吸附能力的碳材料，从而加快钙钛矿活性位上加氢反应速率。并通过改变碳材料的前驱体，调变钙钛矿和碳复合材料的织构和表面化学性质，开发具有最佳催化氢转移活性的钙钛矿和碳复合材料。最后，通过在多孔铁系钙钛矿的 A 位与 B 位掺杂其他金属，调变其的表面性质，特别是氧空位与 Fe 元素表面价态分布，研究对应的催化活性变化情况。

4.3.2.2 合金催化剂催化转移加氢

张海民等通过构筑具有高催化活性、选择性及稳定性的 Fe—Co 合金催化剂，实现肉桂醛的高效催化转化。以 Co@NC 催化剂为基础，通过金属离子浸渍法，引入 Fe^{3+} 并结合程序升温热解，实现 N 掺杂碳载体上高分散性 Fe—Co 合金纳米颗粒的可控合成。在80℃、2h、

2MPa 以及水相反应条件下，单金属 Co@ NC 实现 100% 的肉桂醛转化率，但其肉桂醇选择性为 0；Fe@ NC 实现 58.7% 的肉桂醇选择性，且肉桂醛转化率低至 8.9%；Fe—Co 合金催化剂能同时得到高催化活性及选择性，并具备良好稳定性。优化后的实验结果显示，$Fe_{0.5}Co@ NC$ 合金催化剂能实现 95.1% 的肉桂醛转化率及 91.7% 的肉桂醇选择性，表明 Fe—Co 合金的电子协同作用是实现优异催化性能的关键。

4.3.3 超临界催化加氢

超临界催化加氢反应是近年来才发展起来的新型化工反应过程，由于其具有突破液相加氢时的氢气传质限制而反应速度大大加快、无须分离过程可直接得到产物，具绿色化学特征、原子经济性、可打破反应平衡、大幅度改善催化剂的活性、选择性和稳定性。以间三氟甲基苯胺的合成（图 4-12）为例，作为重要的含氟化工中间体，间三氟甲基苯胺在医药、染料、农药等领域有着广泛用途，其合成方法主要有：①铁粉还原；②液相催化加氢法。由于第一种方法由于会产生大量的废水及有毒铁泥，对环境有严重影响，且产品质量较差；第二种方法尽管三废很少，但加氢技术要求高，催化剂易中毒，间歇式反应生产效率较低，在蒸溶剂时三氟甲基很容易水解影响产物的收率和质量等。然而，现在还无超临界催化加氢工业化装置，具有潜在的重要工业应用价值。

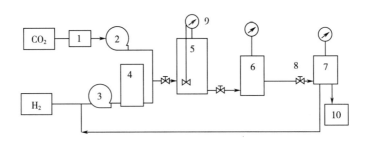

图 4-12　间三氟甲基苯胺的合成流程示意图

1—冷阱　2，3—计量泵　4—缓冲器　5—混合器　6—反应器　7—分离器　8—微调阀（减压阀）　9—气压表　10—收集器

具体的操作流程为：将间三氟甲基硝基苯放入混合器中，打开截止阀与反应器相连通，并关闭反应器尾部的流量调节阀，加入二氧化碳和氢气，达到预定超临界条件，充分搅拌，使间三氟甲基硝基苯溶入到超临界二氧化碳混合流体中。打开流量调节阀，超临界混合流体以一定流速流经反应器，在反应器中发生超临界催化加氢反应，并补充氢气和二氧化碳，保持混合器内压力和氢气浓度不变。反应后的混合流体在分离器内降压和升温，使得产物与二氧化碳和氢气完全分离，在分离器的下部取样分析各组分的含量以确定转化率和选择性。

4.4　偶联反应催化剂

偶联反应也称耦合反应、偶合反应或耦联反应，是两个化学实体（或单位）结合生成一个分子的有机化学反应。狭义的偶联反应是涉及有机金属催化剂的碳—碳键形成反应，根据类型的不同，又可分为交叉偶联和自身偶联反应。在偶联反应中有一类重要的反应，RM（R＝有机片段，M＝主基团中心）与 R′X 的有机卤素化合物反应，形成具有新碳—碳键的产物 R—R′。液相偶联反应在精细化工品合成中有广泛的应用。

4.4.1 芳烃偶联反应

美国罗格斯大学 Hu 等发现非金属石墨烯材料（Gr）表面存在的极性物质和芳香族官能团可有效活化耦合分子，从而能在无过渡金属存在的情况下形成 C—C 键，用于催化芳香烷烃化制二芳基甲烷。北京大学 Gao 等对苯 C—H 键的芳基化反应体系进行了研究，发现石墨烯氧化物（GO）片中的氧官能团和叔丁醇钾的加入对催化反应的进行起着关键作用，根据不同的模型选择以及理论计算，发现带负电荷的氧原子通过稳定和激活 K^+ 离子来促进整体转化。同时，由于芳烃偶联化合物分子很容易被吸附，石墨烯的 p 电子系统也极大地促进了整个反应的进行。

除了石墨烯基非金属催化材料，Shcherban 等最近报道了三聚氰胺衍生的石墨碳氮化物（$g-C_3N_4$）催化苯甲醛与氰乙酸乙酯 Knoevenagel 缩合反应。在 70℃常压条件下，苯甲醛转化率高达 100%，目标产物乙基 α-氰基肉豆酸酯的收率可达 51%，和石墨碳氮化物和氮掺杂碳的催化活性进行对比，结果表明三元氮含量的增加有效提高了苯甲醛转化率，但由于 C_3N_4—TEOS 碱性较高，造成乙基 α-氰基肉豆酸酯产物的选择性略有下降。

4.4.2 Suzuki 偶联反应催化剂

1979 年，日本化学家 Suzuki 等首次以 Pd（PPh_3）$_4$ 为催化剂，以苯硼酸和卤代芳烃为原料，在碱的作用下，成功合成一系列的联芳类化合物，这类化合物是天然产物、药物、先进功能材料合成中的重要有机合成中间体，

近期，施伟东等利用球磨法可一锅生产 4.7g 以上的单原子催化剂 Co-SNC，CoN_4 和 S 两个活性中心可以高效地催化苄胺偶联反应，Co-SNC 在 10h 内对 N-亚苄基苄胺的转化率高达 97.5%，选择性为 99%。密度泛函理论计算揭示了 S 原子是活化 O_2 的中心，CoN_4 位点主要用于吸附苄胺。

4.4.3 Chan-Lam 偶联反应催化剂

4.4.3.1 负载型催化剂参与的 Chan-Lam 偶联反应

单层石墨烯的厚度仅有 0.34nm，是目前已知的最薄的二维材料，具有良好的导电性、透明性以及热学性质，在光电化学中具有广泛应用。石墨烯结构简单，具有较好的可塑性，经改性后的氧化石墨烯（GO）或掺杂石墨烯等常用于催化剂的制备中，可以显著增加催化剂的活性位点，并增强其催化性能，氧化石墨烯富含含氧官能团，具有较强的配位功能，已然成为材料和催化领域的研究热点：2010 年，Sharma 等开发了一种新型多相催化剂 AP/L-Cu@GO，选用席夫碱作为配体，通过与铜盐络合得到配合物，再将其锚定到氧化石墨烯表面，在

提高催化活性的同时，也明显增大了 Cu 粒子的负载量。值得说明的是，该催化剂不仅可用于 Chan-Lam 偶联反应，而且在丙炔胺化合物的绿色制备中表现良好，在两个催化体系中均可实现多次循环使用。同年，Seyedi 和 Saidi 三聚氰胺出发，通过超分子聚合原位制备富氮氧化石墨烯，之后与 Cu 纳米粒子结合得到的 CuNPs@ GO 在 Chan-Lam 反应中具有良好的催化活性。

4.4.3.2 配位型催化剂参与的 Chan-Lam 偶联反应

配位型催化剂具有合成简单、活性中心不易流失等特点，在催化反应及其他领域得到广泛应用。配位化合物主要通过配位原子（N、O、S 等）与金属阳离子的空轨道的化学键作用形成，根据配位数的不同，较常见配合物为二、三、四配位模式，其结构多样且构型丰富，是研究原子键合形式和分子堆积方式的重要依据。

2000 年，Collman 等以水为溶剂，制备了一种新型的氯化二羟基-双四甲基亚乙基二胺铜配合物催化剂 $[Cu(OH) TMEDA]_2Cl_2$，过程简单且绿色环保；接着在无添加剂的条件下，10%（摩尔比数）的催化剂用量即可实现芳基硼酸与咪唑的高效偶联。

4.5 多相催化剂开发方向

（1）催化剂几何形状的优化（车轮状、蜂窝状），可提供对反应气体较低阻力以及反应器中的低压力降，使催化剂的力学性能和热稳定性得到改善。

（2）新型的载体材料，如菱镁矿、碳化硅和改善了孔结构的二氧化锆（或 $ZrSO_4$）陶瓷等。在固体内部中孔和微孔相结合，加速了气体的传输过程。催化剂和载体的孔隙率与结构问题也是热门研究课题。

（3）更高的起始原料纯度，可以用防护催化剂来实现。催化剂可以脱除催化剂的毒物，如硫化物、卤化物、金属及有机杂质。

（4）新的选择性助催化剂的探索，越来越多的不常见元素（如 Sc、Y、Ga、Hf 等）会被用于作催化剂的助剂。分子筛还有巨大的潜力，如二氧化硅分子筛和金属掺杂分子筛，将在有机合成中得到更广的应用。硅铝酸盐和层状硅酸盐的工业应用也即将来临。

（5）胶体或非晶态金属及其合金等非传统催化剂也是研究热点。但在制造这类催化剂时，存在难以重复生产的困难。用过渡金属化合物，如 Mo 和 W 的碳化物和氮化物，这两种化合物已被用于实验，作为贵金属铂的潜在代用品。

（6）新型催化反应器，如膜反应器，将在未来被应用到传统领域中。目前这种反应器已经不仅应用到均相催化领域，还用到选择加氢领域。在膜反应器中进行的选择氧化反应得到验证。

（7）未来的另一挑战是新催化材料及能源的开发利用。几十年后，将需要更多抗毒的催化过程，以便能经济地使得有机催化反应得以持续进行。

参考文献

［1］ MONTEMORE M M. O$_2$ Activation by metal surfaces：implications for bonding and reactivity on heterogeneous catalysts ［J］. Chem. Rev.，2018，118（5）：2816-2862.

［2］ BIELANSKI A，Haber J. Oxygen in Catalysis ［M］. Florida，USA：CRC Press，1991.

［3］ ETIM U J. Low-temperature heterogeneous oxidation catalysis and molecular oxygen activation ［J］. Catalysis Reviews，2023，65（2）：239-425.

［4］ SU C. Probing the catalytic activity of porous graphene oxide and the origin of this behaviour ［J］. Nat Commun，2012，3（1）：1298.

［5］ GUPTA N. Metal-free oxidation of glycerol over nitrogen-containing carbon nanotubes ［J］. Chem Sus Chem，2017，10（15）：3030-3034.

［6］ SU F. mpg-C$_3$N$_4$-catalyzed selective oxidation of alcohols using O$_2$ and visible light ［J］. J Am Chem Soc，2010，132（46）：16299-16301.

［7］ YANG J-H. Direct catalytic oxidation of benzene to phenol over metal-free graphene-based catalyst ［J］. Energy Environ Sci，2013，6（3）：793-798.

［8］ JIA X. Promoted role of Cu（NO$_3$）$_2$ on aerobic oxidation of 5-hydroxymethylfurfural to 2,5-diformylfuran over VOSO$_4$ ［J］. Applied Catalysis A：General，2014（482）：231-236.

［9］ KETCHIE W. Influence of gold particle size on the aqueous-phase oxidation of carbon monoxide and glycerol ［J］. J Catal，2007，250（1）：94-101.

［10］ RODRIGUES E G. Influence of activated carbon surface chemistry on the activity of Au/AC catalysts in glycerol oxidation ［J］. J Catal，2011，281（1）：119-127.

［11］ QIAO B. Single-atom catalysis of CO oxidation using Pt$_1$/FeO$_x$ ［J］. Nat Chem，2011，3（8）：634-641.

［12］ JONES J. Thermally stable single-atom platinum-on-ceria catalysts via atom trapping ［J］. Science，2016，353（6295）：150-154.

［13］ QIAO B. Highly efficient catalysis of preferential oxidation of CO in H$_2$-rich stream by gold single-atom catalysts ［J］. ACS Catal，2015，5（11）：6249-6254.

［14］ JASINSKI R. A new fuel cell cathode catalyst ［J］. Nature，1964，201（4925）：1212-1213.

［15］ ALT H. Mechanism of the electrocatalytic reduction of oxygen on metal chelates ［J］. J Catal，1973，28（1）：8-19.

［16］ SCHERSON D A. Cobalt tetramethoxyphenyl porphyrin—emission Mossbauer spectroscopy and O$_2$ reduction electrochemical studies ［J］. Electrochim Acta，1983，28（9）：1205-1209.

［17］ CAO Y. Metal/porous carbon composites for heterogeneous catalysis：old catalysts with improved performance promoted by N-doping ［J］. ACS Catal，2017，7（12）：8090-8112.

［18］ JAGADEESH R V. Nanoscale Fe$_2$O$_3$-based catalysts for selective hydrogenation of nitroarenes to anilines ［J］. Science，2013，342（6162）：1073-1076.

［19］ HUANG K. Competitive adsorption on single-atom catalysts：Mechanistic insights into the aerobic oxidation of alcohols over CoNC ［J］. J Catal，2019，377（0）：283-292.

［20］CHENG T. Identifying active sites of CoNC/CNT from pyrolysis of molecularly defined complexes for oxidative esterification and hydrogenation reactions ［J］. Catal Sci Technol, 2016, 6 (4): 1007-1015.

［21］WEI Z. Cobalt encapsulated in N-doped graphene layers: an efficient and stable catalyst for hydrogenation of quinoline compounds ［J］. ACS Catal, 2016, 6 (9): 5816-5822.

［22］ZHAO L. Cascade anchoring strategy for general mass production of high-loading single-atomic metal-nitrogen catalysts ［J］. Nat Commun, 2019, 10 (1): 1278.

［23］DENG D. A single iron site confined in a graphene matrix for the catalytic oxidation of benzene at room temperature ［J］. Sci Adv, 2015, 1 (11): e1500462.

［24］FU H. Synergistic effect of nitrogen dopants on carbon nanotubes on the catalytic selective epoxidation of styrene ［J］. ACS Catal, 2020, 10 (1): 129-137.

［25］PRIMO A. Graphenes in the absence of metals as carbocatalysts for selective acetylene hydrogenation and alkene hydrogenation ［J］. Nat Commun, 2014, 5 (1): 5291.

［26］ZHAO Y. Facile synthesis of Pd nanoparticles onSiO$_2$ for hydrogenation of biomass-derived furfural ［J］. Environ Chem Lett, 2014, 12 (1): 185-190.

［27］NAKAGAWA Y. Total hydrogenation of furfural and 5-hydroxymethylfurfural over supported Pd-Ir alloy catalyst ［J］. ACS Catal., 2014, 4 (8): 2718-2726.

［28］BIRADAR N S. Single-pot formation of THFAL via catalytic hydrogenation of FFR over Pd/MFI catalyst ［J］. ACS Sustainable Chem Eng, 2014, 2 (0): 272-281.

［29］SCHOLZ D. Catalytic transfer hydrogenation/hydrogenolysis for reductive upgrading of furfural and 5- (hydroxymethyl) furfural ［J］. Chem Sus Chem, 2014, 7 (1): 268-275.

［30］CHEN J. Immobilized Ru clusters in nanosized mesoporous zirconium silica for the aqueous hydrogenation of furan derivatives at room temperature ［J］. Chem Cat Chem, 2013, 5 (10): 2822-2826.

［31］GAO Y. Highly efficient transfer hydrogenation of aldehydes and ketones using potassium formate over AlO (OH) -entrapped ruthenium catalysts ［J］. Applied Catalysis A: General, 2014, 484: 51-58.

［32］GOPIRAMAN M. NanostructuredRuO$_2$ on MWCNTs: Efficient catalyst for transfer hydrogenation of carbonyl compounds and aerial oxidation of alcohols ［J］. Applied Catalysis A: General, 2014, 484: 84-96.

［33］TAN J. Graphene-modified ru nanocatalyst for low-temperature hydrogenation of carbonyl groups ［J］. ACS Catal, 2015, 5 (12): 7379-7384.

［34］HERBOIS R. Cyclodextrins as growth controlling agents for enhancing the catalytic activity of PVP-stabilized Ru (0) nanoparticles ［J］. Chem Commun, 2012, 48 (28): 3451-3453.

［35］KAUFMANN W E. The use of platinum oxide as a catalyst in the reduction of organic compounds. Ⅳ. reduction of furfural and its derivatives[1] ［J］. J Am Chem Soc, 1923, 45 (12): 3029-3044.

［36］SHI J. SnO$_2$-isolated Pt$_3$Sn alloy on reduced graphene oxide: an efficient catalyst for selective hydrogenation of C=O in unsaturated aldehydes ［J］. Catal Sci Technol, 2015, 5 (6): 3108-3112.

［37］MALIGAL-GANESH R V. A ship-in-a-bottle strategy to synthesize encapsulated intermetallic nanoparticle catalysts: exemplified for furfural hydrogenation ［J］. ACS Catal, 2016, 6 (3): 1754-1763.

［38］SIRI G J. XPS and EXAFS study of supported PtSn catalysts obtained by surface organometallic chemistry on metals: Application to the isobutane dehydrogenation ［J］. Applied Catalysis A: General, 2005, 278 (2): 239-249.

［39］ MERLO A B. Bimetallic PtSn catalyst for the selective hydrogenation of furfural to furfuryl alcohol in liquid-phase ［J］. Catal Commun, 2009, 10 （13）: 1665-1669.

［40］ O'DRISCOLL Á. The influence of metal selection on catalyst activity for the liquid phase hydrogenation of furfural to furfuryl alcohol ［J］. Catal Today, 2017, 279: 194-201.

［41］ MERLO A B. Liquid-phase furfural hydrogenation employing silica-supportedPtSn and PtGe catalysts prepared using surface organometallic chemistry on metals techniques ［J］. Reaction Kinetics, Mechanisms and Catalysis, 2011, 104 （2）: 467-482.

［42］ NERI G. Hydrogenation of citral and cinnamaldehyde over bimetallic Ru-Me/Al$_2$O$_3$ catalysts ［J］. J Mol Catal A: Chem. , 1996, 108 （1）: 41-50.

［43］ CHEN B. Tuning catalytic selectivity of liquid-phase hydrogenation of furfural via synergistic effects of supported bimetallic catalysts ［J］. Applied Catalysis A: General, 2015, 500: 23-29.

［44］ PUSHKAREV V V. High structure sensitivity of vapor-phase furfural decarbonylation/hydrogenation reaction network as a function of size and shape of pt nanoparticles ［J］. Nano Lett, 2012, 12 （10）: 5196-5201.

［45］ M KI-ARVELA P. Chemoselective hydrogenation of carbonyl compounds over heterogeneous catalysts ［J］. Applied Catalysis A: General, 2005, 292 （0）: 1-49.

［46］ BAKER L R. Furfuraldehyde hydrogenation on titanium oxide-supported platinum nanoparticles studied by sum frequency generation vibrational spectroscopy: acid-base catalysis explains the molecular origin of strong metal-support interactions ［J］. J Am Chem Soc, 2012, 134 （34）: 14208-14216.

［47］ LIU H. Surface synergistic effect in well-dispersed Cu/MgO catalysts for highly efficient vapor-phase hydrogenation of carbonyl compounds ［J］. Catal Sci Technol, 2015, 5 （8）: 3960-3969.

［48］ SITTHISA S. Kinetics and mechanism of hydrogenation of furfural on Cu/SiO$_2$ catalysts ［J］. J Catal, 2011, 277 （1）: 1-13.

［49］ MANIKANDAN M. Promotional effect of Fe on the performance of supported Cu catalyst for ambient pressure hydrogenation of furfural ［J］. RSCAdv, 2016, 6 （5）: 3888-3898.

［50］ SRIVASTAVA S. Optimization and kinetic studies on hydrogenation of furfural to furfuryl alcohol over SBA-15 supported bimetallic copper-cobalt catalyst ［J］. Catal Lett, 2015, 145 （3）: 816-823.

［51］ WU J. Vapor phase hydrogenation of furfural to furfuryl alcohol over environmentally friendly Cu-Ca/SiO$_2$ catalyst ［J］. Catal Commun, 2005, 6 （9）: 633-637.

［52］ ZHANG H. Enhancing the stability of copper chromite catalysts for the selective hydrogenation of furfural with ALD overcoating （Ⅱ） -Comparison between TiO$_2$ and Al$_2$O$_3$ overcoatings ［J］. J Catal, 2015, 326: 172-181.

［53］ LIU D. Deactivation mechanistic studies of copper chromite catalyst for selective hydrogenation of 2-furfuraldehyde ［J］. J Catal, 2013, 299: 336-345.

［54］ YAN K. A noble-metal free Cu-catalyst derived from hydrotalcite for highly efficient hydrogenation of biomass-derived furfural and levulinic acid ［J］. RSCAdv, 2013, 3 （12）: 3853-3856.

［55］ NAKAGAWA Y. Catalytic reduction of biomass-derived furanic compounds with hydrogen ［J］. ACS Catal, 2013, 3 （12）: 2655-2668.

［56］ HOYDONCKX H E, RHIJN W M, RHIJN W VAN, et al. Furfural and derivatives ［J］. Wiley-VCH Verlag GmbH & Co KGA, 2007.

［57］ DONG F. Cr-free Cu-catalysts for the selective hydrogenation of biomass-derived furfural to 2-methylfuran:

The synergistic effect of metal and acid sites [J]. J Mol Catal A: Chem, 2015, 398: 140-148.

[58] NAGARAJA B M. A highly efficient Cu/MgO catalyst for vapour phase hydrogenation of furfural to furfuryl alcohol [J]. Catal Commun, 2003, 4 (6): 287-293.

[59] VILLAVERDE M M. Liquid-phase transfer hydrogenation of furfural to furfuryl alcohol on Cu-Mg-Al catalysts [J]. Catal Commun, 2015, 58: 6-10.

[60] GONG W. Efficient synthesis of furfuryl alcohol from H_2-hydrogenation/transfer hydrogenation of furfural using sulfonate group modified Cu catalyst [J]. ACS Sustainable Chem Eng, 2017, 5 (3): 2172-2180.

[61] SITTHISA S. Hydrodeoxygenation of furfural over supported metal catalysts: a comparative study of Cu, Pd and Ni [J]. Catal Lett, 2011, 141 (6): 784-791.

[62] BARNARD N C. A quantitative investigation of the structure of Raney-Ni catalyst material using both computer simulation and experimental measurements [J]. J. Catal., 2011, 281 (2): 300-308.

[63] PISAREK M. Influence of Cr addition to Raney Ni catalyst on hydrogenation of isophorone [J]. Catal. Commun., 2008, 10 (2): 213-216.

[64] XU Y. In situ hydrogenation of furfural with additives over a RANEY® Ni catalyst [J]. RSC Adv, 2015, 5 (111): 91190-91195.

[65] REDDY KANNAPU H P. Catalytic transfer hydrogenation for stabilization of bio-oil oxygenates: Reduction of p-cresol and furfural over bimetallic Ni-Cu catalysts using isopropanol [J]. FuelProcess. Technol., 2015, 137: 220-228.

[66] MANIKANDAN M. Role of surface synergistic effect on the performance of Ni-based hydrotalcite catalyst for highly efficient hydrogenation of furfural [J]. Journal of Molecular Catalysis A - chemical, 2016, 417: 153-162.

[67] SRIVASTAVA S. Synergism studies on alumina-supported copper-nickel catalysts towards furfural and 5-hydroxymethylfurfural hydrogenation [J]. J Mol Catal A: Chem, 2017, 426: 244-256.

[68] LI H. Liquid phase hydrogenation of furfural to furfuryl alcohol over the Fe-promoted Ni-B amorphous alloy catalysts [J]. J Mol Catal A: Chem, 2003, 203 (1): 267-275.

[69] WEI S. Preparation and activity evaluation of NiMoB/γ-Al_2O_3 catalyst by liquid-phase furfural hydrogenation [J]. Particuology, 2011, 9 (1): 69-74.

[70] LI H. A Ce-promoted Ni-B amorphous alloy catalyst (Ni-Ce-B) for liquid-phase furfural hydrogenation to furfural alcohol [J]. Mater Lett, 2004, 58 (22): 2741-2746.

[71] LEE S P, CHEN Y W. Selective hydrogenation of furfural on Ni-P-B nanometals [M]//Studies in surface science and catalysis. Amsterdam: Elsevier, 2000: 3483-3488.

[72] ZONG B. Research, development, and application of amorphous nickel alloycatalysts prepared by melt-quenching [J]. Chin J Catal, 2013, 34 (5): 828-837.

[73] GUO H. Selective hydrogenation of furfural to furfuryl alcohol over acid-activated attapulgite-supported nicob amorphous alloy catalyst [J]. Ind Eng Chem Res, 2018, 57 (2): 498-511.

[74] LI F. Catalytic transfer hydrogenation of furfural to furfuryl alcohol overFe_3O_4 modified Ru/Carbon nanotubes catalysts [J]. Int J Hydrogen Energy, 2020, 45 (3): 1981-1990.

[75] NIE R. Recent advances in catalytic transfer hydrogenation with formic acid over heterogeneous transition metal catalysts [J]. ACS Catal, 2021, 11 (3): 1071-1095.

［76］ FARHADI S. Perovskite-type ferromagnetic BiFeO₃ nanopowder: a new magnetically recoverable heterogeneous nanocatalyst for efficient and selective transfer hydrogenation of aromatic nitro compounds into aromatic amines under microwave heating ［J］. Journal of the Iranian Chemical Society, 2012, 9 (6): 1021-1031.

［77］ KULKARNI A S. Liquid phase catalytic transfer hydrogenation of aromatic nitro compounds onLa₁₋ₓSrₓFeO₃ perovskites prepared by microwave irradiation ［J］. J Mol Catal A: Chem, 2004, 223 (1): 107-110.

［78］ KULKARNI A S. Liquid phase catalytic transfer hydrogenation of aromatic nitro compounds on perovskites prepared by microwave irradiation ［J］. Applied Catalysis A: General, 2003, 252 (2): 225-230.

［79］ LV Y. Fe-Co Alloyed nanoparticles catalyzing efficient hydrogenation of cinnamaldehyde to cinnamyl alcohol in water ［J］. Angewandte Chemie International Edition, 2020, 59 (52): 23521-23526.

［80］ MIYAURA N. A new stereospecific cross-coupling by the palladium-catalyzed reaction of 1-alkenylboranes with 1-alkenyl or 1-alkynyl halides ［J］. TetrahedronLett, 1979, 20 (36): 3437-3440.

［81］ WANG H. Ball-milling induced debonding of surface atoms from metal bulk for construing high-performance dual-site single-atom catalysts ［J］. Angewandte Chemie International Edition, 2021, 60 (43): 23154-23158.

［82］ MITTAL A. A new copper complex on graphene oxide: A heterogeneous catalyst for N-arylation and C-H activation ［J］. Appl Organomet Chem, 2020, 34 (2): e5362.

［83］ SEYEDI N. Fabrication of nitrogen-enriched graphene oxide/Cu NPs as a highly efficient and recyclable heterogeneous nanocatalyst for the Chan-Lam cross-coupling reaction ［J］. Appl Organomet Chem, 2019, 34 (0): 5307.

［84］ COLLMAN J P. An efficient diamine copper complex-catalyzed coupling of arylboronic acids with imidazoles ［J］. Org Lett, 2000, 2 (9): 1233-1236.

［85］ HAY A S. Oxidative coupling of acetylenes. Ⅱ¹ ［J］. The Journal of Organic Chemistry, 1962, 27 (9): 3320-3321.

第 5 章　环境修复与能源转换光催化剂

5.1　光催化技术的发展

5.1.1　概述

光催化技术是通过催化剂吸收光子能量，将许多反应条件苛刻的化学反应转化为在温和反应条件下进行的先进技术。作为一门新兴的前沿交叉科学，涉及半导体物理、光电化学、催化化学、材料科学、分析化学等诸多领域，在能源转换、环境修复和绿色催化等重要领域均有广泛的应用前景，逐渐成为最受关注的前沿科学技术研究热点之一。

20 世纪 30 年代，研究者发现在紫外光辐照的情况下，TiO_2 材料能够漂白染料和促进纤维材料降解，且证实反应前后 TiO_2 不发生变化。受限于当时较浅的半导体理论和化学分析技术，这种现象被简单地归因于紫外光诱导氧气在 TiO_2 表面上产生活性氧物质。由于当时社会对能源和环境问题的认识局限性，这种光催化现象的发现并没有引起研究者足够的重视。

5.1.2　在能源转换领域的发展

20 世纪 70 年代初期，随着化石燃料的大量消耗，愈演愈烈的石油危机严重制约了全球经济的发展。氢能作为一种可替代石油的绿色清洁能源，受到世界各国政府和科学家的关注。1972 年，Fujishima 和 Honda 在 *Nature* 杂志上发表了在近紫外光诱 TiO_2 材料光电分解水产氢的研究论文。该论文中首次提出的利用太阳光催化分解 H_2O 制 H_2 的光催化过程。这种将太阳能转化为化学能的方法迅速成为极具吸引力的研究方向，吸引了一大批知名科学家投身这一领域的研究。

在 20 世纪 80~90 年代中期，光催化体系的扩展和光催化机理的研究成为当时光催化领域的研究热点。在这一时期 ZnO、ZnS、CdS、$SrTiO_3$ 等一系列半导体金属氧化物和硫化物以及复合金属氧化物的光催化活性均被系统地研究。随着半导体能带理论的不断完善和半导体表征测量技术的进步，人们对光催化现象及光催化机理的认识逐渐加深。但是由于紫外光能量仅占太阳光的 5%左右，同时已知的光催化剂量子效率不高，利用太阳光催化分解水制氢气一直未能投入实际应用。而且氢能的安全利用始终存在许多关键技术问题，如氢存储、氢输运均成为氢能利用的瓶颈问题而有待解决，使得氢能作为一种新能源的应用研究始终停留在理论研究阶段。因而这一课题慢慢沉寂下来，但人们对 TiO_2 光催化剂的研究与应用拓展却不断发展，而且其在环境保护等方面的优势逐步显现了出来。尽管光催化的复杂反应机理目前尚未被完全认识清楚，但在应用方面的研究却已经成绩斐然。

5.1.3　在环境污染治理领域的发展

20 世纪 90 年代初期，环境污染的控制和治理成为人类社会面临和亟待解决的重大问题之一。在众多污染控制和环境修复技术中，基于光催化的高级氧化技术可直接利用太阳光作为光源来活化催化剂并驱动氧化还原反应，具有绿色高效、条件反应温和、矿化程度高等独特优势，是一种极具潜力的环境污染治理技术。1993 年，Fujishima 和 Hashimoto 提出利用 TiO_2 光催化剂进行环境污染治理的科学想法，引起环保领域新一轮的技术革命。光催化技术在环境治理领域有着巨大的经济和社会效益，它在污水处理、空气净化和杀菌抗毒等领域具有广泛的应用前景。在污水处理和空气净化方面，许多研究者发现 TiO_2 能将有机污染物光催化氧化降解为无毒、无害的 CO_2、H_2O 以及其他无机离子，如 NO_3^-、SO_4^{2-}、Cl^- 等。在杀菌抗毒应用方面，研究人员同样发现光催化反应能高效、无选择性地杀灭细菌和病毒，在疫情防控、食物保鲜等方面发挥了重要的作用。

随着国际社会对空气质量监测和治理的不断重视，掀起了大气净化、除臭、防污、抗菌、防霉、抗雾和开发无机抗菌剂的热潮。因此，在环境保护备受关注的背景下，光催化环境净化技术作为高科技环保技术，其科学基础和产业化的研究开发受到广泛的重视。20 世纪 90 年代以来，光催化技术已成功地应用于烯烃、醇、染料、芳香族化合物、杀虫剂等有机污染物的降解净化和无机重金属离子（如 $Cr_2O_7^-$）的还原净化等环境处理方面。同时，Fujishima 等研究发现在玻璃或陶瓷板上形成的 TiO_2 涂覆膜，经紫外光照射后，表面具有自清洁、灭菌和除臭等功能，从而开辟了光催化薄膜功能材料这一新的研究领域。

5.2　光催化原理

5.2.1　光催化反应的基元步骤

光催化反应是一个复杂的物理化学过程，主要包括光生电子和空穴对的产生、分离、再复合与表面捕获等几个步骤。具体来说，以常用的 TiO_2 光催化剂为例，Hoffman 等总结了其中的基元化反应过程，可用以下化学反应式表示：

（1）光生电子—空穴对的产生。

$$TiO_2 + h\nu \longrightarrow h_{vb}^+ + e_{cb}^- \quad (fs) \tag{5-1}$$

（2）载流子迁移到颗粒表面并被捕获。

$$h_{vb}^+ + >Ti^{IV}OH \rightleftharpoons [>Ti^{IV}OH \cdot]^+ \quad 快（10ns） \tag{5-2}$$

$$e_{cb}^- + >Ti^{IV}OH \rightleftharpoons [>Ti^{III}OH] \quad 浅层捕获（100ps） \tag{5-3}$$

$$e_{cb}^- + >Ti^{IV} \longrightarrow >Ti^{III} \quad 深层捕获（10ns） \tag{5-4}$$

（3）自由载流子与被捕获的载流子的重新结合。

$$e_{cb}^- + [>Ti^{IV}OH\cdot]^+ \longrightarrow >Ti^{IV}OH \quad 慢 （100ns） \tag{5-5}$$

$$h_{vb}^+ + [>Ti^{III}OH] \longrightarrow >Ti^{IV}OH \quad 快 （10ns） \tag{5-6}$$

（4）界面间电荷转移，发生氧化—还原反应。

$$[>Ti^{IV}OH\cdot]^+ + Red \longrightarrow >Ti^{IV}OH + Red\cdot^+ \quad 慢 （100ns） \tag{5-7}$$

$$e_{tr}^- + O_x \longrightarrow >Ti^{IV}OH + O_x\cdot^- \quad 很慢 （ms） \tag{5-8}$$

其中，$>Ti^{IV}OH$ 表示 TiO_2 的表面羟基官能团；e_{cb}^- 表示导带电子；e_{tr}^- 为被捕获的导带电子；h_{vb}^+ 为价带空穴；Red 为电子给体（还原剂）；O_x 为电子受体（氧化剂）；$[>Ti^{IV}OH\cdot]^+$ 是在颗粒表面捕获的价带空穴；$[>Ti^{III}OH]$ 是颗粒表面捕获的导带电子；反应式后括号内的时间是通过激光脉冲光解实验测定的每一步骤的特征时间。

5.2.2 光催化反应效率的影响因素

不同于金属导体和绝缘体材料，半导体光催化材料具有独特的电子结构，其电子填充在价带顶端，与未填充电子的导带底由禁带宽度隔开。根据固体能带理论可知，半导体光催化的基本原理如图 5-1 所示。当照入射光的能量大于或等于半导体材料禁带宽度时，材料价带上的电子吸收光子能量进而跃迁到导带上，同时在价带内留下空穴，形成能级分离但空间束缚的光生电子空穴对，又称载流子。光催化基元反应的影响因素主要包括以下 5 个方面。

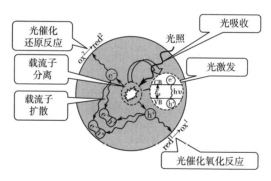

图 5-1 光催化反应的基本原理

5.2.2.1 光吸收效率

光照射在材料上，光子与材料中存在的电子、激子、晶格振动及杂质和缺陷等相互作用而产生光的吸收。其中，导带上的电子吸收一个光子跃迁到价带上的过程被称为本征吸收。半导体光催化材料产生本征吸收是诱发光催化反应的先决条件。其吸收的效率与材料本身的物化性质有关，如材料的消光系数和折射率等。材料的反射率（R）与消光系数（κ）和折射率（n）有如下关系：

$$R = [(n-1)^2 + \kappa^2] / [(n+1)^2 + \kappa^2] \tag{5-9}$$

光的强度被削弱的大小可以用消光系数来衡量，与材料的本征性质息息相关。在描述固体对光的吸收效率时，吸收系数 $\alpha = 4\pi\kappa/\lambda_0$ 也是一个常用的特征物理参数，对应物质对光的吸收值，其数值由物质的性质与入射光的波长而定。在固体内深度为 x 处光的强度 $I(x)$ 与入射光的强度 $I(0)$ 与吸收系数 α 关系如下：

$$I(x) = I(0)\exp(-\alpha x) \tag{5-10}$$

光吸收效率还与光催化材料对光的散射程度和受光面积有关。它们受材料的尺寸、结构形状和材料的表面粗糙度等因素的影响。

5.2.2.2　光激发效率

当入射光子能量 $h\nu$ 大于或等于半导体的禁带宽度 E_g 时，才有可能发生本征吸收现象。因此本征吸收存在一个波长极限，即 $\lambda \leqslant ch/E_g$。波长大于此值，不能产生光生载流子。波长小于此值，光子的能量大于半导体材料禁带宽度，材料价带上的负电的高活性电子（e^-）可以被激发跃迁到导带上，同时在价带内留下带正电荷的空穴（h^+），这样就形成能级分离但空间束缚的电子—空穴对。这种状态处于非平衡状态的载流子不再是原始的载流子浓度 n_0、p_0，而是比它们多出一部分，多出的这部分载流子称为非平衡载流子。由于价带基本上是满的，导带基本上是空的，因此非平衡载流子的产生率（激发概率）G 不受 n_0 和 p_0 的影响。非平衡状态下，空穴和电子浓度（n 和 p），它仅是温度的函数并与半导体的电子结构等有关：

$$n = N_c\exp\left(\frac{E_c - E_F^n}{k_0 T}\right) = n_0\exp\left(-\frac{E_F^n - E_F}{k_0 T}\right) = n_i\exp\left(-\frac{E_i - E_F^n}{k_0 T}\right) \tag{5-11}$$

$$p = N_v\exp\left(\frac{E_F^p - E_v}{k_0 T}\right) = p_0\exp\left(-\frac{E_F - E_F^D}{k_0 T}\right) = n_i\exp\left(-\frac{E_i - E_F^p}{k_0 T}\right) \tag{5-12}$$

式中：N_c 和 N_v 分别表示导带和价带的有效态密度；n_i 表示本征载流子浓度（n_i 只是温度的函数）；E_F^n 和 E_F^p 分别表示电子和空穴的准费米能级，代表了非平衡状态下空穴和电子浓度，与外加作用的强度有关（如光的强度、外加电压等）；E_i 表示本征费米能级。

5.2.2.3　载流子分离效率

半导体吸收一个光子之后，电子由价带跃迁至导带，但是电子由于库仑作用仍然和价带中的空穴联系在一起，这种由库仑作用相互束缚着的电子—空穴对，被称为激子。激子中的光生电子和空穴通过扩散作用或在外场作用下，克服彼此之间的静电引力达到空间上的分离，被称为电子—空穴的分离过程。在这个过程中，相当一部分电子—空穴对无法克服相互间的束缚力而复合，其储存的能量也因光或热能辐射而损失。研究发现，光生电子—空穴对激发的时间跨度约在几十飞秒，由体相迁移到界面所需的时间跨度为数百皮秒，而电子—空穴对复合所需要的时间只需要十几纳秒，远小于电子—空穴对分离迁移所需的时间。这就是电子—空穴对分离和迁移受限的主要原因。由半导体空间电荷层内产生的内建电场是影响光生载流子分离的主要因素，而电荷层的厚度取决于载流子的密度，同时催化剂中载流子的累积会进一步影响其分离，使得光催化过程的光生电子和空穴的分离效率降低。半导体中空间电荷层内产生的电场分布可以通过调控材料结构与形状而改变。例如，层状光催化材料由于层间的电场作用，有利于电子和空穴的分离，通常展现出良好的光催化活性。与此同时，被激活的电子和空穴可能在颗粒内部或内表面附近重新相遇而发生湮灭，将其能量通过辐射方式散发掉，这种概率称为再复合概率。分离的电子和空穴的再复合可以发生在半导体体内，称为内部复合；也可发生在表面，称为表面复合。当存在合适的俘获剂、表面缺陷态或其他作用（如电场作用）时，可抑制电子与空穴重新相遇而发生湮灭的过程，更容易实现分离。

分离效率可以用半导体的载流子的寿命来直观表达。当外界作用消失后，非平衡载流子在导带和价带中有一定的生存时间，其平均生存时间即非平衡载流子的寿命（τ），理论推导为非平衡载流子浓度衰减到原来数值 $1/e$ 所经历的时间（e 为自然常数）。在稳态下复合率 G 与光电子寿命和非平衡载流子浓度（Δn）关系如下：

$$G = I\alpha\beta = \Delta n/\tau \tag{5-13}$$

式中：I 为单位时间内通过单位面积的光子数；α 为吸收系数；β 为每个光子产生的电子—空穴对的量子产额；因此电子—空穴对激发概率为 $I\alpha\beta$；复合速率为 $\tau/\Delta n$。

5.2.2.4 载流子迁移效率

与载流子分离过程紧密联系的是其在半导体内的迁移过程。根据电子和空穴在半导体内的浓度不同，迁移的主要形式是扩散运动和漂移运动。其中，扩散电流是少子的主要电流形式，漂移电流是多子的主要电流形式。无外加电场时，扩散是非平衡载流子在半导体内迁移的一种重要运动形式，尽管作为少数载流子的非平衡载流子的数量很少，但是它可以形成很大的浓度梯度，从而能够产生很大的扩散电流。定义扩散电流密度为单位时间内通过垂直于单位面积的载流子数，用 S_p 表示。在半导体内深度为 x 处的电流密度 S_p 为：

$$S_p(x) = -D_p \frac{d\Delta p(x)}{dx} \tag{5-14}$$

式中：D_p 为扩散系数，其大小与材料本身特性，如杂质多少、载流子的有效质量和载流子的迁移率有关。在半导体中扩散系数与载流子迁移率之间符合爱因斯坦关系式：

$$\frac{D}{\mu} = \frac{k_0 T}{q} \tag{5-15}$$

扩散运动的能力同样也可以用扩散长度来表示。扩散长度就是指非平衡载流子从注入浓度 $(\Delta p)_0$ 边扩散边复合降低到 $(\Delta p)_0/e$ 所经过的距离，其大小为：

$$L_p = \sqrt{D_p \tau_p} \tag{5-16}$$

对于光催化过程来说，载流子扩散至半导体的表面并与电子给体/受体发生作用才是有效的，而对同一材料来说扩散长度是一定的，因此减小颗粒尺寸使其小于非平衡载流子的扩散长度，可有效地减小复合，提高迁移效率，从而增大扩散至表面的非平衡载流子浓度，提高光催化活性和效率。

5.2.2.5 载流子界面反应效率

载流子通过扩散迁移到表面捕获位置，可能发生下面两类反应：①自身同其他吸附物发生化学反应或从半导体表面扩散到溶液参与溶液中的化学反应；②发生电子与空穴的复合或通过无辐射跃迁途径消耗掉激发态能量。这两类反应之间存在相互竞争，即界面迁移和表面复合两个相互竞争的过程。当催化剂表面预先吸附有给电子体或受电子体时，迁移到表面的光生电子或空穴被供体或受体捕获发生光催化反应，减少电子—空穴对的表面复合。

在多相光催化体系中，半导体粒子表面吸附的—OH 基团、水分子及有机物本身都可以充当空穴俘获剂。脉冲辐射实验证明，在 TiO_2 表面上·OH 的生成速率为 $6 \times 10^{11} mol/(L \cdot s)$，不受 O_2 的影响。氘同位素实验和顺磁共振研究结果证明，·OH 是一个活性物种，无论在吸附相还是在溶液相都能引起物质的化学氧化反应，是光催化氧化中主要的氧化剂，可以氧化包括生物难以转化的各种有机物并使之矿化，对作用物几乎无选择性，对光催化氧化反应起决定作用。光生电子的俘获剂主要是吸附于半导体表面上的氧，其既可抑制电子与空穴的复合，同时也是氧化剂，可以氧化已经羟基化的反应产物。·O_2^- 经过质子化作用之后能够成为表面 OH·的另一个来源：

$$e_{cb}^- + O_{2(ads)} \longrightarrow O_2^- \cdot \tag{5-17}$$

$$O_2^- \cdot + H^+ \longrightarrow HO_2 \cdot \tag{5-18}$$

$$2HO_2 \cdot \longrightarrow O_2 + H_2O_2 \tag{5-19}$$

$$H_2O_2 + O_2^- \longrightarrow OH \cdot + OH^- + O_2 \tag{5-20}$$

半导体表面氧的吸附量影响光催化反应速率，如无氧条件下，TiO_2 光催化降解受到抑制。因为载流子的复合比电荷转移快得多，这大大降低了光激发后的有效作用。对于一个理想的系统，半导体的光催化作用可以用量子效率来评价。量子效率 φ 指每吸收一个光子体系发生的变化数，实际常用每吸收 1mol 光子反应物转化的量或产物生成的量来衡量。它取决于载流子的复合和界面电荷转移这对相互竞争的过程，与载流子输运速率 k_{CT}、复合速率 k_R 有如下关系：

$$\varphi = \frac{k_{CT}}{k_{CT} + k_R} \tag{5-21}$$

5.3　光催化剂的制备方法

5.3.1　溶胶—凝胶法

溶胶—凝胶法（sol—gel）是用含高化学活性组分的化合物作前驱体，在液相下将这些原料均匀混合，并进行水解、缩合化学反应，在溶液中形成稳定的透明溶胶体系；溶胶经陈化胶粒间缓慢聚合，形成三维空间网络结构的凝胶，凝胶网络间充满了失去流动性的溶剂；凝胶经过干燥脱去其间的溶剂成为一种多孔空间结构的干凝胶，最后烧结固化制备出分子乃至纳米亚结构的材料。溶胶—凝胶法具有工艺简单、设备价格低廉、节约能源、材料的掺杂范围广泛、反应过程易于控制等优点，通过控制成胶温度、胶体组分、前驱体粒径、pH 等条件可制备小粒度、窄分布、高纯度的纳米材料。Azouzi 等使用抗坏血酸辅助溶胶—凝胶法合成纳米多孔钙钛矿型 $LaFeO_3$。溶胶—凝胶法合成的粉末具有极好的结晶度，由大小约为 60nm

的颗粒组成，其中存在高密度的孔。根据电子能量损失光谱分析确定，每个纳米颗粒都表现出良好的化学均匀性。李芳柏等采用溶胶—凝胶法合成 WO_3/TiO_2 复合光催化剂，以高压水灯为光源评价其对亚甲基蓝溶液的光催化活性。成英之等在多孔软片上利用溶胶—凝胶法制备 WO_3/TiO_2 纳米薄膜复合材料，实验发现适量 WO_3 的掺杂能够降低 TiO_2 的相变温度；高温焙烧会使催化剂的粒径增大，而催化剂粒径增大会导致光催化活性降低。

溶胶—凝胶法是将 TiO_2 负载到载体上应用最广泛的方法之一。溶胶—凝胶加载过程中的主要目标是控制水解速率并尽可能降低水解速率，以实现 TiO_2 在载体上的良好分散。Behne-jady 等报道，增加乙酸的量可以提供更大的 TiO_2 晶体尺寸。他们还表明，这种方法适用于获得高达 750℃ 煅烧温度的稳定锐钛矿相。Wu 研究了不同醇作为溶剂在微波辅助溶胶—凝胶过程中的影响，并观察到醇的沸点对最终粒径起着主要作用。Sayilkan 等研究了 HCl 添加和煅烧温度对物相的影响，结果表明，即使在低温下，HCl 添加也有助于形成锐钛矿相。为提升 TiO_2 在陶瓷表面的光催化性能和抗菌性能，以钛酸四丁酯、无水乙醇、硝酸银为原料，乙酰丙酮和硝酸作为催化抑制剂，采用溶胶—凝胶法分别制备了 TiO_2 溶胶和 Ag/TiO_2 溶胶。Ag/TiO_2 溶胶表现出优异的光催化活性，在光照 8h 后其光催化降解率达到了 70%，热处理最佳温度为 500℃；Ag/TiO_2 薄膜具有良好的亲水性，并且对大肠杆菌和金黄色葡萄球菌具有抑制作用。

5.3.2　沉淀法

沉淀法分为化学沉淀法和共沉淀法。化学沉淀法顾名思义是在金属容器中添加适量的沉淀剂得到固体沉淀物。再通过将沉淀物进行脱水、煅烧形成粉体产物。Tamaki 等以 APT 为原料，加入适量的 H_2WO_4，再经过脱水煅烧制得 WO_3 粉体。在不同的温度下（300～600℃），可以得到粒径为 16～57nm 的粉体。通过该方法制备得到的超细粉体粒径比单纯的偏钨酸铵直接分解制得的粉体粒径更均匀。

沉淀法合成纳米 TiO_2，一般以四氯化钛、硫酸氧钛或硫酸钛等无机钛盐为原料，原料便宜易得。也可采用工业钛白粉生产的中间产物偏钛酸作为原料，国外的很多公司都采用该种工艺生产纳米 TiO_2。沉淀法制备纳米 TiO_2 的技术路线大致分为加碱中和工艺、均匀沉淀工艺、胶溶工艺和升温强迫水解工艺等，也有人将升温强迫水解工艺划归到水解法。

为了得到粒径小、分散度好、纯度高的纳米微粒，多采用均匀沉淀法进行制备。均匀沉淀法是利用某一化学反应使溶液中的离子由溶液中缓慢、均匀地释放出来。常用的沉淀剂为尿素。雷闯盈等以硫酸法钛白生产的中间产品硫酸氧钛为原料，以尿素为沉淀剂，采用均匀沉淀法制备纳米二氧化钛，反应时间 2h，反应温度为 120℃。所得纳米微粒的粒径为 30～80nm，并讨论了反应温度、反应时间、反应物配比、反应物浓度对产品收率的影响。在沉淀干燥前应对其进行处理。由于沉淀呈凝胶状，其中含有大量的水分，如不经过任何处理，在随后的干燥过程中，随着水分的挥发，粒子会在毛细作用力下被聚集在一起，经煅烧后形成硬团聚体。

为了消除或减小水的表面张力对粒子团聚的影响，一般采用溶剂置换、冷冻干燥或超临界干燥等方法。Zhang 等通过简单的化学沉淀法使用 Fe（Ⅲ）对 BiOCl 进行了掺杂改性。首先在酸性条件下（pH = 3）将硝酸铋和氯化铁混合，然后分别在 400℃、450℃、500℃ 和 550℃ 下退火，最终得到均匀掺杂 Fe（Ⅲ）的 $Bi_{0.7}Fe_{0.3}OCl$。在酸性条件下通过水解反应将 Fe^{3+} 掺杂到 BiOCl 晶格中，然后在不同温度下进行退火，可成功制备出 $Bi_{0.7}Fe_{0.3}OCl$。$Bi_{0.7}Fe_{0.3}OCl$-X 样品呈正方结构，存在的 Fe 为正三价。结果表明，合成的 $Bi_{0.7}Fe_{0.3}OCl$ 材料具有可见光催化性能。450℃ 热处理后的 $Bi_{0.7}Fe_{0.3}OCl$ 纳米材料的最大吸收波长为 789nm，具有最窄的禁带间隙和最佳的可见光催化活性。Wang 等采用超声波辅助室温原位沉淀法合成了不同质量比的 $BC/Bi_4O_5Br_2$ 光催化剂。通过对样品的表征，研究了复合材料的形貌、光学、结构和光电化学特性。研究了不同 $BC/Bi_4O_5Br_2$ 复合材料在可见光下降解 RhB 和 TCH 的光催化性能。

与普通的干燥加热相比，微波加热具有加热速度快、受热体系温度均匀等特点。曹爱红等将微波加热应用于沉淀法制备纳米二氧化钛的干燥工艺中，以四氯化钛为钛源，氨水为沉淀剂在制得白色沉淀后，分别在 80℃ 烘干和微波干燥，经热处理后得到纳米粉体。经对比发现，经微波干燥处理而得到的粉体粒径为 35nm、颗粒分布均匀、团聚度低，并且可以大大减少干燥所用的时间，提高催化效率。

5.3.3　水热法

"水热"一词大约出现在 140 年前，原本用于地质学中描述地壳中的水在温度和压力联合作用下的自然过程，此后越来越多的化学过程也广泛使用这一词汇。尽管拜耳法生产氧化铝和水热氢还原法生产镍粉已被使用了几十年，但一般将其看作特殊的水热过程。直到 20 世纪 70 年代，水热法才被认识到是一种制备陶瓷粉末的先进方法。简单来说，水热法是一种在密闭容器内完成的湿化学方法，与溶胶凝胶法、共沉淀法等其他湿化学方法的主要区别在于温度和压力。水热法研究的温度范围在水的沸点和临界点（374℃）之间，但通常使用的是 130~250℃ 之间，相应的水蒸气压是 0.3~4MPa。与溶胶凝胶法和共沉淀法相比，其最大优点是一般不需高温烧结即可直接得到结晶粉末，从而省去了研磨的步骤及由此带来的杂质。据不完全统计，水热法可以制备包括金属、氧化物和复合氧化物在内的 60 多种粉末。所得粉末的粒度范围通常为 0.1μm 至几微米，有些可以几纳米，且一般具有结晶好、团聚少、纯度高、粒度分布窄以及多数情况下形貌可控等特点。在超细（纳米）粉末的各种制备方法中，水热法被认为是环境污染小、成本较低、易于商业化的一种具有较强竞争力的方法。

水热法制备超细（纳米）粉末自 20 世纪 70 年代兴起后，很快受到世界上许多国家，特别是工业比较发达的国家的高度重视，纷纷成立了专门的研究所和实验室。如美国 Battelle 实验室和宾州大学水热实验室；日本高知大学水热研究所和东京工业大学水热合成实验室，法国泰雷兹（Thomson-CSF）研究中心等。国际上水热技术的学术活动也相当活跃，自 1982 年起，每隔三年召开一次"水热反应"的国际会议，并经常出版有关专著，如《材料科学与工程中的水热反应》。水热法，是指在特制的密闭反应器（如高压釜）中，采用水溶液作为反应体，通过对反应体系加热、加压（或自生蒸气压），创造一个相对高温、高压的反应环境，使得通常难溶或不溶的物质溶解并重结晶而进行无机合成与材料处理的一种有效方法。

水热反应具有 3 个十分明显的特征：①促使复杂粒子间的反应加速；②加剧水解反应；③促使反应物的氧化还原电位发生明显变化。水热过程制备纳米粉体有许多不同的途径，主要有：水热沉淀、水热结晶、水热合成、水热分解和水热机械—化学反应。水热法制粉工艺具有能耗低、污染小产量较高、投资较少等特点，而且制备出的粉体具有高纯、超细、自由流动、粒径分布窄颗粒、团聚程度轻、晶体发育完全并具有良好的烧结活性等许多优异性能。高温高压下以 $TiCl_4$ 为原料在水溶液中合成，纯度高，粒径分布窄，晶形好，但晶化时间较长。Xu 等以硝酸铋为铋源、钼酸钠为钼源，利用四甲基乙二胺的双齿配位效应，通过一步水热法制备了氧空位修饰 Bi_2MoO_6 光催化剂。通过调控水热反应中四甲基乙二胺的浓度，实现了氧空位的温和引入和可控构筑。随后其通过调控水热反应的 pH，实现了 Bi_2MoO_6 光催化剂晶面的选择性暴露。当 pH = 6 时，Bi_2MoO_6 材料的主要暴露晶面为（001）晶面；当 pH = 10 时，Bi_2MoO_6 材料的主要暴露晶面为（010）晶面。将水溶液更换为乙二醇等还原性有机溶剂，还可以原位还原 Bi 单质，制备出 Bi 负载的氧空位修饰 Bi_2MoO_6 光催化材料。

5.3.4 焙烧法

焙烧法基于材料独特的物化性质，是制备钙钛矿基光催化材料的一种有效方法。如原料在一定温度下焙烧处理形成复合氧化物，然后把该氧化物放入水（气）或含有特定阴离子的水溶液中，在水化的同时把客体阴离了引入层间，得到新的插层类水滑石光催化材料。Xu 等通过焙烧—重构的方法将三嗪磺酸盐嵌入到镁铝水滑石夹层中，热稳定性得到增强，可以作为一种高效的光催化剂。而当复合氧化物在不添加额外阴离子的脱碳水气中进行再水化时，会将—OH 纳入层间，特别是获得了位于边缘或缺陷处的高活性层间—OH，与通过离子交换法获得的层间含—OH 水滑石催化剂相比，在催化丙酮液相自缩合反应中表现出更高的催化活性。此外，高温焙烧也是对光催化剂进行改性的有效手段之一，通过外加金属源、改变焙烧气氛等，可以对材料进行掺杂、缺陷构筑等调控，改变材料的电子结构和本征活性，最终提升材料的光催化活性。

5.3.5 其他制备方法

光催化剂的合成除了常见的溶胶—凝胶法、沉淀法和水热法等方法外，还有固相反应和气溶胶喷涂等方法。固相反应是指在固体间发生化学反应从而生成新固体产物的过程，这是最传统的方法。它反应流程简单，同时又易于工业化生产，而且产量也高。Yoshiki 就使用固相反应法合成了 $\alpha\text{-}Bi_2Mo_3O_{12}$、$\beta\text{-}Bi_2Mo_2O_9$ 和 $\gamma\text{-}Bi_2MoO_6$ 材料。Miao 等利用气溶胶喷涂法，在高温下喷洒试剂并喷洒缓冲溶液。在该项工作中，通过调节加入了葡萄糖的浓度，以及加入反应体系中所用到物质的类型，优化其表面结构，造成二钼酸铵微球的表面形式的差异。目前，以钼酸铋为代表的人工微球，可以将亚甲基蓝直接分解为 CO_2、H_2O，并进行完整的矿化处理。可以说，在现代科技飞速发展的情况下，这种新型的、高效率的合成技术，已经成为一种全新的技术。

5.4　半导体光催化剂的分类

从目前的研究来看，光催化材料体系主要可以分为金属氧化物、复合金属氧化物、有机非金属聚合物和异质结材料等（图 5-2）。

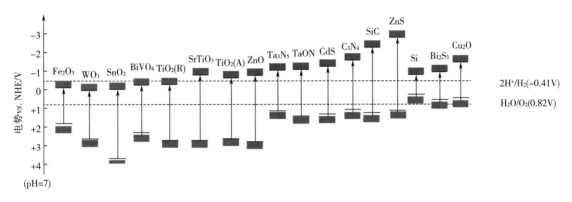

图 5-2　常见的光催化材料

5.4.1　金属氧化物光催化剂

金属氧化物光催化材料主要有 TiO_2、Fe_2O_3、WO_3、ZnO、Cu_2O、SnO_2 等。TiO_2 因其化学性质稳定、催化活性高、价格低廉、无毒无污染等优点而备受人们的青睐，是当今研究最多的光催化剂。1976 年，Caroy 等发现在近紫外光照射下，TiO_2 能氧化分解多氯联苯，开辟了基于多相光催化的环境光催化领域。1983 年，Halmann 等用 $SrTiO_3$ 作为光催化剂，在光的照射下还原 CO_2 水溶液产生了 HCOOH、HCHO 和 CH_3OH，有潜力实现碳材料的循环利用。在半导体光催化研究中，TiO_2 具有众多的优越性，如稳定、高效、健康、无毒等，因此受到了研究者的广泛的关注。其锐钛矿和金红石的混晶相已经实现商业化生产。TiO_2 的优势很明显，而其缺点（如在可见光区的光催化性能不理想）仍制约其工业化发展。关于 TiO_2 的实验研究集中在以下 3 个方面：①带隙过宽（锐钛矿相带隙为 3.2eV），解决途径为金属、非金属或联合掺杂；②晶面调控工程，针对不同活性晶面有目的地调控，并进一步探索相应的物理机制；③调控微观形貌（如纳米线、纳米管、多孔结构、微米球）、负载贵金属及异质结等来改善光催化性能。

TiO_2 有金红石、锐钛矿和板钛矿三种晶型（图 5-3）。板钛矿是自然存在相，合成它非常困难，而金红石和锐钛矿则容易合成。一般而言，用作光催化的 TiO_2 主要有两种晶型：锐钛矿型和金红石型，其中锐钛矿型的光催化活性较高。两种晶型结构均可由相互连接的 TiO_2 八面体表示，两者的差别在于八面体的畸变程度和八面体间相互连接的方式不同。图 5-3 所示为两种晶型的单元结构，每个 Ti^{4+} 被 6 个 O^{2-} 构成的八面体所包围。金红石形的八面体不规

则，微显斜方晶；锐钛矿型的八面体呈明显的斜方晶畸变，其对称性低于前者。锐钛矿型的
Ti—Ti 键距（3.79Å[1]、3.04Å）比金红石型（3.57Å、2.96Å）的大，Ti—O 键距（1.934Å、
1.980Å）小于金红石型（1.949Å、1.980Å）。金红石型中的每个八面体与周围 10 个八面体
相联（其中 2 个共边、8 个共顶角），而锐钛矿型中的每个八面体与周围 8 个八面体相联（4
个共边、4 个共顶角）。这些结构上的差异导致了两种晶型有不同的质量密度及电子能带结
构。锐钛矿型的质量密度（3.894g/cm）略小于金红石型（4.250g/cm），带隙（3.3eV）略
大于金红石型（3.1eV）。金红石型 TiO_2 对 O_2 的吸附能力较差，比表面积较小，因而光生电
子和空穴容易复合，催化活性受到一定影响。

通常制备的 TiO_2 材料，由于化学计量比偏离，产生氧空位，材料呈 n 型导电，其禁带宽
度较宽，其中锐钛矿型为 3.2eV，金红石型为 3.0eV，当它吸收了波长小于或者等于 387.5nm
的光子后，价带中的电子就会被激发到导带，形成带有负电的高活性电子，同时在价带上产
生带正电的空穴 h^+，载流子的产生使得纳米 TiO_2 材料在很多方面的应用成为可能。

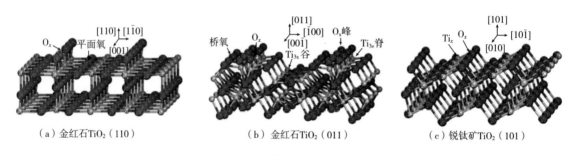

（a）金红石TiO_2（110）   （b）金红石TiO_2（011）   （c）锐钛矿TiO_2（101）

图 5-3 TiO_2 光催化材料的晶体结构

除 TiO_2 金属氧化物材料外，在可见光响应光催化材料中 WO_3 光催化材料也引起了人们
的极大关注。它具有以下优点：带隙为 2.4~2.8eV，能吸收波长小于 520nm 的可见光；其价
带电位为+3.2V，使得价带空穴具有强氧化能力；其化学性质稳定，常温下不与酸、碱反应，
不发生光腐蚀；我国钨矿资源丰富等。这些优点使得 WO_3 光催化材料具有巨大的应用潜力。

一般来说，角和边共享的 WO_6 正八面体构成 WO_3 晶体。角共享形成了以下晶相：正方
（α-WO_3）、斜方（β-WO_3）、单斜Ⅰ（γ-WO_3）、三斜（δ-WO_3）、单斜Ⅱ（ε-WO_3）和立
方 WO_3。然而，立方 WO_3 在一般实验中是观察不到的。跟其他金属氧化物半导体一样，WO_3
的晶型转换是在退火和冷却过程中发生的。研究人员发现，WO_3 晶相随温度变化的顺序为：
单斜Ⅱ（ε-WO_3，<-43℃）→三斜（δ-WO_3，-43~17℃）→单斜Ⅰ（γ-WO_3，17~330℃）→
斜方（β-WO_3，330~740℃）→正方（α-WO_3，>740℃）。很明显，单斜Ⅰ（γ-WO_3）是在
室温下最稳定的单斜相。单斜Ⅱ（ε-WO_3）只有在低于冰点温度才稳定，在自然界中很少出
现。此外，在这些不同晶相中，单斜Ⅰ（γ-WO_3）显示出最好的光催化活性。单斜 WO_3 可
以被认为是畸形的钙铁矿结构，即在 ABO_3 结构中，A 离子消失。B 被 W 所取代。WO_3 的最

---

[1] 1Å=0.1nm。

小单斜晶胞包含 8 个 W 原子和 24 个 O 原子，W 原子有 6 个配位数。WO₃ 结构也可以被视为由链状 W—O—W 组成，链由 W 原子链接。

5.4.2　复合金属氧化物光催化剂

复合金属氧化物主要包括钨酸铋、钒酸铋氧化物等。一般都具有由 Bi—O 层和 MO_6（M 代表 W、Mo 等金属）八面体层交替排列构成的奥里维里斯层状结构，而且在可见光区域都具有较好的吸收。这些复合氧化物独特的电子构型及优异的光学性质使其在光催化领域的应用甚为广泛。非 TiO_2 系的金属氧化物光催化剂有着 TiO_2 不可比拟的优点：更大的结构容忍度，成盐金属原子众多的选择性，以及氧原子被阴离子取代的可行性，这使其在光催化领域有着巨大的发展潜力。

从 20 世纪 80 年代开始，一些研究者就开展了探索新型光催化剂的研究工作，如 $SiTiO_3$、$K_4Nb_6O_{17}$、$NaTi_6O_{13}$、$BaTi_4O_9$、ZrO_2、Ta_2O_5、$K_2La_2Ti_3O_{10}$ 等。自 1997 年开始，Kudo 等又陆续发现了一系列不需要辅助催化剂的钽酸盐化合物用于光解水，开辟了光解水光催化剂材料的一个新领域。该研究小组一直致力于新型光催化剂的开发，认为合适的能带对开发可见光光催化剂非常有必要，并结合其工作总结出 3 条能带调节的策略：①通过掺杂产生施主能级；②价带控制。通常，稳定氧化物半导体光催化剂的导带是由金属阳离子的 d^0 和 d^{10} 轨道组成，包含其空轨道；价带由 O 2p 轨道组成。通过 O 2p 与其他元素的轨道形成新的价带能级或电子施主能级，可以使禁带宽度或能级宽度变窄。Bi^{3+} 和 Sn^{2+} 的 ns^2 轨道，以及 Ag^+ 的 d^{10} 轨道可以有效的与半导体氧化物的 O 2p 轨道形成新的价带能级，使禁带宽度变窄。相应的新型光催化剂 $SnNb_2O_6$、$AgNbO_3$、Ag_3VO_4、$BiVO_4$、Bi_2WO_6 都具有较好的可见光催化活性。另外 N 2p 和 S 3p 轨道也适合形成价带用于制备可见光光催化剂；③固溶体光催化剂：合成了 $(CuIn)_xZn_{2(1-x)}S_2$、$(AgIn)_xZn_{2(1-x)}S_2$、$ZnS-CuInS_2-AgInS_2$ 固溶体，通过调整固溶体中不同组分的含量，可以实现对固溶体禁带宽度的调节，而且均具有很高的可见光催化活性。2000 年以来，邹志刚等研究了 Bi_2InNbO_7，以及 Bi_2MNbO_7（M = Al，Ga，In），Bi_2MNbO_7（M = Al^{3+}，Ga^{3+} 和 In^{3+}）等新型复合氧化物光催化剂。几乎与此同时，开发出了 $InNbO_4$ 以及 $InTaO_4$ 光催化剂，并研究了 $InVO_4$ 光催化剂。最近，中国科学院上海硅酸盐所的黄富强课题组在卤氧化合物光催化剂的开发上做了大量的工作，其研究表明 BiOCl，$xBiOBr-(1-x)BiOI$、$xBiOI-(1-x)BiOCl$ 等化合物都有很好的可见光响应。

纵观这些研究，对复合光催化剂的研究主要集中在以下几类：钙钛矿型复合氧化物、铋系光催化剂、杂多酸光催化剂、分子筛光催化剂、卤氧化物光催化剂、钒副族复合氧化物和钨酸盐光催化剂。其中，钨酸盐类半导体材料，因其特有的结构和物理化学性质，日益受到人们的重视，研究十分活跃。结合近几年在新型光催化剂的探索工作，下面将就以上几种材料分别进行介绍。

作为典型的复合氧化物，铋基半导体材料 Bi_2MoO_6、Bi_2WO_6 和 $BiVO_4$ 也具有较好的可见光响应，并因其形貌具有多样性而成为近期光催化剂合成的重点对象。作为奥利维里斯（Aurivillias）氧化物家族中组成最简单的一员，钼酸铋（Bi_2MoO_6）具有类似钙钛矿结构，包括斜方晶系和单斜晶系 2 种不同结构。其中，斜方晶系和单斜晶系的 Bi_2MoO_6 分别生成于中低温区间（$T<960℃$）和高温区间（$T>960℃$）。目前，被广泛研究的 Bi_2MoO_6 光催化材料主要是斜方晶系。斜方 Bi_2MO_6 由 $[MoO_4]^{2-}$ 八面体层和 $[Bi_2O_2]^{2+}$ 层状交替堆叠组成。每个 Mo 原子与相邻的 6 个 O 原子配位形成共角八面体，而每 Bi 原子则与 6 个 O 原子及 4 个 Mo 原子配位。作为直接带隙的半导体材料，Bi_2MoO_6 的禁带宽度约为 2.7eV，对紫外光区和一定范围的可见光区都有光响应。通过密度泛函理论计算可知，Bi_2MoO_6 的价带顶主要由 Bi 的 6s 及 O 的 2p 组成的杂化轨道占据，导带则主要由 Mo 的 4d 轨道所占据。受光激发后，光生电子容易从杂化轨道跃迁至 Mo 的 4d 轨道，这使得其表现出良好的电子—空穴分离、迁移能力，被认为是最具应用潜力的光催化材料之一，受到了越来越多研究者的关注。

根据文献报道，Bi_2MoO_6 晶体垂直于层状结构向上的方向被定义为（010）方向。通过改变合成过程中的酸碱环境，Bi_2MoO_6 材料则会出现不同晶面的暴露。Chen 等研究发现，在微酸性水热条件下，Bi_2MoO_6 材料易形成（001）晶面暴露的微米/纳米片结构，而在碱性环境中则倾向于生成（010）晶面暴露的微米/纳米带结构。不同的晶面具有不同的原子构成和化学环境，因此表现出不同的催化特性。（001）晶面由 $[MoO_4]^{2-}$ 八面体层和 $[Bi_2O_2]^{2+}$ 层交替排列组成，呈现出开放暴露的结构，最外层为配位不饱和的 Bi、Mo 和 O 原子；而（010）晶面 $[MoO_4]^{2-}$ 八面体层和 $[Bi_2O_2]^{2+}$ 层交替堆积形成，最外层为 $[Bi_2O_2]^{2+}$ 层，致密的 O 原子占据了最外层（图5-4）。

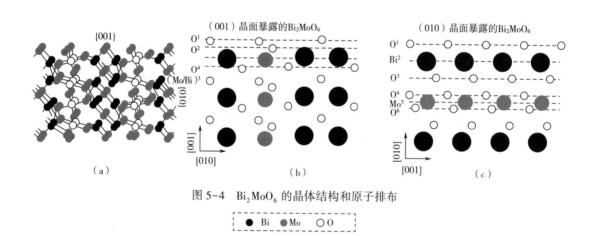

图 5-4　Bi_2MoO_6 的晶体结构和原子排布

5.4.3　有机非金属光催化剂

有机非金属光催化材料主要包括多孔有机聚合物（CMP）和共轭有机框架（COF）等材料。有机共轭聚合物可认为具有准一维的分子结构，分子的构成存在两类化学键。一类是局域的 σ 键，它是构成聚合物分子的骨架；另一类是非局域的 π 键，它在聚合物骨架平面上下形成 π 电子云，形成一个大共轭 π 键结构。正是因为导电高分子聚合物都有一个长程 π 电子共轭主链，因此又称其为共轭聚合物。作为主体的高分子聚合物大多为共轭体系，链中的 π 电子较为活泼，特别是与掺杂剂形成电荷转移络合物后，容易从轨道上逃逸出来形成自由电子。高分子链内与链间 π 电子轨道重叠所形成的导电能带为载流子的转移和跃迁提供了有效的通道。在外加能量和分子链振动的推动下，便可传导电流。

　　自从 1989 年，Liu 和 Cohen 在理论上预测 β 相氮化碳（$\beta\text{-}C_3N_4$）为硬度可与金刚石相媲美，而在自然界中尚未发现的新化合物以来，氮化碳（C_3N_4）便引起了人们的广泛关注，成为碳基材料的一个重要补充。1996 年，Teter 和 Hemley 重新计算了 C_3N_4 的结构，推测 C_3N_4 有 α 相、β 相、类石墨相、立方相和准立方相五种结构。除了类石墨相外，其他 4 种结构都具有超硬材料的性质，体弹性模量接近或超过金刚石。类石墨相、α 相、β 相、立方相和准立方相 C_3N_4 的单晶胞体积依次减小，能量依次增大。五种结构中，类石墨相（$g\text{-}C_3N_4$）密度最低，能量也最低；而立方相密度最高，其能量比类石墨相高 $0.13eV$。$g\text{-}C_3N_4$ 和 $\beta\text{-}C_3N_4$ 的稳定性关系犹如石墨和金刚石之间的关系。在室温条件下，$g\text{-}C_3N_4$ 最稳定，在硬质相结构中，α 相最稳定。C_3N_4 材料因其优异的力学性能，还具有较宽的光学带隙，较高的折射率和热导率，是超硬涂层材料，激光器的优良电子材料和新型半导体光电器件方面有很大的应用潜力。

　　2009 年，王心晨等首次发现 $g\text{-}C_3N_4$ 材料的光催化产氢效果显著，使得其在光催化领域的研究引起了轰动。石墨相氮化碳（$g\text{-}C_3N_4$），作为一种非金属半导体光催化剂，具有合适的禁带宽度，能在可见光下响应，其化学稳定性、热稳定性良好，可用于光催化有机合成、光催化降解有机污染物和光催化分解水制氢等。$g\text{-}C_3N_4$ 具有类似石墨的层状结构，包含了石墨状片层沿着 c 轴方向的堆垛，每一个片层都是由二维 C_3N_4 环或 C_6N_7 环构成，环之间通过末端的 N 原子相连而形成一层无限扩展的平面，如图 5-5 所示。

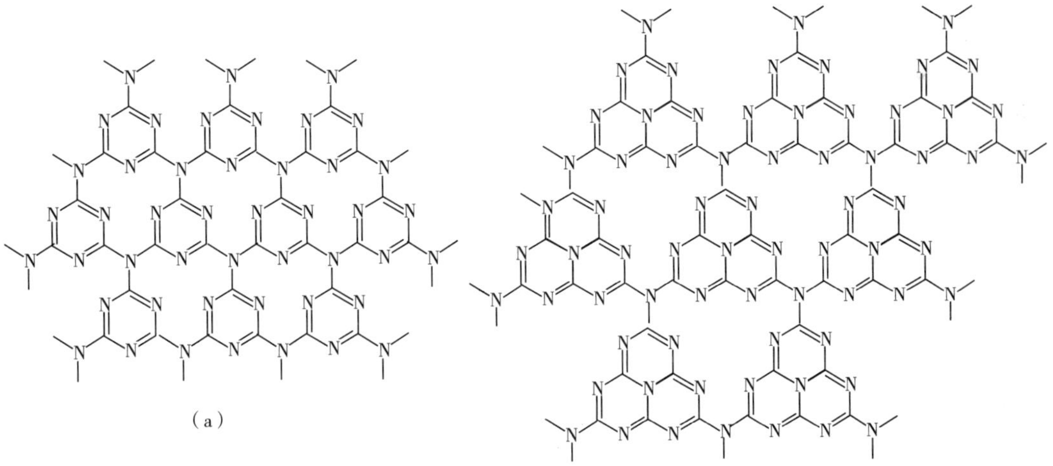

（a）

（b）

图 5-5　$g\text{-}C_3N_4$ 的分子结构

　　因氮孔大小不同的，$g\text{-}C_3N_4$ 有构造单元为三嗪和 3-s-三嗪两种不同的同素异构体结构。因为氮孔大小的不同，使氮原子所处的电子环境不同，二种结构的稳定性不同。3-s-三嗪结构的 $g\text{-}C_3N_4$ 具有更好的稳定性，是目前研究最多的一种 $g\text{-}C_3N_4$ 结构。$g\text{-}C_3N_4$ 被理论预言之后，人们开始采用各种手段试图在实验室合成出这种化合物，如物理化学气相沉积法、溶剂热法、电化学沉积等方法。缩聚有机物前驱体是近年来研究得比较多的一种方法，利用有机物前驱体在加热过程中自身发生缩聚，形成 g-C₃N₄，该方法简单易得，应用比较广。

研究发现单氰胺、二聚氰胺、三聚氰胺或三氯聚氰在缩聚过程中，都会形成一种叫蜜勒胺的中间体，蜜勒胺通过进一步缩聚可以形成层状结构的 g-C₃N₄。Thomas 等研究了缩聚前驱体分子的反应过程（图 5-10），发现缩聚前驱体先聚合形成三聚氰胺，接着是一个去氨的缩聚过程。350℃时生成三聚氰胺；390℃时三聚氰胺通过重排形成了 3-s-三嗪环，475℃以后形成层状中间体蜜勒胺，约 520℃时，这种结构单元缩聚成层状聚合的 g-C₃N₄，温度高于 600℃生成的物质不稳定，加热到 700℃时，g-C₃N₄ 结构被破坏，分解生成 N₂ 和氰基碎片。对 500℃的产物作进一步的热处理，可以得到缩聚更好的 g-C₃N₄ 产物。

人们对 g-C₃N₄ 进行了一系列的研究，包括：有机反应、光解水制氢，降解有机染料。作为一种可见光催化剂，g-C₃N₄ 具有良好的应用前景，但是 g-C₃N₄ 的光催化活性还不能令人满意。因此，人们进行了各种努力来提高 g-C₃N₄ 的光催化活性，如染料敏化、过渡金属掺杂，半导体复合，将 g-C₃N₄ 制成多孔结构等。Wang 等制备了多孔的 mpg-C₃N₄，其光催化效率明显优于无孔的 g-C₃N₄。Zou 等人将通过球磨法将 g-C₃N₄ 与 TaON 复合制成有机—无机复合光催化剂，在可见光下降解罗丹明 B，光催化活性有明显提高。Wang 等合成了铁修饰的 Fe-g-C₃N₄ 催化剂，发现它可直接将苯氧化为苯酚。Zou 等通过加热三聚氰胺和硼氧化物，制备了硼掺杂的 g-C₃N₄ 光催化剂，并将其用来降解罗丹明 B 和甲基橙，硼掺杂提高了 g-C₃N₄ 的吸附性能和光催化活性。

共价有机框架材料（COFs）作为一类新型的有机多孔材料是一类由轻质元素（碳、氢、氧、氮、硼等）通过共价键连接而成的具有一定结晶性和周期性的二维或三维有机多孔聚合物。精巧的棒卯结构设计和可控的共价键连接组装能实现各种类型共价有机框架的构筑。自2005 年，美国 Yaghi 等合成了第一组以硼酸酯为骨架的共价有机框架材料之后。其有序的结构特征和功能开发上的巨大潜力掀起了国内外学者对其进行研究的热潮。经过近年来的发展，已经有许多骨架类型（硼酸酯型亚胺型、三嗪等）的共价有机框架材料被合成出来，其较低的密度、良好的热稳定性和化学稳定性以及较大的面积也让其在尾气吸收、传感、质子传导、催化、能量储存及药物输送等领域得到广泛应用。2018 年，兰州大学王为、北京大学孙俊良和加州大学伯克利分校 Yaghi 等合作首次获得共价有机框架大尺寸单晶，解开了困扰共价有机框架材料研究者多年的难题，为精准解析共价有机框架材料结构及深入开发和应用此类材料奠定了坚实基础。

共价有机框架材料，因构建单元的维度不同，可以分为二维和三维共价有机框架材料。二维共价有机框架材料（2D-COFs）有延展的共驱体系，促进了光生电子—空穴的分离、扩散、迁移，拥有较高的电子迁移率，具有良好的光化学活性。同已有的其他类型的光敏剂相比，具有如下优点：①合成简单。热力学可逆反应有利于长程有序结构的形成，因此 COFs一般由热力学可逆反应制备其合成方法主要有溶剂热法、离子热法、微波辐射法和机械化学研磨法等。目前报道的构建 COFs 反应主要有硼酸脱水三聚、硼酸与邻苯二酚化合物缩合氰基自聚和席夫碱反应（醛与胺、肼、腙等的脱水缩合反应等），反应往往为一步反应，且不需要特殊的催化剂和设备；②COFs 具有周期性孔道结构，高度有序，孔径可调，比表面积大，具有大的共轭体系。COFs 材料的 BET 比表面积一般在 $1000m^2/g$ 左右，有的甚至高达 $5000m^2/g$，适用于设计高催化活性的光催化剂；③COFs 材料结构中只包含非金属的轻质元素，材料密度一般比 MOFs 小很多。④结构和功能可调。改变单体可以有效控制 COFs 的框架结构，也可在侧链上引入相应的官能团，实现 COFs 材料的功能化。与无机半导体光敏剂相比 2D-COFs 光学能带间隙、氧化还原电势及光吸收范围可以通过骨架的调整和设计进行调节；⑤良好的热稳定性和酸碱稳定性。据文献报道 COF 的热稳定性超过 400℃；同时，COFs 材料具有较大共驱体系，并且在空间上结构可无限延伸，因此对酸和碱具有较高稳定性。

5.4.4　异质结光催化剂

如图 5-6 所示，由于费米能级电位存在差异，当将两种成分不同的半导体材料接触后，费米能级将会相向移动，最终稳定在同一位置，同时在两相界面处会出现电子和空穴的交换，形成空间电荷区，即耗尽层和富集层。半导体材料受到入射光激发产生的光生电子和空穴，可以在空间电荷区内形成的电场的协助下，发生高效快速的分离，从而达到提高光催化材料光催化性能的目的。

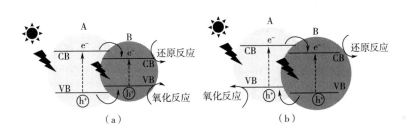

图 5-6　不同类型的异质结光催化剂

5.4.4.1　p-n 型异质结结构

n 型半导体中的多数载流子为电子，而 p 型半导体中的多数载流子为空穴。在稳定状态下，n 型半导体材料中的电子和电子受体以及少数空穴之间的电量总和严格相等；相反，在 p 型半导体中空穴和电子给体以及少数电子之间的电量总和严格相等。因此，在该条件下，n 型和 p 型半导体材料都是稳定的。当一块 p 型半导体材料和一块 n 型半导体材料接触后，由于二者的多数载流子的浓度不同，将在二者接触的界面处发生相互的电荷迁移过程。n 型半导体材料的电子将向 p 型半导体材料中转移，而 p 型半导体材料的空穴将会扩散到口型半导体材料表面。正电荷将会在 n 型半导体一侧聚集并称为耗尽区，而负电荷将在 p 型半导体一侧聚集并称为富集区，这时，半导体材料的能带会在界面处的耗尽层和富集层发生弯曲，同时，这种电荷在界面处的迁移将会在两种半导体材料的界面间形成一个由 n 型半导体指向口型半导体的内建电场。半导体内电子和空穴将会在该电场作用下做迁移运动，当体系达到稳定时，两种半导体材料的电子和空穴的迁移运动速率等于扩散速率，从而保证在电量上达到稳定。

当入射光照射到 p—n 型异质结半导体光催化材料表面后，p 型和 n 型半导体材料均被激发，电子从半导体材料价带跃迁到导带形成激子。在半导体的两相界面处由于 p—n 异质结电场的存在，激子将在这些区域发生快速分离，光生电子由 p 型半导体迅速转移到 n 型半导体上，同时，光生空穴从 n 型半导体向 p 型半导体迁移，从而有效地控制激子的二次复合，使得复合材料整体的光催化效率得以提高。

5.4.4.2　n—n 型异质结结构

n 型半导体材料的费米能级靠近其导带位置，p 型半导体的费米能级则更靠近其价带位置，因此当二者接触时，它们的费米能级将会出现较大程度的移动，并在界面间形成较强的内建电场。此时，两种半导体材料的能带将出现较大的弯曲与移动，将导致当光生电子和空穴在两相之间转移后，相应的氧化还原能力下降。也就是说，p—n 型异质结虽然可以很大程度上提高光生电子和空穴的分离效率，但是对光生电子和空穴的氧化还原能力影响较大。

当两种不同的 n 型半导体接触时，由于 n 型半导体的费米能级均靠近其相应的导带位置，所以当二者界面间电子转移达到平衡后，可以形成一个能量较低的电场，该电场对光生电子和空穴的分离依然具有一定的贡献。同时，由于二者费米能级接近，稳定后半导体材料的能带弯曲量较小，这将不会对光生电子和空穴的氧化还原力造成较大的影响。费米能级较正的半导体能带发生向下的弯曲，而费米能级更负的半导体能带发生向上的弯曲，二者之间出现了能量的不连续，这不利于光生电子和空穴的扩散转移。因此，对于 n—n 型异质结半导体光催化剂，在不损伤光生电子和空穴氧化还原力的情况下，可以在一定程度上提高光生电子和空穴的分离能力，而这种分离能力的提高主要来自内建电场的加速漂移作用。

5.4.4.3　p—p 型异质结结构

对于 p 型半导体材料，其费米能级更靠近价带，当两种不同的 p 型半导体材料接触后，与 n—n 型异质结类似，由于费米能级差较小，界面形成的异质结电场强度以及能带弯曲程度都较小。在光照条件下，其相应的光生电子和空穴的分离机理与 n—n 型异质结类似。

5.5　环境修复光催化剂

5.5.1　去除有机挥发性气体光催化剂

有机挥发性气体（VOCs）包括甲醛、丙酮、甲苯及其他苯系物是室内空气污染最常见的污染物类型。其来源广泛，对人体健康影响也较大。相关研究表明，铋系光催化剂在 VOCs 去除方面具有显著效果。

例如，Qian 等采用浸渍法在钨酸铋表面负载碳量子点（CQDs）可控制备出了一系列不同含量比的 $CQDs/Bi_2WO_6$ 纳米复合物。该材料在模拟太阳光下能有效地将丙酮和甲苯氧化成无毒的二氧化碳和水；他们通过 X 射线粉末衍射、透射电子显微镜、紫外可见漫反射光谱和光电流等表征手段探究了在可见光下复合物光催化性能的提升原因，并发现碳量子点的负载并没有改变钨酸铋的晶格和形貌等特征，但随着碳量子点负载量的增加，$CQDs/Bi_2WO_6$ 纳米复合物在可见光区域的吸收强度逐渐增加，其光生电子和空穴的分离能力也得到了显著加强，因此 CQDs/Bi$_2$WO$_6$ 复合氧化物在 VOCs 光催化氧化上表现出比纯相的钨酸铋更加优越的效果。

Hu 等制备出了具有宽光谱响应的 BiVO$_4$/TiO$_2$ 材料，通过电子顺磁共振发现 BiVO$_4$ 和 TiO$_2$ 的结合极大提高可见光下活性物种羟基自由基和超氧离子的产生，该异质结材料可见光下对苯的转化率可达 92%，矿化率可达 84%，在超过 50h 的循环实验中其矿化率依然能保持在 80% 左右。索静等将铜修饰的 BiVO$_4$ 负载并固定在不锈钢丝网上用于可见光催化去除甲苯，发现在 5h 内甲苯的降解效果达 90%。该材料降解甲苯效果明显高于纯相的 BiVO$_4$（34%），其原因在于 Cu 的修饰不仅使 BiVO$_4$ 可见光吸收带发生明显红移，而且较大幅度提高了其吸收强度。

5.5.2　去除氮氧化物（NO$_x$）光催化剂

氮氧化物（NO$_x$）不仅是室内污染的常见污染源，也是造成雾霾、光化学烟雾和酸雨的主要原因。其来源主要有两个方面：一方面是由生物固氮和雷电等自然过程产生；另一方面是由人类活动如汽车尾气排放、工业废气排放等产生。氮氧化物可引起中毒、阻塞性肺病和肺癌等一系列的健康问题，已逐渐引起人们重视。光催化技术氮氧化物去除方面的应用也受到了广泛关注。

鉴于光催化 NO 还原效率低的问题，当前光催化 NO 去除的主流研究方向是 NO 氧化。董帆等近年通过金属掺杂、非金属掺杂、助催化剂负载和形成异质结等多种手段有效地拓宽了铋系半导体光催化材料的光化学活性，使其在可见光下能高效去除 NO$_x$。例如，与普通未掺杂 Bi$_2$O$_2$CO$_3$ 相比，以葡萄糖为碳源，制备出的碳掺杂 Bi$_2$O$_2$CO$_3$ 不仅在可见光下去除 NO 效率提高了三倍，而且具有很好的稳定性。这是因为碳的掺杂不仅拓宽了碳酸氧铋的可见光吸收范围，还促进了光生载体的分离效率。Feng 等发现，在具有层状结构的 Bi$_2$O$_2$CO$_3$ 表面引入银离子簇也可显著提高 Bi$_2$O$_2$CO$_3$ 可见光氧化 NO$_x$ 性能。阻抗、电子顺磁共振等结果表明，银簇和 Bi$_2$O$_2$CO$_3$ 之间的界面电荷转移过程显著加快了光生载体的分离，从而明显提高光电流强度及羟基自由基的产生量。Wang 等利用均相碳掺杂的超薄 Bi$_2$MoO$_6$ 材料光催化去除 NO，30min 内对 NO 的去除率高达 60%。光催化过程中显著增加的 ROS 在 NO 氧化过程扮演了重要角色。具体而言，$\cdot$O$_2^-$ 和 ^{1}O$_2$ 参与了 NO 到 NO$_2$ 的初级氧化过程，而空穴和 $\cdot$OH 则在 NO$_2$ 转化为 NO$_3^-$ 的过程中发挥了至关重要的作用（图 5-7）。

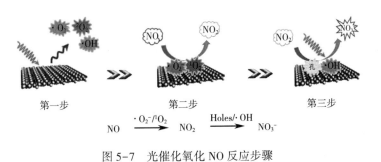

$$\text{NO} \xrightarrow{\cdot\text{O}_2^-/^1\text{O}_2} \text{NO}_2 \xrightarrow{\text{Holes}/\cdot\text{OH}} \text{NO}_3^-$$

图 5-7　光催化氧化 NO 反应步骤

Shang 等制备出氧空位修饰的蓝色 TiO_2 光催化材料 NO 去除。其光催化 NO 去除效率高达 63%。结合理论计算和原位红外光谱厘清了含氧空位 TiO_2 光催化氧化 NO 的具体步骤，指出 O_2 活化是反应的关键所在。其原因在于一方面 O_2 活化产生的 $\cdot O_2^-$ 能有效参与 NO 的氧化去除；另一方面，O_2 活化过程消耗了光生电子，阻止了载流子的复合。具体而言，O_2 先以桥接的方式（$\cdot O_2^{2-}$）吸附在氧空位附近的 Ti 原子上，后的电子被活化至 $\cdot O_2^-$，用于 NO 分子的选择性氧化。类似的结果也见于（001）面暴露的含氧空位 BiOCl 材料。Li 等利用 BiOCl 表面氧空位活化分子氧可以产生单边桥连的 $\cdot O_2^-$，这种表面 $\cdot O_2^-$ 可以把 NO 直接氧化到无毒的 NO_3^-，从而实现了 NO 的高效去除。Liu 等在研究 TiO_2 纳米颗粒在 NO_2 吸附和转化过程中表面羟基的结构—活性关系时发现，表面端接羟基具有更高的反应活性，可以把 NO_2 氧化为 HNO_3。

5.5.3 降解有机染料光催化剂

有机染料广泛应用于纺织、印染、涂层、医药等行业。在这些工业生产过程中，有 10%~15% 的有机染料随工业废水排放到周围的水体、土壤及大气中。这些有机染料色度高、毒性大、成分复杂、化学需氧量（COD）高、化学性质稳定，对生态环境尤其是水环境造成了严重的污染。

含氮染料化合物的光催化降解过程，因其结构氮的降解过程不同而不同。非偶氮结构的氮元素将生成 NH_3，然后继续氧化成 NH_4^+。偶氮结构是存在于化合物内的发光基团，易吸收紫外光。在光的激发下，首先产生电子跃迁，生成激发态电子，从而活化分子的局部结构，使与偶氮相连的碳原子变得不稳定，促进 N—C 键首先开裂，生成 N_2。Satosbi 等利用纳米 TiO_2 光催化降解溶液中的纺织染料碱性红，处理后的废水基本无色，COD 也大幅度降低。Eftaxias 等将 TiO_2 粉末附着在海砂和玻璃表面对质量浓度为 10mg/L 的苯酚进行光解。其研究结果表明，石碳酸被显著光催化降解，且其反应符合一级动力学反应方程；而附着态 Ti，重复使用 15 次后其催化能力降低 17.9%。Shen 等以紫外灯为光源，研究了 TiO_2 光催化降解罗丹明 B 的反应，最终光催化降解产物主要是 CO_2、NO_3^- 和 H_2O。Zheng 等利用自制的纳米 TiO_2 溶胶在日光下对亚甲基蓝进行光催化降解，结果表明，在亚甲基蓝浓度为 4×10^{-3} mol/L，TiO_2 用量为 5.0×10^{-2} g/L、加入质量分数为 3% 的 H_2O_2 1mL、日光照射 30min 的条件下，其降解率可达到 80% 以上。Hasbimoto 等在 2000 年提出 TiO_2 在 UV 照射下，产生光生电子与空穴。在氧气存在的情况下，电子与氧气反应生成超氧自由基，空穴与吸附在表面的-OH 或 H_2O 反应，生成羟基自由基（$\cdot OH$），羟基自由基可以通过两步反应将氮氧化物氧化成硝酸盐。超氧自由基可以将吸附在催化剂表面的氮氧化物氧化成硝酸盐，加速氮氧化物的降解。

5.5.4 降解有机农药光催化剂

我国是农业生产大国，有机农药（原药）的年使用量高达数十万吨。虽然农药在农业病虫草害防治方面具有重要应用，但是近年来的过度使用使其在环境中尤其是水中的残留量日益增多，严重威胁着人类健康。除了有机染料，铋系光催化剂被广泛地用于有机农药光催化降解等。例如，Peng 比较研究了 BiOBr 在可见光下催化降解除草剂乙草胺与染料 RhB 的降解行为，发现弱极性除草剂乙草胺的降解速率随着 BiOBr 量的增加呈指数增加。该现象明显不同于强极性染料罗丹明 B 典型的非均相光催化降解行为。Pei 等将普通水热法制得的 Bi_2WO_6 用于除草剂 2,4-二氯苯氧乙酸丁酯的可见光催化降解，并考察了体系 pH、2,4-二氯苯氧乙酸丁酯浓度、光强、双氧水加入量等因素对降解速率的影响。结果表明，降解速率与光强成正比，与浓度成反比；当 pH 为 5，双氧水量为 0.03mmol/L 时，降解效果最佳。Chang 等沉淀法合成的 $BiVO_4$ 微米颗粒用于除草剂甲草胺的可见光催化去除，并探究了催化剂用量、体系 pH 及外源阴离子（Cl^-，NO_3^-）对 $BiVO_4$ 降解活性的影响。结果表明，当催化剂用量为 1g/L、pH 为 5、无外源阴离子存在时，降解效果最佳。此外，他们还利用气相色谱—质谱联用仪检测了甲草胺降解的中间产物，提出了可能的降解过程。Ding 等通过控制反应物的投料比合成铋自掺杂的 Bi_2WO_6 发现该自掺杂 Bi_2WO_6 在可见光下催化降解五氯酚钠的活性显著优于未掺杂 Bi_2WO_6。密度泛函理论计算和紫外漫反射光谱、荧光光谱、电子自旋共振等表征结果表明，自掺杂 Bi_2WO_6 的光生载流子分离效率较未掺杂 Bi_2WO_6 有大幅提高，能产生更多在五氯酚钠降解过程中起决定作用的超氧阴离子自由基。

5.5.5　降解抗生素光催化剂

随着医药科学的发展，人类已经发现了数千种的抗生素，对病微生物和细菌有明显的抑制和杀灭效果，在医药健康和畜牧业领域有广泛的应用。盐酸四环素（TC）作为一种重要的广谱抗生素，在人类预防和治疗细菌感染、养殖和农业生产上得到了广泛应用。然而，TC 在人或动物体内的利用率很低，只有部分可以被代谢吸收，剩下的 5%~90%会以抗生素本体或其衍生物的方式排出体外。由于 TC 具有良好的水溶性、化学稳定性以及长的半衰期，其未被利用的部分能够在水环境中富集并长时间存在。TC 废水带来的危害是巨大的，它会破坏水环境中的原始生物链，对生物的生长产生影响，从而对整个生态系统的平衡造成威胁。然而，近年来抗生素的滥用使其在生态环境中的残留日益增多，造成环境中产生了耐药性的超级细菌，对生态平衡和人类健康造成严重影响。

类似于有机染料和农药的降解，活性氧物种在去除水体中抗生素方面的机理研究也有很多报道。Xu 等通过光催化技术降解环丙沙星也取得了优异的性能。光照 40min 就可以基本完全去除环丙沙星，光照 6h，其矿化效率超过 50%，生物毒性几乎完全消失。进一步研究发现，羟基自由基、超氧负离子和单线态氧可以通过羟基化作用脱去 F 原子，进而继续断开哌嗪环使其得以深入矿化。这些活性氧物种在降解过程中都发挥了重要作用。此外，包括理论计算和实验探究在内的大量研究表明，羟基自由基等活性氧物种在多种抗生素降解过程中作用明显。例如，Luo 等发现利用酸修饰的生物炭活化过氧化氢可以产生大量的羟基自由基，对环丙沙星的去除率高达 93%。对于磺胺二甲嘧啶抗生素，Ji 等通过理论计算研究发现，羟基自由基和超氧负离子更易攻击碳骨架上的亲核位点，以降低污染物的生物毒性，最终完全降解。Pi 等发现四环素的光催化降解路径主要包含羟基自由基介导的自由基过程和单线态氧介导的非自由基过程。

5.5.6　还原重金属离子光催化剂

工业化的快速发展导致含有六价铬 Cr（Ⅵ）的废水排放量日益增加，Cr（Ⅵ）的毒性和高流动性造成极大的环境污染问题。铬（Cr）是重要的工业原料之一，广泛用于电镀、制革、颜料制造、冶金与采矿等领域。随着现代工业的快速发展，含 Cr 废水排放导致的水质污染问题日趋严重，给人类的身体健康和生存环境带来极大的危害。因此，探寻缓解废水中 Cr 污染的有效途径，越来越受到人们的关注。Cr 属于周期表中第Ⅵ B 族的金属，可以呈现从−2 价到+6 价的所有价态，在水环境中能稳定存在的是六价铬 Cr（Ⅵ）和三价 Cr（Ⅲ）两种价态化合物的物理化学性质有很大的差异，且表现出不同的生物活性和毒理效应。将 Cr（Ⅵ）还原成低毒性和低流动性三价铬 Cr（Ⅲ）是当前的有效处理方式之一。

水中 Cr（Ⅵ）还原的方法主要有化学还原法、电化学还原法、零价铁还原法、微生物还原法及催化还原法等。与传统方法相比，利用太阳光驱动氧化还原反应进行 Cr（Ⅵ）降解具有无催化剂和还原剂消耗、不会造成二次污染和有限资源损耗，成为处理 Cr（Ⅵ）污染的有效解决方案。由于 $Cr_2O_7^{2-}$ 中 O 原子的电子云密度较高，在中性 pH 条件下光生电子还原水中 Cr（Ⅵ）的难度较大，故其光催化还原反应在酸性条件下更易进行。

Zhang 等用溶胶—凝胶结合水热法合成了 Cu 掺杂 TiO_2 的光催化剂，并研究了其催化还原水中 Cr（Ⅵ）的性能结果显示在 pH＝3 及可见光照射 150min 的条件下，1g/L 的 0.5%Cu—TiO_2 催化剂对 20mg/L 的 Cr（Ⅵ）还原去除率为 73.4%，高于 TiO_2 催化剂的 59.9%，但 10% Cu—TiO_2 催化剂的催化效率只有 63.5%。研究表明，Cu 掺杂将 Cu 3d 能级插入 TiO_2 的 VB 中，使催化剂的带隙能（从 TiO_2 的 2.93eV 降到 0.5% Cu—TiO_2 的 2.67eV，对可见光的吸收边发生了红移，提高了催化剂的光利用率 Cu 掺杂减少了 TiO_2 的团聚，并在 TiO_2 表面形成了很多微孔，增大了催化剂的比表面积，提高了对 Cr（Ⅵ）的吸附能力，从而增加了反应活性位点；5%Cu—TiO_2 催化剂的光电流远大于 TiO_2，表明适量 Cu 掺杂能延长光生载流子的寿命，从而提高了催化效率。然而过量负载 Cu 会覆盖催化剂与光的接触面，降低 TiO_2 的活性位点，且会形成电荷复合中心不利于光生 e^-~h^+ 对的分离，进而抑制催化反应的进行。

Qiang 等采用水热法制备了具有可调硫空位的自缺陷 SnS_2 催化剂，并将其用于光催化还原去除 Cr（Ⅵ）。结果显示，pH＝2 时，在可见光照射下，随着硫空位数量的增加，催化剂样品的光还原性能呈现先增加后下降的趋势。具有最佳硫空位的 SnS_2−5 催化剂（0.2g/L）对 $K_2Cr_2O_7$（50mg/L）的光还原率最高（20min 内达到 100%），约为纯 SnS_2 的 18.09 倍。且三次循环试验后其光还原率没有明显的下降。对催化剂样品的光学性质和电化学性质的检测研究表明，硫空位调节的禁带宽度变窄，光利用率增强 SnS_2 催化剂经光照激发生成 e^-~h^+ 对，一方面，电子跃迁到 CB 后被硫空位俘获，经历陷阱到陷阱的跳跃过程，有助于延长电荷寿命；另一方面，由于 SnS_2 的 VB 比 H_2O 的氧化电位更正，有利于 H_2O 的分解和 h^+ 的消耗（即 H_2O 为空穴清除剂），从而大大抑制了光生载流子的复合，提高了催化剂的光催化活性过高的硫空位会破坏光催化剂的本征电子结构形成 e^-~h^+ 复合位，降低催化剂的光催化活性。

5.6　能源转化光催化剂

5.6.1　CO_2 资源化光催化剂

化石能源的不断消耗给人类带来了前所未有的能源危机。研究表明，化石能源占全球消耗能源的 87.9% 且由于化石能源的不可再生性，导致其不可避免地枯竭。此外，化石能源的使用会引发环境问题，如产生温室气体加剧全球变暖。特别地，在这种全球变暖的趋势下，近年来南北极海冰大量融化、永冻土提前解冻，导致地球生态环境受到威胁。二氧化碳（CO_2）作为主要的温室气体，对温室效应的"贡献"最大（其中：CO_2-55%，氟氯化碳 CFCs-24%，甲烷 CH_4-15% 和一氧化二氮 N_2O-6%）。因此，如何控制大气中 CO_2 的浓度，已经成为全世界关注的焦点。通过绿色途径将 CO_2 转化为高附加值的能源产品和化工原料，不仅能有效降低大气中 CO_2 的含量，还能实现资源的可持续发展，是一种理想的解决方案。CO_2（$\Delta G_f^0 = -394.39kJ/mol$）分子结构非常稳定。因此 CO_2 的转化需要较高的能量输入，如：直接将 CO_2 还原成 CO_2^- 的电势达 -1.90V（相对于标准氢电极 NHE，25℃，大气压）。因此这一步反应发生的可能性极小，但是在多质子—电子耦合的条件下，还原 CO_2 的电势可被有效降低，如：CO_2 与两个质子耦合生成一氧化碳（CO）的电势可降至 -0.53V（相对于标准氢电极 NHE，25℃，大气压）。CO_2 与 8 个质子耦合生成 CH_4 的电势降为 -0.24V（相对于标准氢电极 NHE，25℃，大气压）。下式列出了 CO_2 还原和 H_2O 氧化还原的可能反应及对应的氧化还原电位（相对于标准氢电极 NHE）：

$$CO_2 + e^- \longrightarrow CO_2^- \qquad E^0 = -1.90V \qquad (5-22)$$

$$CO_2 + 2H^+ + 2e^- \longrightarrow CO + H_2O \qquad E^0 = -0.53V \qquad (5-23)$$

$$CO_2 + 2H^+ + 2e^- \longrightarrow HCOOH \qquad E^0 = -0.61V \qquad (5-24)$$

$$CO_2 + 4H^+ + 4e^- \longrightarrow HCHO + H_2O \qquad E^0 = -0.48V \qquad (5-25)$$

$$CO_2 + 6H^+ + 6e^- \longrightarrow CH_3OH + H_2O \qquad E^0 = -0.38V \qquad (5-26)$$

$$CO_2 + 8H^+ + 8e^- \longrightarrow CH_4 + 2H_2O \qquad E^0 = -0.24V \qquad (5-27)$$

$$2H^+ + 2e^- \longrightarrow H_2 \qquad E^0 = -0.41V \qquad (5-28)$$

$$H_2O + 2h^+ \longrightarrow 0.5O_2 + 2H^+ \qquad E^0 = 1.23V \qquad (5-29)$$

CO_2 转化利用技术主要包括电催化、光催化、热催化、光电催化、生物转化等。其中，光催化技术由于其能较直接地利用太阳能，且具有反应条件较为温和、环境友好等优点吸引了研究者们广泛的关注。应用于光催化还原 CO_2 的催化剂主要分为两种类型：①半导体光催化剂，如二氧化钛（TiO_2）、碳化氮（C_3N_4）等。该类催化体系属于非甲酸、甲醇等物质的转化，具有在环境中稳定性好、易于同反应物和产物分离等特点，但是该类体系也存在反应活性低、产物的选择性不好等缺点。②分子型光催化剂，以金属络合物为主，其具有稳定性高、结构可调控、产物选择性好等优势，能有效地光催化还原 CO_2，具有一定的工业应用潜力。对 CO_2 进行还原得到高价值有机物的过程不仅可以有效减少碳排放还可以促进其资源化利用。最常见的 CO_2 还原产物是 CO 和 CH_4。相比 CH_4 而言，CO 可作为合成气的组分之一直接参与费—托合成等工业过程产生其他高级有机物，因此将 CO_2 还原至 CO 受到了学术界的广泛关注。在反应机理上 CO 常常是 CO_2 还原到 CH_4 的中间产物，因此如何控制催化剂的选择性使其能高效产生 CO 成为亟待解决的问题。

1997 年，Neta 等首次报道了三价铁光催化还原 CO_2 体系。此催化体系中 TEOA、DMF 分别作为电子牺牲剂和溶剂配体−金属电荷转移（LMICT 吸收带在 360nm 处的光激发引起中心金属从 Fe^{3+} 到 Fe^{2+} 的一个电子还原，并释放出氯化物配体。Fe^{3+} 还能被 TEOA 进一步还原成 Fe^{2+}。两个 Fe 分子的歧化反应产生具有催化活性的 Fe^{3+}，并与 CO_2 结合。CO_2 还原的主要产物为 CO（TON = 70）并伴随副产物 H_2 的生成。但是，由于光催化体系中存在铁吓啉易被光化学降解以及 CO_2 光还原效率极低等缺点，研究者对铁吓啉光催化还原体系进行了更为深入的研究和优化。2014 年，Bonin 等在可见光范围（$\lambda > 400nm$）下以 Fe—O—OH 作为铁基均相催化剂用于 CO_2 光催化还原，主要产物为 CO。反应时间 50h 以上，此催化体系对 CO 的生成仍具有高选择性（不生成或生成少量 H_2，并且生成量呈线性增加，说明其具有良好的稳定性。实验结果证实了带酚基的铁吓啉对于光催化还原 CO_2 具有高催化活性。同年，他们对 FeTPP_Fe—O—OH、Fe—O—OH—F 等三种铁小啾催化剂光催化还原 CO_2 的催化机理进行了光谱研究和产物分析。研究表明，与未改性的四苯基吓啉相比酚基的引入使 CO_2 加合物稳定，这是由于酚基、CO 与金属中心的氢键作用，此外，酚基的加入还能加速 C—O 键的断裂，这为设计更为稳定耐用的光催化系统奠定了基础。

5.6.2 产氢光催化剂

随着世界经济的快速发展和人口的日益膨胀，人类社会对能源的依赖越来越严重。传统化石能源的巨大消耗不仅造成了全球能源短缺，还导致了严重的环境污染和生态破坏，开发利用清洁可再生能源意义重大、刻不容缓。太阳能储量丰富、分布广泛，被视为一种理想的可再生能源形式。然而太阳能存在昼夜不连续、能量密度不稳定、地域分布不均衡等弊端。因此实现太阳能的储存、转换和利用十分必要。

自然界光合生物可以通过光合作用将太阳能转换为化学能储存并加以利用。光合系统 II（PS I）吸收光子产生的空穴传递给析氧活性中心 Mn—Ca—O 并使其裂解水放出氧气；生成的电子和质子被传递到光合系统 I（PS I）。PSI 吸收第二个光子使电子到达高能激发态，并将高能电子传递给铁氧化还原蛋白（Fd）。大多数绿色植物利用高能电子将质子和二氧化碳还原为葡萄糖，完成能量的存储；而在一些绿藻和厌氧生物中，铁氧化还原蛋白会继续把高能电子传递到氢化酶还原质子产生氢气。

受自然界氢化酶高效还原质子产氢的启发，研究人员希望借鉴自然界光合作用系统的结构和工作原理构筑人工光合成体系，将太阳能转换为可储存、绿色、可再生的氢能。人工光合成体系可以通过光敏剂捕获太阳光并生成高能态电子和空穴，光生电子传递至产氢助催化剂上，并还原质子产氢。目前科学家们已经发展了基于分子光敏剂（如曙红、荧光素、金属配合物等）和半导体捕光材料（如 TiO、CdS、TaN、TaON、C_3N_4 等）构筑的人工光合成体系，光催化产氢的效率和稳定性都得到不断的提升。

5.7　总结与展望

环境和能源是 21 世纪人类面临和亟待解决的重大问题，光催化以其室温深度反应和可直接利用太阳能作为光化学驱动反应等独特性能，而成为一种理想的环境污染治理技术和洁净能源生产技术。在经济高速增长的同时，能源短缺和环境污染问题日益严峻。在重视提供各种物质文明的同时，更要高度重视对伴随而来的废弃物、排放物的处理和循环再生，减少资源的消耗和环境污染。想要做到这点却非易事，有待于各方面的努力。近年来发展起来的以半导体金属氧化物为催化剂的光催化技术，为我们提供了一种理想的能源利用和治理环境污染的方法。特别是它可以利用取之不尽、用之不竭的太阳能处理有毒有害物质，改善环境，达到资源利用生态化的目的。重视和加强这方面的研究工作对国民经济的可持续发展，保护生态环境具有重要意义。

自 1972 年本多－藤岛（Honda-Fujishima）效应发现以来，利用半导体光催化剂把光能转化成电能和化学能成为最热门的研究之一，也是进行污染控制和能源转化最具潜力的新型技术之一。在众多环境污染治理技术中，以半导体氧化物为催化剂的多相光催化过程以其室温深度反应及可直接利用太阳光作为驱动力来活化催化剂，驱动氧化—还原反应等独特性能而成为一种理想的环境污染治理和新能源制备技术，具有氧化分解有机污染物、还原重金属离子、除臭、防腐、杀菌、光解水制氢、CO_2 还原等多方面功能。经过数十年的发展，研究者在光催化材料设计合成、光催化反应机理探究和光催化应用等方面都做了大量的研究工作并取得了较大的进展，但光催化的产业化发展和实际应用仍然面临许多问题。在未来的研究工作中，一方面需要开发更加高效的光催化材料，大幅度提升光催化效率，另一方面需要加强光催化工程化仪器设备的开发，从工程工艺方面，增强催化反应的稳定性，提升催化效率，以上工作将极大程度地提升光催化技术的市场竞争性，为光催化剂和光催化技术的产业化发展提供强大动力。

参考文献

［1］朱永法. 光催化：环境净化与绿色能源应用探索［M］. 北京：化学工业出版社，2015.

［2］FUJISHIMA A. Electrochemical photolysis of water at a semiconductor electrode［J］. Nature, 1972, 238 (5358)：37-38.

［3］MILLS G. Photocatalytic degradation of pentachlorophenol on titanium dioxide particles：identification of intermediates and mechanism of reaction [J]. Environ Sci Technol, 1993, 27 (8): 1681-1689.

[4] PELIZZETTI E. Photocatalytic degradation of atrazine and other s-triazine herbicides [J]. Environ Sci Technol, 1990, 24 (10): 1559-1565.

[5] KHAN M. Nanostructured materials for visible light photocatalysis [J]. Micro and Nano Technologies, 2022: 185-195.

[6] ZHU B Z. New modes of action of desferrioxamine: Scavenging of semiquinone radical and stimulation of hydrolysis of tetrachlorohydroquinone [J]. Free RadicalBiol. Med, 1998, 24 (2): 360-369.

[7] HO T-F L. Toxicity changes during the UV treatment of pentachlorophenol in dilute aqueous solution [J]. Water Res, 1998, 32 (2): 489-497.

[8] HOONG NG K. Photocatalytic water splitting for solving energy crisis: Myth, Fact or Busted [J]. Chem. Eng. J., 2021, 417 (1): 128847.

[9] SCHNEIDER J. UnderstandingTiO$_2$ photocatalysis: Mechanisms and materials [J]. Chem Rev, 2014, 114 (19): 9919-9986.

[10] GHOSHAL S. Role of photodegradation in pentachlorophenol decontaminationon soils [J]. Ann N Y Acad Sci, 1992, 665: 412-422.

[11] HE R-A. Recent advances in morphology control and surface modification of Bi-based photocatalysts [J]. Acta Physico-Chimica Sinica, 2016, 32 (12): 2841-2870.

[12] LI X. Hierarchical photocatalysts [J]. Chem Soc Rev, 2016, 45 (9): 2603-2636.

[13] ZHANG Y. Surface - Plasmon - Driven hot electron photochemistry [J]. Chem Rev, 2018, 118 (6): 2927-2954.

[14] WU W. Recent progress in magnetic iron oxide-semiconductor composite nanomaterials as promising photocatalysts [J]. Nanoscale, 2015, 7 (1): 38-58.

[15] JING L. Slow photons for photocatalysis and photovoltaics [J]. Adv Mater, 2017, 29: 1605349.

[16] PENG Y-K. Facet-dependent photocatalysis of nanosize semiconductive metal oxides and progress of their characterization [J]. Nano Today, 2018, 18: 15-34.

[17] AZOUZI W. Sol-gel synthesis of nanoporous LaFeO$_3$ powders for solar applications [J]. Mater Sci Semicond Process, 2019, 104: 104682.

[18] BEHNAJADY M A. Sol-gel low-temperature synthesis of stable anatase-typeTiO$_2$ nanoparticles under different conditions and its photocatalytic activity [J]. Photochem Photobiol, 2011, 87 (5): 1002-1008.

[19] WU Y-C. Effects of alcohol solvents on anatase TiO$_2$ nanocrystals prepared by microwave-assisted solvothermal method [J]. J Nanopart Res, 2013, 15 (6): 1686.

[20] LIVAGE J. Sol - gel chemistry of transition metal oxides [J]. Prog. Solid State Chem., 1988, 18 (4): 259-341.

[21] 陈品鸿. 溶胶—凝胶法制备 Ag/TiO$_2$ 纳米薄膜及其陶瓷表面抗菌性能研究 [J]. 材料研究与应用, 2023, 17 (1): 142-148.

[22] ZHANG T. Chemical precipitation synthesis of Bi$_{0.7}$Fe$_{0.3}$OCl nanosheets via Fe (III) -doped BiOCl for highly visible light photocatalytic performance [J]. Materials Today Communications, 2021, 26: 102145.

[23] WANG C. Ultrasound-assisted room-temperature in situ precipitation synthesis of BC doped Bi$_4$O$_5$Br$_2$ for enhanced photocatalytic activity in pollutants degradation under visible light [J]. J Alloys Compd, 2021,

889：161609.

［24］XU X. Oxygen vacancy boosted photocatalytic decomposition of ciprofloxacin over Bi_2MoO_6：Oxygen vacancy engineering，biotoxicity evaluation and mechanism study［J］. J Hazard Mater，2019，364：691-699.

［25］XU X. Highly intensified molecular oxygen activation on Bi@ Bi_2MoO_6 via a metallic Bi-coordinated facet-dependent effect［J］. ACS Appl Mater Interfaces，2020，12（1）：1867-1876.

［26］XU X. Deep insight into ROS mediated direct and hydroxylated dichlorination process for efficient photocatalytic sodium pentachlorophenate mineralization［J］. Appl Catal B-Environ，2021，296：120352.

［27］SHANG H. Oxygen vacancies promote sulfur species accumulation onTiO_2 mineral particles［J］. Appl Catal B-Environ，2021，290：120024.

［28］SHANG H. Dual-site activation enhanced photocatalytic removal of no with Au/CeO_2［J］. Chem Eng J，2020，386：124047.

［29］SHANG H. Oxygen vacancies promoted selective photocatalytic removal of NO with blue TiO_2 via simultaneous molecular oxygen activation and photogenerated holes annihilation［J］. Environ Sci Technol，2019，53（11）：6444-6453.

［30］PENG Y. Enhanced visible-light-driven photocatalytic activity by 0D/2D phase heterojunction of quantum dots/nanosheets on bismuth molybdates［J］. J Phys Chem C，2018，122（7）：3738-3747.

［31］MIAO P. Layered double hydroxide engineering for the photocatalytic conversion of inactive carbon and nitrogen molecules［J］. ACS ES&TEngineer，2022，2（6）：1088-1102.

［32］LUO Z. Crystalline mixed phase（anatase/rutile）mesoporous titanium dioxides for visible light photocatalytic activity［J］. Chem Mater，2014，27（1）：6-17.

［33］HUSSAIN H. Structure of a model TiO_2 photocatalytic interface［J］. Nat Mater，2017，16（4）：461-466.

［34］ZHAO Y. α-Fe_2O_3 as a versatile and efficient oxygen atom transfer catalyst in combination with H_2O as the oxygen source［J］. Nat Catal，2021，4（8）：684-691.

［35］DONG P. WO_3-based photocatalysts：morphology control，activity enhancement and multifunctional applications［J］. Environmental Science-Nano，2017，4（3）：539-557.

［36］LEI B. C-doping induced oxygen-vacancy in WO_3 nanosheets for CO_2 activation and photoreduction［J］. ACS Catal，2022：9670-9678.

［37］DING X. Environment pollutants removal with Bi-based photocatalysts［J］. Prog Chem，2017，29（9）：1115-1126.

［38］WANG S. Positioning the water oxidation reaction sites in plasmonic photocatalysts［J］. J Am Chem Soc，2017，139（34）：11771-11778.

［39］XU J. Bio-directed morphology engineering towards hierarchical 1D to 3D macro/meso/nanoscopic morph-tunable carbon nitride assemblies for enhancedartificial photosynthesis［J］. J Mater Chem A，2017，5（5）：2195-2203.

［40］YAN L. Elemental bismuth-graphene heterostructures for photocatalysis from ultraviolet to infrared light［J］. ACS Catal，2017，7（10）：7043-7050.

［41］YASUHIRO S. Quantum tunneling injection of hot electrons in Au/TiO_2 plasmonic photocatalysts［J］. Nanoscale，2017，9：8349.

［42］WANG K. 0D Bi nanodots/2D Bi_3NbO_7 nanosheets heterojunctions for efficient visible light photocatalytic degradation of antibiotics: Enhanced molecular oxygen activation and mechanism insight [J]. Appl Catal B-Environ, 2019, 240: 39-49.

[43] WU X. Cookies-like Ag_2S/Bi_4NbO_8Cl heterostructures for high efficient and stable photocatalytic degradation of refractory antibiotics utilizing full-spectrum solar energy [J]. Sep Purif Technol, 2022: 120969.

[44] WU X. In-situ construction of Bi/defective Bi_4NbO_8Cl for non-noble metal based Mott-Schottky photocatalysts towards organic pollutants removal [J]. J Hazard Mater, 2020, 393: 122408.

[45] ZHANG D. Photocatalytic degradation of ofloxacin by perovskite-typeNaNbO$_3$ nanorods modified g-C$_3$N$_4$ heterojunction under simulated solar light: Theoretical calculation, ofloxacin degradation pathways and toxicity evolution [J]. Chem Eng J, 2020, 400: 125918.

[46] CHEN D. Influence of phase structure and morphology on the photocatalytic activity of bismuth molybdates [J]. Cryst Eng Comm, 2016, 18 (11): 1976-1986.

[47] SPRENGER P. Reactivity of bismuth molybdates for selective oxidation of propylene probed by correlative operando spectroscopies [J]. ACS Catal, 2018, 8 (7): 6462-6475.

[48] AISWARYA P M. Determination of standard molar enthalpies of formation of $Bi_2Mo_3O_{12}(s)$, $Bi_2MoO_6(s)$, $Bi_6Mo_2O_{15}(s)$ and $Bi_6MoO_{12}(s)$ by solution calorimetry [J]. Thermochim Acta, 2019, 682: 178401.

[49] YANG X. Insights into the surface/Interface modifications of Bi_2MoO_6: Feasible strategies and photocatalytic applications [J]. Sol RRL, 2021, 5 (2): 2000442.

[50] PENG Y. Structure tuning of Bi_2MoO_6 and their enhanced visible light photocatalytic performances [J]. Crit Rev Solid State Mater, Sci, 2017, 42 (5): 347-372.

[51] JING T. Near-infrared photocatalytic activity induced by intrinsic defects inBi$_2$MO$_6$ (M=W, Mo) [J]. Phys Chem Chem Phys, 2014, 16 (34): 18596-18604.

[52] YU H. Modulation of Bi_2MoO_6-based materials for photocatalytic water splitting and environmental application: a critical review [J]. Small, 2019, 15 (23): 1901008.

[53] YANG Z. Controllable synthesis of Bi_2MoO_6 nanosheets and their facet-dependent visible-light-driven photocatalytic activity [J]. Appl Surf Sci, 2018, 430: 505-514.

[54] WANG S. Insight into the effect of bromine on facet-dependent surface oxygen vacancies construction and stabilization of Bi_2MoO_6 for efficient photocatalytic NO removal [J]. Appl Catal B-Environ, 2020, 265: 118585.

[55] YANG Q. Covalent organic frameworks for photocatalytic applications [J]. Appl Catal B-Environ, 2020, 276: 119174.

[56] WANG T. Recent progress in g-C$_3$N$_4$ quantum dots: synthesis, properties and applications in photocatalytic degradation of organic pollutants [J]. J Mater Chem A, 2020, 8 (2): 485-502.

[57] COHEN M L. Calculation of bulk moduli of diamond and zinc-blende solids [J]. Physical Review B, 1985, 32 (12): 7988.

[58] TETER D M. Low-compressibility carbon nitrides [J]. Science, 1996, 271 (5245): 53-55.

[59] THOMAS A. Graphitic carbon nitride materials: variation of structure and morphology and their use as metal-free catalysts [J]. Journal of Materials Chemistry, 2008, 18 (41): 4893-4908.

[60] HAN H-X. Structural and optical properties of amorphous carbon nitride [J]. Solid State Communications, 1988, 65 (9): 921-923.

[61] GUO L P. Identification of a new C—N phase with monoclinic structure [J]. Chemical Physics Letters, 1997,

268（1-2）：26-30.

［62］ YAN S C. Photodegradation of Rhodamine B and Methyl Orange over Boron-Doped g-C3N4 under Visible Light Irradiation ［J］. Langmuir, 2010, 26（6）：3894-3901.

［63］ YAN S C. Organic-inorganic composite photocatalyst of g-C_3N_4 and TaON with improved visible light photocatalytic activities ［J］. Dalton Transactions, 2010, 39（6）：1488-1491.

［64］ WANG X. Polymer semiconductors for artificial photosynthesis：hydrogen evolution by mesoporous graphitic carbon nitride with visible light ［J］. Journal of the American Chemical Society, 2009, 131（5）：1680-1681.

［65］ CHEN X. Fe-g-C_3N_4-catalyzed oxidation of benzene to phenol using hydrogen peroxide and visible light ［J］. Journal of the American Chemical Society, 2009, 131（33）：11658-11659.

［66］ YAN S C. Photodegradation of rhodamine B and methyl orange over boron-doped g-C_3N_4 under visible light irradiation ［J］. Langmuir, 2010, 26（6）：3894-3901.

［67］ GONG Y-N. Regulating photocatalysis by spin-state manipulation of cobalt in covalent organic frameworks ［J］. J Am Chem Soc, 2020, 142（39）：16723-16731.

［68］ QIAN Y. Photocatalytic molecular oxygen activation by regulating excitonic effects in covalent organic frameworks ［J］. J Am Chem Soc, 2020, 142（49）：20763-20771.

［69］ ZHOU M. Photocatalytic CO_2 reduction using La-Ni bimetallic sites within a covalent organic framework ［J］. Nat Commun, 2023, 14（1）：2473.

［70］ WEI Y. Boosting the photocatalytic performances of covalent organic frameworks enabled by spatial modulation of plasmonic nanocrystals ［J］. Appl Catal B-Environ, 2020, 272：119035.

［71］ LOW J. Heterojunction photocatalysts ［J］. Adv Mater, 2017, 29（20）：1601694.

［72］ XU Q. S-Scheme heterojunction photocatalyst ［J］. Chem, 2020, 6（7）：1543-1559.

［73］ XIA B. Design and synthesis of robust Z-scheme ZnS-SnS2 n-n heterojunctions for highly efficient degradation of pharmaceutical pollutants：Performance, valence/conduction band offset photocatalytic mechanisms and toxicity evaluation ［J］. J Hazard Mater, 2020, 392：122345.

［74］ ZHOU B-X. Generalized synthetic strategy for amorphous transition metal oxides-based 2D heterojunctions with superb photocatalytic hydrogen and oxygen evolution ［J］. Adv Funct Mater, 2021, 31（11）：2009230.

［75］ YUE D. Enhancement of visible photocatalytic performances of a Bi_2MoO_6-BiOCl nanocomposite with plate-on-plate heterojunction structure ［J］. Phys Chem Chem Phys, 2014, 16（47）：26314-26321.

［76］ CUI W. Optimizing the gas-solid photocatalytic reactions for air purification ［J］. ACS ES&T Engineer., 2022, 2（6）：1103-1115.

［77］ LI H. Oxygen vacancies mediated complete visible light NO oxidation via side-on bridging superoxide radicals ［J］. Environ Sci Technol, 2018, 52（15）：8659-8665.

第6章 电催化还原 CO₂

6.1 绪论

随着现代化科技水平的快速发展，高速运转的社会和迅速增长的人口，需要消耗更多以石油、煤炭和天然气等为主的化石能源。然而，燃烧过程中大量释放的二氧化碳（CO_2）等温室气体使得全球气候问题变得越发严峻。根据美国夏威夷冒纳罗亚天文台测定的数据，当前大气中 CO_2 的浓度已经超过 400mg/kg，并且还有继续上升的趋势，致使在过去的一百年间（1920~2020 年），地球表面的温度上升了 1.2℃。因此，为了满足人类发展与社会进步对能源的需求，以及缓解因过度依赖化石燃料而引发的全球变暖问题，联合国在 2015 年制定了"碳中和"目标。其内容包括使用低碳或零碳排放的技术，力争 21 世纪中叶在全球范围内实现 CO_2 的排放与收集之间的动态平衡。

寻找可再生的清洁能源（如太阳能、风能等）代替化石能源是达成"碳中和"目标行而有效的策略之一，同时考虑到 CO_2 是一种储量丰富的碳资源，因此，利用可再生的清洁能源发电，再利用电能将 CO_2 催化还原为高附加值化学品，不仅可以实现 CO_2 的资源化利用，还可以存储这些不能稳定输出的电能。在电催化 CO_2 还原过程中，催化剂直接影响 CO_2 还原产物的活性和选择性，如果催化剂的活性不高，则会降低反应速率，消耗更多的能量，不符合可持续发展的要求；如果催化剂的选择性不高，则需要进一步对产物进行分离提纯，这将导致整个工业过程成本过高；另外，在工业化的过程中，催化材料还将面临催化寿命短、催化稳定性差等诸多实际问题，如催化剂在长时间电解过程中催化活性降低，或者某些产物极难从活性位点上脱离，从而造成催化剂失活，这些都制约了这项技术的进一步应用。因此，设计并构建能将 CO_2 高效电催化还原为某一特定产物的催化剂是该工业技术的核心所在，也是实现该转化技术的关键。

基于此，本章结合近年来国内外最新的研究成果，介绍不同种类催化剂在电催化 CO_2 还原中的应用。内容主要包括电催化 CO_2 还原的基本原理、性能评价指标、研究方法以及具有代表性的电催化剂，其中重点介绍针对不同还原产物所使用的催化剂，以及相应的催化反应机理。最后，讨论目前电催化 CO_2 还原技术仍然面临的挑战以及未来的发展趋势。

6.2　电催化还原 CO_2 原理

电化学还原 CO_2 与其他的方法相比具有以下优点：①条件温和，即电化学还原 CO_2 反应在常温常压下就可以发生，不需要额外的能量来维持高温或高压的反应条件，是一种耗能较低的反应；②反应可控，可以通过调节电压或催化剂结构等方式来控制反应的进行程度；③环境友好，电化学还原 CO_2 使用的能源为清洁能源电能，反应物为水和 CO_2，实验过程中也不会产生污染物。

电化学还原 CO_2 在最近几年已经成了一个热门的研究课题，将 CO_2 进行电化学还原可以减轻大气中 CO_2 浓度升高引起的环境问题，其产品可以用于工业应用。值得注意的是，由于能量的利用率不可能达到 100%，所以只有使用可再生能源产生的电进行电解 CO_2 还原才能真正实现碳的循环利用（图6-1），使用太阳能、风能或水力发电，将产生的电能用于 CO_2 电还原，得到的产物可以进行利用，其中一碳产物，如 CO，甲酸可以作为化工生产（如制药）的反应原料；高级产物（如乙醇）可以直接用作燃料。从能量转化的角度来说，这可以将季节性的清洁能源转化为稳定的有机物，便于储存和运输。

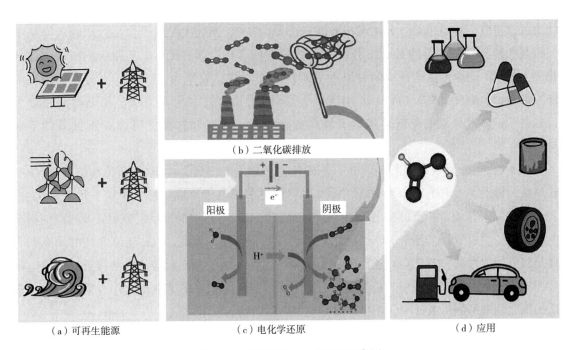

（a）可再生能源　　　　（c）电化学还原　　　　（d）应用

图6-1　二氧化碳电化学还原示意图

CO_2 电还原反应是在电极/溶液界面进行的、有电子参与的氧化还原反应，其中，阳极发生氧化反应，通常是水或者 OH^- 失去电子生成 O_2；阴极发生还原反应，CO_2 得到电子生成 CO 或碳氢产物。其中 CO_2 的转化主要经历了以下三个步骤。

（1）CO_2 气体扩散并化学吸附到阴极表面，这一过程称为传质过程，可以显著影响电极/电解液界面上的化学反应。在电还原 CO_2 过程中，CO_2 不断进入电解液，并在电解液中溶解，形成 CO_2 饱和溶液，然后 CO_2 分子通过对流或扩散迁移到阴极表面，与阳极液中转移到阴极的电子发生反应，因此，提高 CO_2 的扩散和吸附作用有利于 CO_2 电还原反应。如 Zhen 等报道了一种界面增强策略，可以显著改变二氧化碳还原反应（CO_2RR）的催化选择性。受自然界中酶催化的启发，其催化中心被化学选择性环境包围，作者制备了具有 Cu 金属核和 NxC 壳层的核-壳催化剂。作者通过对照实验和原位表征证明了 NxC 环境并不改变 Cu 的电子性质，而是通过特定的 N—CO_2 相互作用选择性地富集和激活 CO_2 分子，使 CO_2RR 的法拉第效率（FE）提高到90%以上，其中 C_{2+} 产物（乙烯和乙醇）占多数（占总 FE 的80%）。此外，NxC 覆盖层也能很好地保护铜基底不发生结构的变化，从而提高了催化稳定性。

（2）CO_2 得到一个电子生成了 CO_2*^- 中间体，这一步需要克服较大的电势能垒（1.90V $vs.$ RHE），导致 CO_2 的电化学还原反应不容易发生，因此被认为是电催化还原 CO_2 过程的决速步骤。这么高的电势能垒主要是来自 CO_2 线性稳定结构带来的超高稳定性，所以为了解析 CO_2 的形成机理，必须明确理解 $*OCHO$ 的形成过程，Pacansky 等研究者通过理论计算推测出 $*OCHO$ 呈现弯曲的分子构型，O—C—O 之间的夹角为135.3°，最高占据轨道的未成对电子密度主要集中在碳原子端，说明 CO_2*^- 倾向于通过碳原子端发生亲核反应。针对 CO_2 化学性质稳定，得到第一个电子活化为 $*OCHO$ 的步骤需要消耗较高的电势的问题，Ma 等研究者认为可以将电化学还原 CO_2 分为两步，即先还原为 CO，再将 CO 还原为高级产物，介绍了一种具有疏水正丁胺层的 Cu/Cu_2O 疏水片催化剂的合成及其在 CO 电还原中的应用。该催化剂上的 CO 还原产生两种或两种以上的碳产物，法拉第效率为93.5%，部分电流密度为 $151mA/cm^2$，电势为 $-0.70V$（$vs.$ RHE）。乙醇的法拉第效率为68.8%，部分电流密度为 $111mA/cm^2$，此外该催化剂表现出了较高的稳定性，活性和选择性可以在测试条件下保持 100h。

（3）在电极/溶液界面上得到电子生成各种产物，如得到 2 个电子还原为 CO、HCOOH 或草酸，得到 4 个电子还原为甲醛，还可以得到更多的电子生成甲醇、甲烷、乙醇等产物。表6-1总结了常温常压下，在 H_2O 中部分代表性的 CO_2 电还原的半反应方程式及对应的标准电极电位。可以看到，各个还原产物之间的电位差距很小，因此，CO_2 还原产物的预测和分离是极具挑战性的。而且 CO_2 还原的平衡电势与氢气（H_2）析出反应的电势接近，所以电化学还原 CO_2 的主要竞争反应为析氢反应。为了实现电还原 CO_2 的工业级应用，需要设计出合适的催化剂来抑制析氢反应，并尽可能得到单一的产物。

表6-1 部分产物的热力学电化学半反应及其对应电位

半电化学热力学反应	标准电位（V $vs.$ SHE）
CO_2（g）$+4H^+ +4e^- \rightleftharpoons$ C（s）$+2H_2O$（l）	0.210
CO_2（g）$+2H_2O$（l）$+4e^- \rightleftharpoons$ C（s）$+4OH^-$	-0.627
CO_2（g）$+2H^+ +2e^- \rightleftharpoons$ HCOOH（l）	-0.250

半电化学热力学反应	标准电位（V $vs.$ SHE）
CO_2 (g) $+2H_2O$ (1) $+2e^-$══$HCOO^-$ (aq) $+OH^-$	−1.078
CO_2 (g) $+2H^+$ $+2e^-$══CO (g) $+H_2O$ (1)	−0.106
CO_2 (g) $+2H_2O$ (1) $+2e^-$══CO (g) $+2OH^-$	−0.934
CO_2 (g) $+4H^+$ $+4e^-$══CH_2O (1) $+H_2O$ (1)	−0.070
CO_2 (g) $+3H_2O$ (1) $+4e^-$══CH_2O (1) $+4OH^-$	−0.898
CO_2 (g) $+6H^+$ $+6e^-$══CH_3OH (1) $+H_2O$ (1)	0.016
CO_2 (g) $+5H_2O$ (1) $+6e^-$══CH_3OH (1) $+6OH^-$	−0.812
CO_2 (g) $+8H^+$ $+8e^-$══CH_4 (g) $+2H_2O$ (1)	0.169
CO_2 (g) $+6H_2O$ (1) $+8e^-$══CH_4 (g) $+8OH^-$	−0.659
$2CO_2$ (g) $+2H^+$ $+2e^-$══$H_2C_2O_4$ (aq)	−0.500
$2CO_2$ (g) $+2e^-$══$C_2O_4^{2-}$ (aq)	−0.590
$2CO_2$ (g) $+12H^+$ $+12e^-$══CH_2CH_2 (g) $+4H_2O$ (1)	0.064
$2CO_2$ (g) $+8H_2O$ (1) $+12e^-$══CH_2CH_2 (g) $+12OH^-$	−0.764
$2CO_2$ (g) $+12H^+$ $+12e^-$══CH_3CH_2OH (1) $+3H_2O$ (1)	0.084
$2CO_2$ (g) $+9H_2O$ (1) $+12e^-$══CH_3CH_2OH (1) $+12OH^-$	−0.744

　　电化学还原 CO_2 反应是一个相对复杂的反应，CO_2 得到第一个电子后，后续的转化十分复杂多样，涉及了多步质子和电子的转移，具有多种反应路径，特别是对一些高度还原产物。根据如图 6-2 所示的反应过程和生成物的种类进行分析：一碳产物的生成机理较为简单，CO_2 得到一个电子吸附在催化剂表面上生成 ∗OCHO 中间体，其中 ∗OCHO 中间体中的 O 原子吸附在催化剂表面，然后 ∗OCHO 中间体再得到一个电子就可以生成甲酸。由于实际使用的电解液一般为中性，如普遍使用的碳酸氢盐溶液，0.5mol/L $KHCO_3$ 的 pH 为 7.2，而甲酸的 pK_a 为 3.7，所以碳酸氢盐电解液中实际得到的产物为甲酸盐。

　　另外一种重要的 CO_2RR 产物是 CO，也涉及两个电子—质子偶联反应步骤。与生成甲酸不同的是，∗OCHO 中间体中的 C 原子吸附在催化剂表面而不是 O 原子。然后质子进攻 ∗OCHO 的氧原子端生成 ∗COOH 中间物种，再得一个电子生成 CO。此外，∗OCHO 也可以直接与吸附氢反应转化为 CO。

　　CO 和甲酸都是电还原 CO_2 的 2 电子还原产物，同时它们的反应路径较少，从动力学上来说，转化过程比较简单，因此是电还原 CO_2 的主要产物。CO_2 向 CO 转化还是向甲酸转化从根本上决定于 ∗OCHO 的吸附位置，如前文所述，C 端吸附在催化剂表面上会最终转化为 CO，O 原子端吸附在催化剂表面上最终会转化为甲酸，这也是 CO_2 会在不同的催化剂表面上生成不同产物的根本原因。如在铅、汞、铟等电极上，∗OCHO 的吸附较弱，因此质子会倾向于进攻 ∗OCHO 的碳端，有利于 CO_2 向甲酸的转化，Cu、Au 等金属表面上，∗OCHO 的吸附能力较强，∗OCHO 中的 C 原子会紧密地吸附在催化剂表面上，因此质子会倾向于进攻

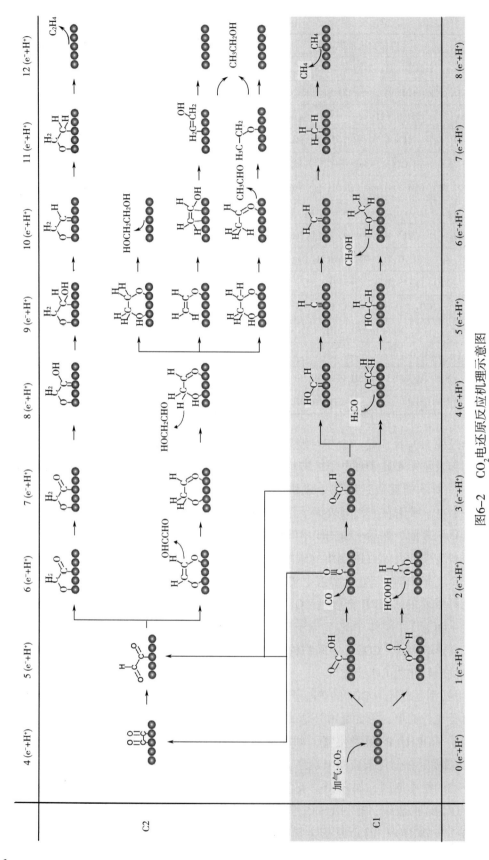

图6-2　CO$_2$电还原反应机理示意图

*OCHO 的 O 端，随后脱去一个氧而生成 CO 脱附。值得注意的是，得到两个电子后，CO 可以作为最终产物释放，也可以发生 C—C 偶联，生成多碳产物，而其具有更高的能量密度，更高的附加值，因此已经引起了许多研究者的兴趣，并进行了大量的研究。

除了作为最终产品释放外，CO 还作为其他碳氢化合物/含氧物产品的关键中间体。例如，CO 可以分别通过四电子、六电子和八电子转移过程被还原为甲醛、甲醇和甲烷。在进一步的电还原过程中，*CO 作为初始中间体被连续转化为 *CHO、*CHOH。然后通过将 H^+/e^- 转移到 *CHOH 中生成 *CH，同时形成水，并进一步氢化形成甲烷。此外，*CHO 也可以氢化为 *甲醛而不是 *CHOH，并进一步还原为甲醛或甲醇。如图 6-2 所示，*CO 氢化为 *CHO 后，氧原子端吸附在催化剂表面时，可以脱附生成甲醛，也可以继续氢化生成甲醇，当氧原子端没有吸附时，它会被氢化生成甲烷。

当 C—C 耦合发生时，可以得到 C_{2+} 产物（如乙烯、乙醇）。铜基材料是生成具有高选择性和活性的 C_{2+} 产物的主要选择。C_{2+} 物种的形成涉及比 C_1 产物的更复杂的反应途径。这些产品通常共享相同的中间体，并在以下步骤中分为不同的途径。研究者们普遍认为，CO 是进一步还原为 C_{2+} 产物的初始中间体。C—C 偶联可以通过两个 CO 分子二聚和 CO—CHO 偶联来实现。

目前电化学还原 CO_2 存在的挑战有：①降低反应过电位。CO_2 分子的直线型结构使得 CO_2 分子具有较高的稳定性和化学惰性，在电化学还原 CO_2 过程中，必须输入较高的过电势才能使其在催化剂表面吸附，活化，实现 CO_2 分子转化。然而，高过电势将会显著增加能耗，降低能量利用率，这将会显著增加工业应用时的成本，限制大规模的工业化应用。②提高单一产物的选择性，特别是高级产物。如前文所述，CO_2 还原反应是一个十分复杂的反应，有多步电子或质子转移过程，多种反应路径且这些产物对应的电势接近，加上竞争性的析氢反应，所以电化学还原 CO_2 的产物种类较多，既有气体产物，如 CO、甲烷，也有液体产物如甲酸、乙醇。目标产物的选择性与催化剂种类和结构，反应条件决定，但是目前所报道的催化剂对目标产物的选择性较差，特别是有高附加值的 C_{2+} 产物，这主要是因为反应过程复杂，难以完全解析电化学还原 CO_2 的机理。③在电还原 CO_2 过程中，催化剂容易发生重构，如在流动池中会出现盐沉淀和水淹的问题，导致在电解过程催化剂中逐渐失活，所以电还原 CO_2 催化剂的稳定性普遍不高，难以达到工业应用的要求。④碳效率不高，由于电化学还原 CO_2 反应对局部环境十分敏感，所以为了避免电化学还原 CO_2 过程中 H^+ 局部浓度过高加强析氢反应，和提高电流密度，一般使用碱性或中性电解液，这不可避免地导致了 CO_2 会与溶液中的 OH^- 发生反应生成碳酸盐或碳酸氢盐，即盐沉积现象，它会破坏催化剂稳定性，降低碳效率。

克服以上挑战的核心是制备先进高效的催化剂，同时，制备高效的催化剂也是催化反应的关键。目前，用于电催化 CO_2 还原的材料主要有以过渡金属元素为活性组分的金属—分子，金属单质，金属及其氧化物催化剂，合金催化剂，碳载型催化剂，其中金属催化剂根据其电还原 CO_2 产物的不同可将其分为以下 4 类：①金、银等贵金属，主要产物为 CO；②铂等，主要产物为氢气；③锡、铋等，主要产物为甲酸；④铜，可以产生多碳产物，如乙醇、乙烯等。

此外，还有一些新兴的催化剂材料，如无金属材料、碳基材料等，将在后文中根据催化产物的不同对各种催化剂进行详细介绍。

6.3　电催化还原 CO_2 性能评价指标

为了明确地衡量和比较催化剂的催化效果，研究者们设定了一些性能评价指标。如使用气相色谱检测气体产物的百分比浓度，核磁检测出液体产物的浓度，以此计算出产物的法拉第效率，使用法拉第效率评价产物选择性。使用电化学工作站进行稳态极化曲线的测试，得到在恒定电压（电流）下的 I—t（U—t）对应关系，计算出电流密度，使用电流密度来评价活性。进行长时间的测试来衡量稳定性（最好在高电流密度下），计算理论电压与实际电压的关系来衡量能量效率。为了准确地描述催化剂的催化效果，研究人员设置了一些通用的性能评价指标，如使用电流密度来评价催化剂的活性，以法拉第效率来衡量产物选择性，此外还有稳定性、能量效率、塔菲尔斜率、TOF 等参数。

注意在对电化学还原 CO_2 进行性能评价时，应该使用一种全面的方式，即使用一个性能矩阵（法拉第效率、过电位、电流密度、稳定性和能量效率等）。此外，由于实验条件会对催化剂的性能产生显著影响，因此必须报告所有的实验细节，包括材料来源、化学品纯度、电化学测试条件等。

6.3.1　法拉第效率

还原产物生成所消耗的电量与电解池消耗的总电量的比值称为其的法拉第效率（FE），它描述了产物的选择性，特定产物的 FE 增加意味着该产物选择性的增强。FE 计算方法为：

$$FE(\%) = \frac{Q_{产物}}{Q_{总}} \times 100\% = \frac{zFvc}{j_{总} V_m} \times 100\%$$

式中：$Q_{产物}$ 为产物的电荷数；$Q_{总}$ 表示整个 CO_2RR 过程中的电荷总数；z 表示产生分子产物的转移电子数；v 为气体产物通过 GC 的流速；c 表示气体产物的浓度；F 为法拉第常数（96485C/mol）；V_m 为气体摩尔体积（在 $T=20℃$，$P=101.3kPa$ 条件下为 24L/mol）；$j_{总}$ 是记录的总电流。

目前 CO_2 电还原研究领域的首要目标是降低竞争性的析氢反应的法拉第效率，进而提高单一还原产物的 FE，特别是高级产物。目标产物的 FE 越高，表明催化剂的选择性越优异。

6.3.2　电流密度

使用电化学工作站进行稳态极化曲线的测量，将测出的电流除以电极几何面积即为电流密度，它可以直接反应反应速率。特定产物的偏电流密度的计算方法为总电流密度乘以其对应的 FE。值得注意的是，电极的几何面积并不是真正发生反应的面积，要想更深层次地理解催化剂结构与性能的关系，可以使用阻抗法计算出催化剂的电化学活性表面积。

在 CO_2 电还原的实际应用中，电流密度直接影响工业上的电力成本以及固定生产效率下所需电解池的大小。电流密度越大，催化剂的性能越好，达到安培级的电流密度，才能够实现工业级的应用。

6.3.3　能量效率

在电催化还原 CO_2 的过程中，过电位和法拉第效率决定反应的能量效率。图 6-3 中由于 CO_2 在还原过程中都需要克服形成中间体的动力学能垒，所以实际反应电位都要高于平衡电位，在分析催化性能时，实际测量电位与平衡电位差值的绝对值称为反应的过电位。图 6-3 中的能量效率计算公式可知，降低生成 CO 的过电位可以提高反应的能量效率。法拉第效率指的是电子的利用率，也即产物的选择性，它表示还原产物得到电子数与工作电极上消耗电子总数的比值。由于电催化还原 CO_2 时存在副反应析氢和反应产物种类多的问题，所以提高 CO 的法拉第效率可以有效提高能量效率。

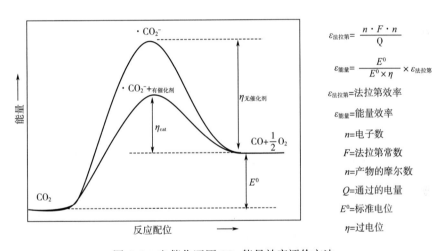

图 6-3　电催化还原 CO_2 能量效率评价方法

6.3.4　稳定性

工业级规模的电化学还原 CO_2 反应要求催化剂可以长时间稳定催化 CO_2 还原反应，因此对催化剂进行稳定性评估也是不可或缺的一步。使用电化学工作站进行恒电流或恒电压下的稳态极化曲线的测试，在测试时间内反应体系能保持稳定的法拉第效率、电流密度的时间越长，说明催化剂的稳定性越好。

为了提高催化剂的稳定性，Endrödi 等通过使用纯水作阳极液，从本质上避免了碱金属阳离子通过离子交换膜和阴极的 CO_2 和 OH^- 反应生成碳酸氢盐沉淀的问题，使用周期激活的方式保证了碱金属阳离子的存在，同时不会生成沉淀，使用这种方式，催化剂能够达到 200h 的稳定性。Wang 等证明了在电化学条件下，生成的 $CuAlO_2$ 界面物种可以有效地稳定 Cu—

$CuAlO_2$—Al_2O_3 催化剂上的高活性位点，而不需要活性位点再生，以进行长期测试。这种独特的 Cu—$CuAlO_2$—Al_2O_3 催化剂具有超耐用的电化学 CO_2RR 性能，在 300h 的测试中具有 85% 的 C_{2+} 法拉第效率。

除了以上常用的评价标准外，还有一些其他的参数用于评价催化剂性能，如塔菲尔斜率，表示电子转移的难易程度，Tafel 斜率的单位一般是 mV/dec，表示的是电流变化十倍，过电位需要的变化量，塔菲尔斜率越小，电子的转移速度就越快，有利于反应的进行。周转频率 TOF，即单位时间内单个活性位点的转化数，TOF 值衡量的是一个催化剂催化反应的速率，表示的是催化剂的本征活性。

6.4 电催化还原 CO_2 研究方法

电催化还原 CO_2 是一个十分复杂的反应过程，根据研究的需要，可以选择合适的方法，不同的研究方法需要设计合适的催化装置。通常使用以下实验装置进行性能的研究。

电解池是电化学还原 CO_2 反应的关键装置，使用不同的电解池将会得到截然不同的结果，目前主要使用的电解池有 H 型电解池、流动池、零间隙电解器，这 3 种电解池的结构示意图如图 6-4 所示。

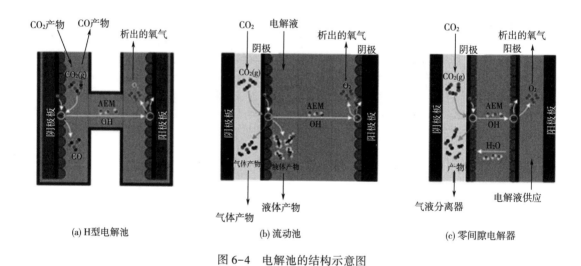

(a) H型电解池 (b) 流动池 (c) 零间隙电解器

图 6-4 电解池的结构示意图

图 6-4（a）为 H 型电解池，是一种比较简单且十分成熟的电解池装置，这种电解池很容易对催化剂的性能进行评价，在 CO_2 电还原实验中广泛使用。图 6-4（b）为流动池，与 H 型电解池相比减少了 CO_2 溶于水的过程，将 CO_2 直接通过电极表面，形成固—液—气三相界面，解决了 CO_2 在水中溶解度低对反应的传质限制问题，显著增强了催化活性，能够满足基础研究的要求，膜电极体系在电极外设置电解液，消除了液体电阻，显著提高了全电解池的能量效率和稳定性，具备工业应用潜力。

6.4.1　H 型电解池

H 型电解池是最早使用的电解池，因此 H 型电解池的使用以及在 H 型电解池中 CO$_2$ 电化学还原体系的技术研究都就已经发展得非常成熟。如图 6-5 所示，典型的 H 型电解池由两个反应室、三个电极和中间的离子交换膜组成，工作电极和参比电极在阴极反应室，对电极在阳极反应室。然后，这两个反应室之间通过中间的圆形通道连接起来，通过离子导体形成完整的电流回路，再使用 nafion 阳离子交换膜把两边的电解液分隔开，防止在反应过程中阴极产生的还原产物移动到阳极再次被氧化。在电解过程中，使用质量流量计控制气体的流速，二氧化碳气体连续流入阴极室进行反应后，进入气相色谱仪（GC）检测气体产物，在电解液中收集液体产物，通过核磁来进行检测，使用电化学工作站控制电流和记录电流数据。

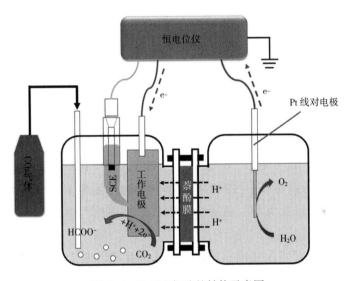

图 6-5　H 型电解池的结构示意图

通常在 H 型电解池中进行筛选催化剂，因为在 H 池中进行催化剂的评价较为简便。然而在 H 型电解池中，CO$_2$ 先溶解在水中，再扩散并吸附到电极表面，又因为 CO$_2$ 在水中的溶解度低，只有 33mmol/L，这极大限制了 CO$_2$ 的传质过程，因此，在 H 型电解池进行的 CO$_2$ 电还原反应的电流密度较低，一般小于 100mA/cm^2，显著限制了在工业中的应用。此外，由于液体电解质具有较高的电阻，所以在 H 池中进行电解会消耗较多的能量，显著降低了电化学还原 CO$_2$ 反应的能量效率，而且电解过程中系统电阻会不断升高，包含阳极和阴极过程电位的电池电压可能会增加到恒电位器的极限。因此，在长期稳定性测试中可能需要更换解决方案。

总之，H 型电解池是一种适合用于定量和选择实验室规模的各种产品的 CO$_2$ 还原电催化剂的间歇式反应器。可以首先在 H 型电解池比较催化剂的性能，进行催化剂的初步筛选，但是为了进一步应用在工业中，需要具有更低阻力和更高传质效率的高效电池。

6.4.2 流动池

H 池中 CO_2 在电解液中的低溶解度，缓慢的传质过程限制了在工业中的应用，因此，研究者们为了克服这一挑战，设计出了具有气体扩散电极的流动池。如图 6-6 所示，通过加入气体扩散电极，把 CO_2 气体直接通入阴极，把电催化剂负载在气体分散层上作为电极，可以提高比表面积，增加 CO_2 气体与催化剂的接触，从而增加电流密度，实现更高的反应速率，已经证明，基于 GDE 的流动池可以达到 $1A/cm^2$ 的电流密度而不会影响选择性。

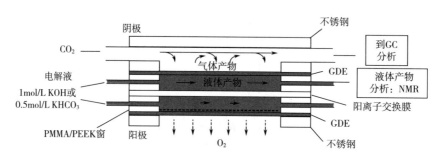

图 6-6 流动池结构示意图

目前，流动池已经用于在高电流密度下评价催化剂性能，但是还存在一些挑战，如两个反应室都有大量的液体电解液，而液体的电阻比较高，这会显著提高反应的能量损耗，也可能会产生水淹现象，破坏催化剂的稳定性。此外，为了抑制电化学还原 CO_2 反应过程中的析氢反应，一般使用碱性或中性的电解液，可能会导致电解液中的 OH^- 离子和 CO_2 发生反应生成碳酸盐/碳酸氢盐沉淀，从而降低碳效率，堵塞气体扩散电极中的孔隙，减小反应速率。

总之，流动池基本满足实验室规模的评价催化剂性能的要求，是基础研究的绝佳选择，但由于盐沉积和水淹等问题难以使电催化剂保持长时间的稳定作用，因此在工业应用中效果不够理想。

6.4.3 MEA 电解池

为了解决 H 型电解池中 CO_2 溶解度低，以及流动池中稳定性不足的问题，研究人员根据燃料电池设计出了一种拥有三相稳定界面、不受限制的气体传输和快速电子传输的零间隙电解器，表现出极高的传质效率，可以达到 $100mA/cm^2$ 以上的工业级电流密度，具备工业化应用的潜力。

零间隙电解器由阴极和阳极集流器、阴极和阳极流板以及膜电极组件（MEA）组成，MEA 包括阳极气体扩散电极（GDE），阴极气体扩散电极和高分子电解质膜（PEM）。如图 6-7 所示，在这种装置中，电极是分开的，与 H 池中 nafion 膜分隔阳极反应室和阴极反应室的作用类似，此外，电极间的距离较近，能够减小电阻。此外与流动池类似的，把电催化剂负载在气体分散层上可以提高比表面积，强加 CO_2 气体与催化剂的接触，从而增加电流密度，实现更高的反应速率。

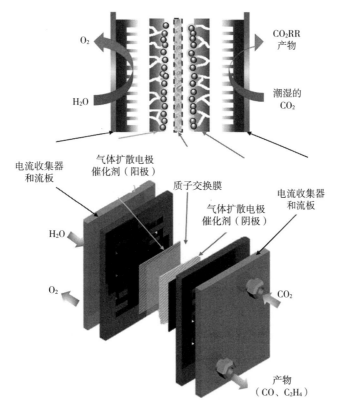

图 6-7　膜电极结构示意图

如前文所述，在 H 池中电化学还原 CO_2 反应会受到传质的限制，即 CO_2 在水中溶解度低，然而，二氧化碳在液流池中能够直接以气体的形式参与反应，从而突破传质的限制，已经证实气体反应物与气体扩散电极相结合能够实现高反应速率和效率。具体来说，气体扩散电极和 MEA 对电化学还原 CO_2 反应的传质起着重要的作用，气体扩散电极具有多孔结构（一般为碳纤维材料），允许气体通过并与电解质接触，从而在电极上形成固—液—气三相结构，增加了气体反应物与催化剂及电解质的接触面积和时间，实现高效的传质和反应。目前主要采用阳离子交换膜（CEM）、阴离子交换膜（AEM）和双极膜（BPM）三种膜。使用不同类型的离子交换膜，离子的运输方式也会不同，从而影响电化学还原反应。

使用零间隙电解器已经可以实现相当大的电流密度和反应速率，具有工业化应用的潜力，目前存在的挑战是：气体扩散层和 MEA 等部件对电催化还原 CO_2 反应的影响尚未完全明确等。

对催化剂的性能进行评价后，需要对催化性能的来源进行进一步的研究，目前较为先进的方法是原位表征技术，如原位红外、原位拉曼等。这种技术具有实时性、真实性和准确性等优点，能够还原测试条件，捕获反应中间体，进行准确地测量，在确定反应机理和研究催化剂的结构—反应性/选择性关系方面表现出巨大的潜力。

6.5 电催化还原 CO_2 催化剂

虽然电化学还原 CO_2 反应具有反应条件温和、反应可控、环境友好等独特优点，展现出良好的工业化前景，但是想要真正实现从实验室规模到工业级应用的突破，还有一些巨大的挑战需要克服。第一，CO_2 分子具有直线型的稳定结构，这使得活化 CO_2 需要较高的能量，导致能量的损耗较大，不符合可持续发展的目标。第二，电化学还原 CO_2 的反应比较复杂，涉及多步电子转移，多种反应路径，可以生成多种产物且各产物之间的还原电动势相近，和析氢反应竞争，这些限制导致难以得到单一的产物，这在工业应用时会额外增加对产物进行分离的成本。第三，CO_2 在水中的低溶解度显著限制了电化学还原 CO_2 反应的反应速率，难以达到工业级的电流密度。第四，为了抑制竞争性的析氢反应，一般使用碱性的电解液，这会导致其中的 OH^- 与 CO_2 发生反应生成碳酸盐/碳酸氢盐结晶，从而降低催化剂的稳定性，也会带来碳效率不高的问题。

解决上述挑战的关键是制备出高效的催化剂，它可以降低电化学还原 CO_2 反应的活化能，减小能量的损耗，调控产物的选择性，增强反应活性，以便在工业中应用。目前电还原 CO_2 的材料主要是过渡金属，这主要是因为过渡金属含有较多的电子 d 轨道，能够与 CO_2 中的 p 轨道配位，减小 C═O 键键能，使 CO_2 的直线型稳定结构被破坏，O═C═O 键发生弯曲，从而达到有效活化 CO_2 的目标。更进一步地，Hori 等首次根据不同的产物将金属基催化剂分为四类：①金属 In、Sn、Hg、Pb 是选择性生成甲酸盐（HCOO—）的代表；②金属 Zn、Au、Ag 产生一氧化碳；③Fe、Pt、Ni 和 Ti 主要催化析氢反应（HER）；④铜，它是目前已知的唯一一种能产生超过 $2e^-$ 还原途径的碳氢化合物和氧化物的金属催化剂，但纯铜的过电位高，产物分布广，不能直接使用。

电化学还原 CO_2 反应能够产生多种有价值的产物，如一碳产物 CO，甲酸都是重要的化工原料，二碳产物如乙醇可以直接用作燃料，都是具有经济效益的，可以进行规模化，图 6-8 展示了一些电化学还原 CO_2 反应的市场价格和规模。

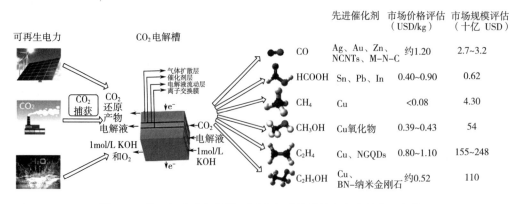

图 6-8 将二氧化碳电化学还原为各种化学品相应的价格和规模

除了金属材料，还有一些非金属材料如碳基材料等也被用于电催化还原 CO_2，也能够取得较好的效果。根据产物的不同来分别总结各类催化剂。

6.5.1　电催化还原 CO_2 制备 CO 催化剂

CO 是生产各种化学品或燃料一种至关重要的化工原料，通过费—托过程可以把 CO 和 H_2 转化为几乎所有的碳氢化合物，而且，它的生成过程相较于多碳产物较为简单，是电化学还原 CO_2 反应的主要产物之一。因此，提高 CO 的选择性，制备出高选择性的制备 CO 催化剂是可行且有意义的。目前主要使用煤的热催化来制备 CO，使用电催化的方法制备 CO 是一个新的选择，能够减少能量的损耗，增加经济性，符合可持续发展的目标。

CO_2 的吸附模式不同，它的转化路径随之改变。当 CO_2 的碳原子端吸附在催化剂表面时，CO_2 将会沿着 CO 的路径转化，当 CO_2 的氧原子端吸附在催化剂表面时，CO_2 将会沿着 HCOOH 的路径转化，生成甲酸脱附。因此，具有较好 C 亲和性的金属一般用于催化 CO_2 制备 CO。进一步来说，CO 也具有不同的转化路径，这主要由催化剂表面对 *CO 中间体的吸附能决定。当吸附能偏高时，CO 将牢牢地吸附在催化剂表面上，造成催化剂中毒。

金和银由于较好的 C 亲和性和对 *CO 合适的吸附能，表现出极佳的 CO 催化活性和选择性。此外，因为金、银是贵金属，使用成本较高，因此研究者们开始寻找成本低廉的材料作为替代品，最近出现的碳基材料催化剂，尤其是具有金属—氮—碳结构的单原子催化剂展现出良好的催化活性和选择性，而碳的丰度较高，成本较低，还具有耐酸碱，电子结构可调的优点，具有良好的应用潜力。

6.5.1.1　Au、Ag 等贵金属催化剂

在电化学还原 CO_2 制备 CO 的反应中，金、银等贵金属催化剂表现出独特的优点：①高效性，能够显著增加电化学还原 CO_2 反应的反应速率，从而表现出较高的反应效率和产率。此外，反应过电位较低，能够减小损耗，提高反应的能量效率。②高选择性，能够抑制析氢反应，拥有较高的 CO 选择性，从而避免产生不必要的物质，在工业生产中能够减少产物分离过程中的成本。③稳定性好，拥有较长的使用寿命，能够抵抗催化剂失活，保持长时间的活性和选择性。总之，研究者们普遍认为金、银是电化学还原 CO_2 制备 CO 的高效电催化剂，得到了大量的关注，展现出广阔的应用前景。

目前已经有许多关于贵金属电催化剂的报道，对其催化还原 CO_2 的微观过程进行研究，这对于理解催化剂机理，设计具有预期性能的电催化剂是有必要的，为了更好地表示催化剂表面对反应中间体的吸附能与反应路径之间的关系，解析催化剂催化作用的本质，提高目标产物的选择性，一般使用各种关键中间体在催化剂表面的吸附能作为催化反应过程的标记，制作出火山图或进行理论计算，用于分析并预测反应产物及其选择性。如图 6-9 所示，Back 等以理论计算的方式对金和银 CO_2 催化还原的机理进行了探究。研究了晶面位点、边缘位点和角落位点的催化活性和选择性，发现角落位点具有最好的催化活性。此外，证明了将银纳米颗粒的尺寸减小到 2nm 可以增强 CO_2RR 的活性而不影响 HER。此外，Chen 等采用原位衰减全反射傅里叶变换红外光谱（FTIR）研究了 CO_2 在金纳米颗粒上的电化学还原反应机理，直接

观测到金纳米颗粒上的 *COO⁻，是 *COO⁻是 CO_2 活化过程中的主要中间体之一的直接证据。

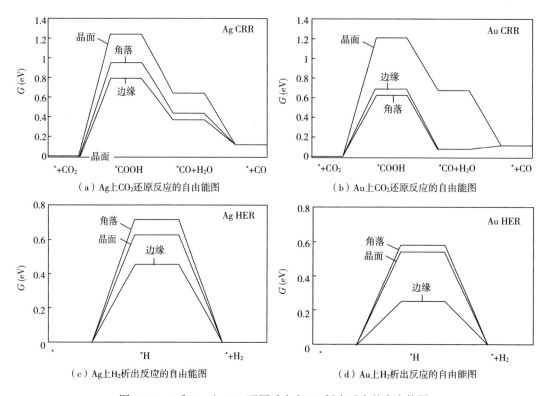

图 6-9　Ag 和 Au 上 CO_2 还原反应和 H_2 析出反应的自由能图

　　到目前为止，金、银基催化剂的设计实验已经取得了令人振奋的进展，已经有金基催化剂能够在低过电位下能够达到100%的 CO 选择性，对贵金属催化 CO_2 还原为 CO 的机理研究已经十分深入。但是由于金、银是贵金属，使用成本较高，因此在保持足够的 CO 催化活性和催化选择性的基础上，制备具有低金负载量的金基催化剂是有必要的。在这种情况下，研究者们尝试了各种各样的策略，如调节金的分散度来增加活性位点的暴露，来制备高效的催化剂来提高金基催化剂的催化性能。接下来本文将基于金、银纳米催化剂，对催化剂的形貌、结构和尺寸效应等进行研究。

　　随着纳米技术的发展，研究者们普遍认可纳米颗粒是一种有效的催化剂，它可以在不产生传质问题的情况下，为电催化 CO_2 还原产生更多的活性位点。在纳米粒子的表面上，角位点、边缘位点和晶面上的原子具有不同的配位数和化学势。因此，理论上，可以通过控制纳米颗粒的尺寸和表面结构来调节纳米颗粒的催化作用。在此基础上，金属纳米颗粒的尺寸对催化剂的活性和选择性有重要的意义。从几何结构的角度看，随着粒径的减小，低配位原子的比例将逐渐增加并充分暴露。

　　在电子结构方面，金属颗粒的电子能级也会因量子尺寸效应而发生显著变化，这可能会加快催化材料与反应物之间的结合。Qian 等报道了用电化学去合金法合成的纳米金孔电催化剂。CO_2 转化为 CO 时，法拉第效率为98%。与块状材料相比，具有高活性的脱合金纳米孔金电催化剂具有丰富的台阶/扭结中心,可用于电化学反应。尽管选择性有所提高,但由于难以在孔隙中实现快速传质和降低催化剂的尺寸以进一步提高催化性能,克服纳米孔结构对催化剂自身的限制。同样地,Yang 等使用通过对银进行等离子体和电化学还原的方法,在银箔上原位生长了不同尺寸的银或硫化银纳米线,这种方法可以显著降低过电位,将 CO 法拉第效率高的电压区间减小。密度泛函理论研究表明,CO_2 活化的增强和极限步骤反应能垒的降低导致了催化活性的提高。总之,纳米材料由于自身独特的物理和化学性质,在电化学还原 CO_2 领域表现出独特的优越性能,制备纳米级大小的电催化剂是有必要的。

此外,纳米材料的形貌是便于调控的,这可以提供独特的表面原子组成。通过控制纳米粒子生长的动力学和热力学,晶体通常可以生长成特定的形貌。随后,会暴露不同的晶面,影响到晶面上的角位、边缘位和表面原子的比例。人们普遍认为形貌调控为金基纳米催化剂的设计带来了广阔的新思路。通过改变 Au 纳米颗粒的形貌来制备高指数的 Au 纳米粒子是提高其对电催化 CO_2 还原催化性能的一种很有吸引力的方法。例如,Nam 等用硫醇配体合成了凹菱形金十面体,能够在 CO_2 饱和的 $0.5mol/L$ $KHCO_3$ 中获得 90% 的最大法拉第效率。与非凹形金纳米粒子、金纳米立方和金薄膜相比,凹形菱形金纳米粒子表现出更低的过电位、更高的法拉第效率和更大的电流密度。CO_2 电催化活性的增强主要来自边缘位点的高密度和表面的高指数面,这与 Zhu 等报道的研究一致。

进一步地,研究者发现金属原子间的相互作用在更好地控制传质以进一步强化催化方面起着至关重要的作用,在此基础上,Zhao 等制备了两种精确的 Au25 团簇,直径为 1nm,分别为纳米棒和纳米球,将这两种不同形貌的金催化剂用于电催化还原 CO_2,其中金纳米球表现出更高的催化活性和催化选择性,通过理论计算证明在纳米球表面上带上了负电荷,产生了一个活性位点,可以更好地稳定 CO_2 电还原过程中重要的 *COOH 中间体。

此外,Kim 等研究了在电化学还原 CO_2 反应过程中扁平的金和纳米结构的金的催化性能,实验结果和机理研究表明具有纳米结构粗糙金表面引起的局部电场波动会影响电极表面附近的双电层,抑制还原的电解质依赖性,纳米结构的金电极不容易被表面阳离子沉积。Yang 等研究了 50nm 金胶体和三面体催化 CO_2RR 的法拉第效率（FE）,结果表明,三面体上的选择性在 $0.6V$ 时比金胶体高 1.5 倍,此外还发现三面体的粒径增加到 100nm 时,选择性线性下降,而且金（221）晶面比金（111）晶面更容易稳定关键中间体 COOH *。Kim 等通过电还原阳极 Au（OH）$_3$ 来形成 Au 纳米结构,而且通过控制阳极电位或降低电流密度,可以将金纳米结构形态调整为孔状或柱状结构,这两种形貌都比纯铜的催化效果要好,归因于高密度的晶界稳定了 CO 中间体,但是在 280mV 过电位下,孔状结构比柱状结构具有更高的 CO 选择性。Qiu 等通过对商业银箔进行阳极氧化,再进行电化学还原,原位制备了溴化物衍生的多孔纳米线银薄膜。实验结果显示,溴化物衍生的银薄膜展现出较高的选择性,CO 的法拉第效率为 96.2%,和较低的过电位 296mV,此外,也具有良好的电化学稳定性,表现出良好的工业前景。

此外,Xia 等研究了 50nm 金胶体和 50nm 四面体上的 CO_2RR。在 $-0.6V$ 时,CO 在三八面体上的法拉第效率最高可达 88.8%。相比之下,Au 胶体在 $-0.7V$ 时,产生 59.04% 的 CO

法拉第效率。密度函数理论计算表明，Au（221）四面体上的切面比 Au（111）上的切面更有利于稳定 $*$COOH 中间体，因此过电位更低，法拉第效率更高。Au 四面体上配位数低的边原子比面内原子更强地结合 CO_2，使其更容易氢化成 $*$COOH。值得注意的是，Au（100）和 Au（111）等低折射率面 Au 纳米颗粒不能显著提高 CO_2RR 活性，而边缘位点密度高、折射率面高的 Au 纳米颗粒有利于 $*$COOH 的吸附和 $*$CO 的解吸，从而在 CO_2RR 方面表现显著。Sun 等人开发了一种简单的种子介导生长方法，制备了一系列 2nm 金纳米线（NWs）。在 -0.55V（$vs.$ RHE）下，500nm AuNWs 在 CO_2 饱和的 0.5mol/L KHCO$_3$ 中获得了约 6.5Ag 的质量活度。出乎意料的是，这一数值超过了之前报道的与纳米金纳米颗粒在相似电位范围内的数值。结构模拟表明，Au NWs 的 CO_2RR 性能增强是由于边缘位点的比例增加，有利于 $*$COOH 中间体的吸附和 $*$CO 中间体的解吸。

在另一项研究中，Liu 等研究了使用 Au 纳米针将 CO_2 电化学转化为 CO。在超过 8h 的时间里，它们的起始电位仅为 0.07V，FE 为 95%。与金纳米棒、氧化物衍生的贵金属催化剂和金纳米颗粒相比，金纳米针表现出更大的 CO 电流密度。理论计算表明 Au 纳米针的尖端表现出高电场，可以集中电解质阳离子，导致活性反应表面附近的局部 CO_2 浓度较高。Gracias 等报道了具有更好法拉第效率的双向压缩纳米折叠 Au 催化剂比平面催化剂更有效地将 CO_2 转化为 CO。它们紧密的折叠形态缩短了电解质物质的质量运输，产生了局部 pH 值的增加。高 CO 选择性归因于低 HER 活性。

Rosen 等结合实验和理论计算，研究了在电解质溶液中纳米 Ag 催化剂表面上 CO_2 还原的电催化反应机制，证明了在纳米银颗粒或纳米多孔银催化剂表面的低配位结构降低了 CO_2 得到电子生成 HCOOH $*$ 中间体的能垒，可以有效加强 CO_2 的活化，将决速步骤从第一步改为了第二步，显著增加了催化性能。

Hu 等使用湿法和电化学还原法制备了去硫的银纳米线，可以表现出更高的催化活性和催化选择性（81%），实验结果证明制得的催化剂具有核壳结构，在表面镶有随机取向的纳米晶体，这些不同取向的晶体导致了 CO_2 催化还原反应的增强（图 6-10）。

研究人员已经广泛研究了亚稳晶界中更活跃的位点的概念，因此，他们开始寻找能够最大限度地提高这些位点的多孔结构。其中金属原子间的相互作用在更好地控制传质以进一步强化催化方面起着至关重要的作用。基于此，jeon 等提出一种三维分层多孔结构，其相互连接的大孔通道范围为 200~300nm。一方面，在电解过程中，相互连接的大孔通道提供了有效的传质；另一方面，纳米孔道提供了较大的活性面积。值得注意的是，在 0.264V 的低过电位下，分级多孔的 Au 催化剂能够达到 85% 的 CO 选择性，与脱合金多孔金相比，分级多孔 Au 催化剂的质量活性提高了约 4 倍。

Atwater 等构建了一种孔径为 10~30nm 的纳米多孔金膜。纳米孔网络中具有较大的电化学活性区域，丰富的晶界和 pH 梯度导致了电催化活性的显著提高。在 50mmol/L 的 K$_2$CO$_3$ 溶液中，6mA/cm^2 的 CO 电流密度下，纳米孔金膜的 CO 法拉第效率最高可以达到 99%。长时稳定性测试表明，纳米孔金膜在电解 110h 后，仍能够保持 80% 的法拉第效率，这种孔径分布可以在多孔网络中产生和控制局部的 pH 梯度。

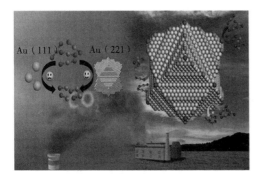
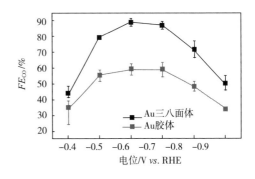

（a）Au、Ag基催化剂晶面对催化剂性能的影响

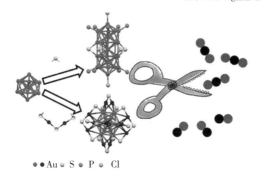
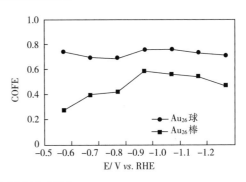

（b）Au、Ag基催化剂形貌对催化剂性能的影响

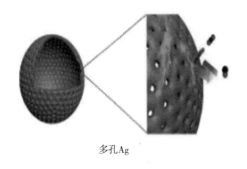
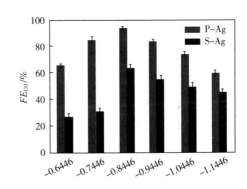

（c）Au、Ag基催化剂多孔结构对催化剂性能的影响

图 6-10　Au、Ag 基催化剂晶面、形貌、多孔结构对催化剂性能的影响

　　Qin 等制备了具有体心立方结构的 Ag15 晶体，金属核的结构为 Ag1-Ag8-Ag6，值得注意的是，Ag15 晶体在生长过程中可以自发地吸附空气中的 CO₂，自发组装为一维线性材料。Ag15 晶体最高可以达到 95% 的 CO 选择性，6.37s⁻¹ 的转换频率，且拥有较好的稳定性。密度泛函理论证明银团簇中有一个甲基脱落，暴露出银的不配位原子，作为反应的活性位点，这增强了催化性能。Liu 等使用 Cu₂O 模板法制备了同时具有中空和多孔特征的银纳米催化剂，该催化剂能够以 94% 的 CO 选择性将 CO₂ 转化为 CO，且具有较好的稳定性。结果表明中空多孔的银催化剂具有较高的电化学表面积，这是其高催化活性的本质原因。

　　总之，金、银贵金属催化剂是电化学还原 CO₂ 反应制备 CO 的高效电催化剂，目前对其催化过程及催化机理也有了一定的认识，但是贵金属高昂的价格仍然显著限制了它的工业化应用。

6.5.1.2 碳基材料催化剂

由于金、银是贵金属，其高昂的价格极大地阻碍了其工业化应用，因此，研究者们开始寻找贵金属的替代品，其中，碳基材料表现出自身独特的优点，如成本极低、耐酸碱、高温稳定性、环境友好等，且可以表现出与贵金属相当的催化性能，因此被认为是一种有潜力的电化学还原 CO_2 反应的电催化剂。

此外，碳基材料的电子结构是可调的，导电性也比较好，通过引入杂元素或金属可以克服碳基材料本身的化学惰性，设计具有预期结构的活性位点，由此制备出的金属基碳材料具有不同 d 电子结构的金属中心，通过调节金属晶面和化学态，可以表现出对 CO_2 相关中间体不同的吸附能，影响对 CO 或其他中间体的吸附，进而可以生产预期产物。更进一步构建具有金属—氮—碳结构的单原子催化剂成为一种制备高效催化剂的有潜力的策略。

碳材料经常被作为其他活性组分的优秀载体，因为碳材料具有高比表面积和高导电性，特别是具有多孔结构的碳材料，较高的孔隙率可以促进电化学还原 CO_2 反应法传质过程，如 CO_2 的吸附和电子、质子的转移。因此，碳材料的组成和结构会显著影响催化剂性能。然而碳是化学惰性的，几乎不具备活化 CO_2 的能力，因此，研究者们开发了制备多孔杂原子掺杂碳材料的各种策略，杂原子如 N、S、O 或金属的引入可以增加碳材料的电子密度，增强导电性，同时调节碳的电子性质，进而调控或稳定中间体。

碳材料主要包括碳纤维、碳纳米管、多孔碳、有序介孔碳和石墨烯等，它们普遍具有价格低廉、环境友好、导电性高和良好的可塑性等优点，同时由于各不相同的杂化形式和形貌，不同类型的碳材料还具有自己独特的优异性质。例如：碳纳米管拥有完美六边形结构和碳 sp^2 杂化形成的大 π 键结构，使其具有非常强的电子传输能力；石墨烯也由碳原子的 sp^2 杂化构建，形成了一种二维平面材料，能够达到 $2630 m^2/g$ 的高比表面积，电子传导效应优异，常被用来构建特殊结构性质的复合材料。这些优异特性使得碳材料在电催化领域受到极大的关注，接下来本文根据有无金属进行分类并进行详细介绍。

在杂原子中，氮元素掺杂具有较好的效果，这主要是因为：①在元素周期表中，N 与 C 相邻，原子大小接近，容易与 C 原子形成化学键；②N（3.04）的电负性大于 C（2.55），有利于调节电子分布；③N 掺杂可以产生外部缺陷，提高表面润湿性和导电性，从而提高电化学性能。因此氮原子是一种较常见并且提高碳基材料反应活性最有效的非金属杂原子。N 原子掺杂能强烈影响碳原子的自旋和电荷分布，这导致了所谓的活化区的形成，从而打开导带和价带之间的带隙。研究表明，N 原子掺入碳骨架之中后，主要是以吡啶 N、吡咯 N、石墨 N、腈和吡啶氮氧化物的结构形式成键。

无金属基的氮掺杂碳材料一般只能转移两个电子生成 CO 或甲酸，但是它们能够表现出与金属材料相当的选择性、活性、稳定性方面的性能。Wu 等制备了富有电子缺陷的氮掺杂纳米管状的催化剂（NCNTs），在电化学还原 CO_2 过程中具有良好的活性和稳定性。实验结果和理论计算表明该催化剂的优越性能来自高导电性，吡啶氮缺陷催化位点，降低了 CO_2 活化自由能。此外，与金属基催化剂相比，由于掺杂浓度较低（原子百分数含量通常小于10%），NCNTs 中的主 SP_2 碳骨架未受到干扰、氮位点不会发生重构或聚集，拥有更好的耐用性。类似地，Lee 等成功在碳纳米管中负载锡纳米颗粒，其产生 CO 的选择性比甲酸盐高 10倍，理论计算表明碳载体诱导的强界面场增强了锡纳米颗粒对 CO_2 的吸附，而对其他产物没有影响，这证明了界面场的作用，为设计电催化剂提供了一种思路。

Cui 等使用热水蒸气优先结合吡啶和石墨氮原子，然后在碳框架中进行刻蚀，制备出高氮含量的氮掺杂催化剂。结果表明，水蒸气刻蚀后，具有低亲水性的吡啶类氮原子被保留，在所有氮物种中的含量从 22.1% 增加到 55.9%。蒸汽蚀刻氮掺杂碳催化剂抑制了析氢反应，具有良好的电催化 CO_2 还原性能，为调整电催化剂活性提供了新的途径。Jhong 等通过热解氮化碳，多臂碳纳米管的策略制备出用于电化学还原 CO_2 制备 CO 的无金属催化剂，该催化剂对 CO 的选择性高（约 98%），在电化学流动电池中具有较高的活性。在中间阴极电位下，CO 的偏电流密度（$V = -1.46V$ $vs.$ Ag/AgCl）比最先进的银纳米颗粒催化剂高 3.5 倍，最大电流密度为 90mA/cm^2。质量活性和能量效率（高达 48%）也高于银纳米颗粒。

类似地，也可以在纳米石墨烯中引入氮元素构建活性位点，Wu 等制备引入了氮缺陷的三维（3D）石墨烯泡沫，作为无金属催化剂，它拥有极低的起始过电位（-0.17V），超过金或银的优异催化活性，至少 5h 的稳定性。总之，已经有许多关于无金属催化剂的报道，证实了非金属材料也可以用作活性位点，接下来，本节将进一步明确氮掺杂碳材料的活性位点。总之，在电化学还原 CO_2 制备一碳产物过程中使用无金属催化剂是可行的，能够表现出与金属催化剂甚至贵金属催化剂相当的催化活性和选择性，且它具有稳定性高，成本较低的优点，在规模化应用中具有独特的优势。

更进一步地，将单原子催化剂和碳纤维通过杂原子连接起来可以充分发挥碳纤维和单原子催化剂各自的优点，达到更好的催化活性和选择性。

单原子催化剂独特的电子性质，几何结构和极其优越的催化性能使得单原子催化剂的概念一经提出就成了催化领域的热点，原子级的分散使得催化剂具有 100% 的原子利用率，表现出极高的经济性，降低工业应用中的成本。与传统催化剂相比，单原子催化剂由于其低配位结构和与载体的强相互作用等独特的优点表现出极高的催化效率。此外，单原子催化剂因为具有明确的活性位点，可以用于研究催化反应过程中的反应机理。因此，研究者们开发出制备纳米多孔杂原子掺杂的策略，杂原子对碳的电子结构进行了调控，最终制备出的催化剂具有金属—X—C 的结构，可以保证金属单原子稳定存在。因此，这种催化剂结合了碳基材料和金属单原子的优点，拥有良好的催化活性和催化稳定性，表现出良好的工业化前景。

这种具有金属—氮—碳结构的单原子催化剂的主要产物是 CO，其中，金属镍和金属钴具有较好的催化效果。此外，纯氮掺杂碳纤维的催化活性不足以用于实际应用。因此，研究者对优化碳纤维的结构和组成进行了广泛的研究，如杂原子掺杂、缺陷工程，制备具有多孔结构的碳纤维等。

如图 6-11（a）所示，Cao 等通过使用电纺—热解协同策略，制备出具有多孔结构的单原子催化剂，显著增强了电子和质子的传输，改善了催化剂活性，在 1V（$vs.$ RHE）下达到最高的电流密度 33.1mA/cm²。除此之外，该催化剂还对原子的桥接结构进行了调节，实验结果和理论计算证明了 Ni_2—N_4—C_2 原子桥接结构调整了 d 层电子的性质，以实现对 CO_2 和中间体的最佳吸附，从而改变 CO_2 反应路径到有利于 CO 生成的路径，在 0.6V 下达到最大的 CO FE96.6%。如图 6-11（b）所示，Wang 等成功制备出数百克级的 3D 多孔碳，达到质量分数 4.3% 的镍单原子负载量。在流动池中，质量分数为 4.3% 镍负载量具有比 0.8% 大得多的电流密度和 CO 选择性，揭示了单原子位点的高负载在促进工业级电流密度下的高选择性电解中的重要作用。此外，该催化剂在膜电极体系中表现出极佳的稳定性，可以在 360mA/cm² 的工业级电流密度下稳定发挥作用。

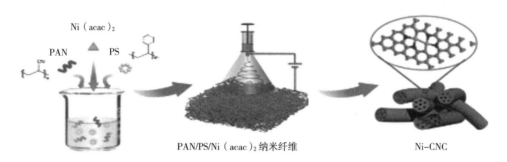

（a）制备具有金属—氮—碳结构的单原子催化剂的方法示意图

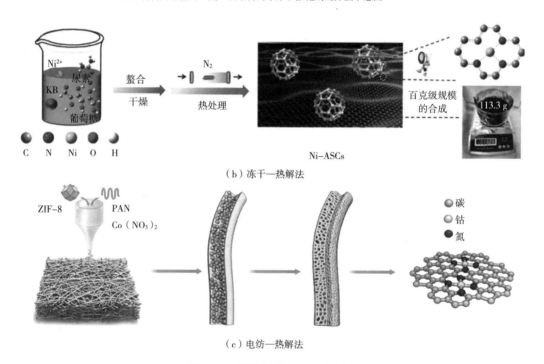

（b）冻干—热解法

（c）电纺—热解法

图 6-11 催化剂制备方法示意图

如图 6-11（c）所示，Yang 等提出了一种策略，使用简单的静电纺丝的方法构建独立的、交联的、高产率的碳膜来最大限度地利用单原子钴位点。具有连续多孔结构的三维网状纳米纤维具有较大的电化学活性表面积，有利于反应物的运输，生成大量有效的钴单原子用

于 CO_2 还原。高利用率的单原子 Co 位点最终实现了 91% 的法拉第效率和 $67mA/cm^2$ 的电流密度，在流动池中也能达到 92% 的法拉第效率和 $211mA/cm^2$ 的电流密度。

这些研究都证明使用非贵金属或无金属的氮掺杂的碳基催化剂是可行的，甚至可以表现出与贵金属相当的催化活性和选择性，这会显著降低催化剂的制备成本。

6.5.2　电催化还原 CO_2 制备 HCOOH 催化剂

甲酸盐（甲酸）作为一种工业感兴趣的基本有机化学原料，可以被用作直接甲酸燃料电池的燃料，用作储氢载体，以及作为合成精细化学品的原料等。传统甲酸的制备是耗能巨大的，且不可避免的会产生副产物，然而，电化学还原的方法可以在温和的条件下进行反应，高选择性地将 CO_2 转化为甲酸，如 Fan 等报道了一个全固态电化学 CO_2RR 系统，可以制备出超高浓度的纯甲酸溶液（高达 100%）。

目前电化学还原 CO_2 到甲酸的挑战在于它的反应机理复杂、动力学缓慢，可能有一步需要克服更高的能垒，因此在反应过程中需要提供更高的过电位，此外竞争性的析氢反应也会造成更高的能量损耗。

目前，已经广泛应用于电化学还原 CO_2 制备甲酸的催化剂有碳基材料、金属材料等。其中，锡金属和铋金属由于对甲酸的催化能力强，选择性高，同时是非贵金属，具有成本低廉，环境友好等优点而引起广泛关注，大量研究者对其进行了研究。如锡基、铋基催化剂，以及碳纳米材料已经被用于电化学还原 CO_2 制备甲酸。

6.5.2.1　Sn 基催化剂

在电还原 CO_2 制备甲酸产物的金属催化剂中，Sn 金属有着独特的优势：①催化能力强，对甲酸盐选择性高，可以在较低的过电位下发挥作用，可以用于不同的电解条件。②非贵金属，使用成本较低，毒性或腐蚀性较低，是环境友好型金属。

因此，Sn 是一种电还原 CO_2 制备甲酸产物有前景的金属，到目前为止，已经有各种锡基催化剂包括纯锡金属、合金、纳米锡金属、氧化物、硫化物及其与碳纳米材料（如碳纳米管和石墨烯）被用于 CO_2RR。通过对锡基催化剂的尺寸、形貌和表面进行调控，现在已经有接近 100% 甲酸盐法拉第效率的催化剂报道接下来，本文将锡基催化剂根据修饰方法进行分类并逐一介绍。

金属锡具有高效，甲酸选择性高等优点，因此，研究者们对金属锡材料进行了大量的研究，以制备出先进的催化剂。如通过对锡基催化剂进行形貌，尺寸上的调控来改善锡催化剂的性能，得到高选择性的预期产物。Yadav 等合成了不同形状的锡催化剂（棒状、矩形片状和枝晶结构），实验结果显示微棒状的锡催化剂具有最高的甲酸选择性（94.5%），证明了催化剂形貌对电化学还原 CO_2 反应的影响。Lim 等将具有稠密尖端的 Sn 电催化剂电化学沉积在透气的碳布电极上，实现了甲酸的高生产率。Shen 等制备出具有均匀菱形十二面体结构的硫化锡电催化剂，能够在工业级的电流密度下选择性生成甲酸（92.15%），且在酸性介质中反应，因此碳效率较高（36.43%）。原位表征和理论计算表明，π-SnS 与常规相比具有更强的 Sn—S 结合强度，能够增强 *OCHO 中间体吸附和减弱 *H 结合，有效调节 CO_2RR 中间体在酸性介质中的覆盖，从而有效调节选择性。

除了调控锡催化剂的形貌，减小它的尺寸到纳米级也是常见的策略，Qian 等制备了纳米锡催化剂，在纳米棒上生长纳米片，暴露出大量的锡活性位点，实现超高的 CO_2 转化为甲酸的催化性能，能量利用率（70%）和单通率（39.3）。更进一步地，可以制备出原子基分散的催化剂，Zu 等设计了一种带正电的单原子金属电催化剂，显著降低了过电位，从而改善了 CO_2 电还原性能，机理研究证明锡原子带正电，稳定反应中间体，表现出极高的转换频率（$11930h^{-1}$），200h 的稳定性。

此外，还可以通过如合金化的方式构筑异质界面，进而影响中间体的吸附，调控催化剂选择性。Wu 等制备了一种非贵重双金属 Bi—Sn 气凝胶，具有通道互联、界面丰富和亲水表面的三维形貌。原位红外和 DFT 计算表明 Bi 和 Sn 合金化优化了生成 HCOOH 的能垒，从而提高了催化活性。类似地，Ren 等通过在石墨烯上进行激光诱导制备出铜/锡双金属电催化剂，并对两种金属的比例进行了研究，实验结果表明 Cu/Sn 原子比接近 1∶2 时，甲酸的法拉第效率为 99%，部分电流密度高达 $26mA/cm^2$。He 等采用水热反应和硒化反应相结合的方法将 $SnSe_2$ 纳米棒负载在碳布上作为 CO_2 还原电催化剂，它能够以 $12.0mA/cm^2$ 的电流密度生成甲酸，并且在 $-0.76V$（$vs. RHE$）的低电位下具有高达 88.4% 的甲酸法拉第效率，此外，它还具有良好的柔韧性和稳定性，密度泛函理论计算表明，涉及 $*OCOH$ 中间体的反应途径在能量上是可行的。更进一步地，Zhang 等设计了铜/锡复合电催化剂，通过调整其组成，它能够以较高的选择性生成不同的产物（甲酸 95.4%，CO 95.3%），实验结果和理论计算证明在这两种催化剂中存在少量的 Cu 或 Sn 单原子对降低 CO_2 还原反应自由能至关重要，分别导致甲酸盐和 CO 的选择性生成。

6.5.2.2 Bi 基催化剂

与 Sn 类似，铋基催化剂也拥有高选择性，高活性的优点，也是一种成本低，环境友好的金属，不同的是，块状的铋具有类似于黑磷的分层晶体结构，易于剥离成二维（2D）单层或多层，从而拥有高比表面积，能够增强电化学活性，此外，铋在水溶液中能进行高度可逆的氧化还原反应、拥有合适的电压范围，在电催化领域中广泛应用。因此，铋也具有电化学还原 CO_2 制备甲酸潜力，可以通过合金化，掺杂等方式改变 Bi 基催化剂的形貌、尺寸等进一步制备具有预期性能的高效 CO_2 还原电催化剂。接下来本文将对铋基催化剂如纳米铋金属，铋/碳复合材料等进行综述（图 6-12）。

随着纳米技术的发展，研究者们发现纳米级的催化剂具有一些独特的优势。进一步地，制备具有多孔结构的纳米催化剂能够提供丰富的晶界，负载更多的活性位点。基于此，Gong 等制备了富有缺陷的铋纳米管，在电化学还原 CO_2 过程中表现出较好的催化活性、选择性和稳定性，在流动电池反应器内，0.61V（$vs. RHE$）下，其电流密度达到约 $288mA/cm^2$。密度泛函理论证明丰富的缺陷位点提供大量活性位点，稳定了 $*OCHO$ 中间体，增强催化活性和选择性。如图所示，Zhang 等使用以原位修饰在功能化多壁碳纳米管上的 Bi 纳米晶体作为电化学还原 CO_2 的高性能催化剂，表现出更高的电催化活性、法拉第效率（FE）和电流密度，将 CO_2 还原为甲酸盐。实验结果和理论计算表明多壁碳纳米管提供了大量的活性位点，增强催化活性，此外，证明该催化剂上 CO_2 转化为甲酸的限速步骤是 $*OCOH$ 中间体的形成。

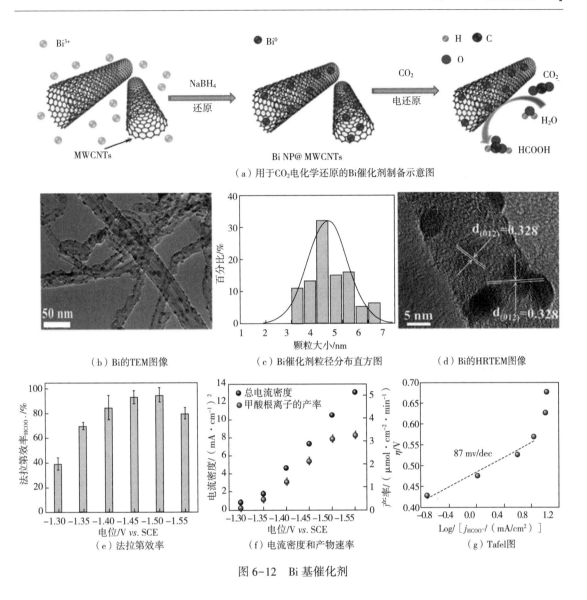

（a）用于CO₂电化学还原的Bi催化剂制备示意图

（b）Bi的TEM图像　　　（c）Bi催化剂粒径分布直方图　　　（d）Bi的HRTEM图像

（e）法拉第效率　　　（f）电流密度和产物速率　　　（g）Tafel图

图 6-12　Bi 基催化剂

Han 等也做了类似的工作，制备出超薄的铋纳米片，这种结构表现出优异的电催化还原 CO₂ 性能，能够以极高的活性和选择性将 CO₂ 转化为甲酸，此外，它还有较好的稳定性（10h）。

通过对电催化剂的形貌进行调控，能够显著影响电化学还原 CO₂ 反应的产物选择性，得到预期的产物。基于此，Yang 等大规模合成出了稳定的独立二维双分子单层铋，表现出极高的甲酸法拉第效率，在 0.58V（vs. RHE）下达到 99%。此外，更重要的是，理论计算表明铋（111）表面具有独特的压缩应变，能够促进选择性生成 HCOO⁻，这为铋基电催化剂的设计提供了视角。Lv 等合成了 Bi₂O₂CO₃ 纳米片作为 CO₂ 还原电催化剂，BOC 在过电位为 0.59V 时的最大法拉第效率为 83%，电解 27h 后，BOC 催化剂的甲酸选择性约为 80%。更进一步地，Fan 等通过理论计算和实验结果证明 CO₂ 还原成 HCOOH 的极限电势随着曲率的增大而减小，这为催化剂设计提供了理论支持。Lee 等在环境条件下制备出 Bi₂O₃ 衍生的 Bi 催化剂，在流动电池中，电压为 2.4～4.0V，50～200mA/cm² 条件下，能够达到 94% 的法拉第效率（FE）。

原位表征结果表明氧的存在和 Bi_2O_3 的初始形态对催化性能有重要的影响。

通过合金化构建异质界面来调控电化学还原 CO_2 反应产物的选择性是一种很常见的策略，Li 等通过电沉积的方法将 Sn、Bi 两种金属负载在铜电极上，作为 CO_2 还原电催化剂，实验结果证明当使用 Bi/Cu 电极时，甲酸生产的法拉第效率最高可达 90.4%，此外，它还表现出较好的催化活性和选择性。类似地，An 等使用一步水热法制备出铋掺杂的 SnO 纳米片，在 -1.7V（$vs.$ Ag/AgCl）下将 CO_2 还原为 HCOOH，法拉第效率为 93%，电流密度为 $12mA/cm^2$，并且在测试中能够保持 30h 的稳定性。实验结果和理论计算表明铋的掺杂稳定了电催化剂表面存在的二价锡（Sn^{2+}），增强 ∗OOCH 中间体的吸附。Ren 等原位设计了纳米团聚诱导的富含 Sn—Bi 双金属界面的电催化剂，能够在宽电位下实现高的甲酸法拉第效率和催化活性，且具有较好的稳定性。理论计算表明这种合金界面增强了 Sn—O 杂化，有利于 HCOO∗ 存在。

6.5.3 电催化还原 CO_2 制备 C_{2+} 催化剂

铜已经被证明是唯一能在电化学还原 CO_2 反应中形成碳碳键并进一步生成 C_{2+} 产物的过渡金属，与 C_1 产物相比，C_{2+} 产品拥有其更高的能量密度，在燃料和化学工业中具有更高的经济价值。最初 Kendra 等使用商品铜箔进行电化学还原 CO_2 反应测试，用气相色谱法来检测气相产物，核磁法来检测液相产物，证明了在铜箔上进行电化学还原 CO_2 反应能够产生 16 种产物（$C_1 \sim C_3$），并完成了定量。

电化学还原 CO_2 的大致过程有三步，即化学吸附、反应、解吸脱附。研究者们普遍认为 CO∗ 是 CO_2 还原为 C_{2+} 产物的关键中间体，催化剂对 CO∗ 中间体的吸附能决定了催化反应的方向，当催化剂对 CO∗ 的吸附较弱时，CO∗ 会以 CO 的形式解吸脱附，生成 CO；当催化剂对 CO∗ 中间体的吸附适中，CO∗ 能够发生碳碳偶联反应，生成 C_{2+} 产物；当催化剂对 CO∗ 中间体的吸附较强时，CO∗ 会毒害活性位点，促进 HER 反应。生成二碳产物的关键在于是否具有合适的 CO∗ 吸附能，进而发生 C—C 偶联这一关键步骤，因此只有对 CO∗ 中间体具有合适结合能力的催化剂才能将 CO_2 催化为二碳产物。

在众多金属中，只有 Cu 基催化剂有合适的 CO∗ 结合能，所以 Cu 是唯一能催化 CO_2 生成二碳产物的金属，然而 Cu 本身并不具备高效的 CO_2 催化性能，研究者们使用各种不同的策略对 Cu 基材料进行调控，下面介绍几种常见对 Cu 进行调控的方法，如晶面、卤素、有机分子等，此外还有一些非 Cu 材料、碳基材料等。

6.5.3.1 Cu 基催化剂的晶面调控

铜基催化剂的晶面能够显著影响产物的选择性，这主要是因为在不同的晶面上铜原子以不同的方式排列，某些晶面可能会打破线性标度关系，从而使 CO_2 分子和关键中间体的非常规吸附行为和活化成为可能。已经有许多研究者对晶面与铜催化剂的关系进行了研究，发现通过调控电催化剂的制备过程（如原位生长晶面等）可以增加催化位点的暴露，促进电还原反应。基于此，Hori 等进一步地研究了晶面与电化学还原 CO_2 反应产物之间的关系，发现铜晶面与产物选择性是息息相关的，他们观察到 Cu（100）选择性地有利于甲烷的形成，Cu（110）上选择性地有利于形成 C_{2+} 产物，Cu（111）上选择性地形成其他 C_1 产物。De Gregorio 等也做了类似的工作，（100）面的立方 Cu 纳米颗粒产生了高达 60% 的高乙烯 FE 和 200 的分电流密度，进一步证实了具有原子正方形结构的 Cu（100）面具有最佳的 CO 二聚化吸附几何形状，并且具有更好的带电中间体稳定性。Zhang 等使用动态沉积—蚀刻—轰击方法制备催化剂，用于 Cu（100）表面控制，且不需要使用封盖剂和聚合物黏合剂，能够使用膜电极组装系统，且将电极扩大到 25cm²，总电流可以上升到 12A，同时实现 C_{2+} 产物的单通率为 13.2%（图 6-13）。

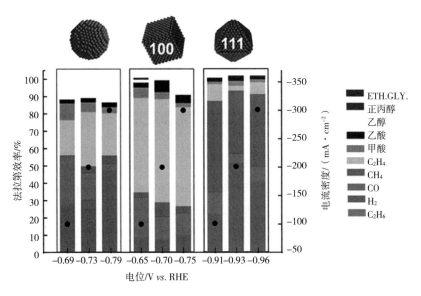

图 6-13　在不同铜晶面上的催化活性和产物选择性

6.5.3.2　卤素原子修饰 Cu 基催化剂

在各种修饰铜基催化剂的策略中，已经证实在铜表面修饰卤化物离子是一种有效的方法，它具有高电负性，能够减弱 C—O 键，有利于 CO_2 的活化，而活化过程是电化学还原 CO_2 反应的决速步骤。因此，为了设计出更高效的电化学还原 CO_2 反应电催化剂，更深入地理解卤素原子在电化学还原过程中的作用，解析卤素原子对反应产物选择性和活性的影响是有必要的。

目前已经有许多关于卤素原子修饰铜基催化剂机理的报道，如卤化物离子可以将孤对电子提供给 CO_2 的未占据轨道，形成 CO_2* 自由基中间体引发 CO_2 活化，随后，生成的中间体与催化剂形成化学键。因此，二氧化碳能够在低过电位下被还原为高附加值的碳氢化合物产品。如卤化物离子能够稳定 Cu^+ 物种，从而促进电化学还原 CO_2 反应等。基于此，接下来将从形貌、价态等方面阐述卤化物离子对电化学还原 CO_2 催化活性和产物选择性的影响。

卤化物离子的存在能够改变铜表面组成和形貌，提高电化学反应的活性和 C_{2+} 产物的选择性。如前文所述，Cu（100）面能够促进 CO_2 转化为 C_{2+} 产物，而引入氯离子有利于 Cu（100）纳米颗粒的形成，研究者们对其原因进行了更加深入的研究。研究表明，氯离子具有高电负性，能与铜结合，在合成过程中引入氯离子能够减慢晶体成核和生长速度，利于形成 Cu（100）纳米颗粒并溶解其他晶型的纳米颗粒。除了氯离子之外，Varela 等也对溴离子和碘离子进行了研究，发现它们也能引起形貌的改变，但是并不能转化为立方纳米颗粒，尽管如此，Wang 等制备了 CuBr 衍生的纳米枝晶，实验证明在低电位下 CO_2 主要转化为甲烷，高电位下 CO_2 主要转化为 C_{2+} 产物。总之，大量的研究证明在铜表面引入卤化物离子能够调控铜表面的组成和形貌，促进电催化剂的活性，增加 C_{2+} 产物选择性。

除了铜的表面组成之外，它的氧化态也是一种能够显著影响电催化活性和产物选择性的因素。值得注意的是，在电化学还原 CO_2 反应过程中，铜的氧化态并不是一成不变的，而是在零价、一价和二价之间发生可逆变化。其中，Cu^+ 是稳定的，且研究者认为它能够与带负电荷的中间体相互作用，导致 C_{2+} 产物选择性增强。卤化物修饰能够改变铜的电子结构，构建一个独特的位点来稳定 Cu^+，从而促进电化学还原 CO_2 反应。

Tan 等通过原位电化学条件下的表面重构制备了缺陷富集，氯元素掺杂的铜电极，该电极在还原 CO_2 为醇方面表现出优异的催化效率。原位光谱研究和理论计算表明，具有丰富结构缺陷的 Cu（I）/Cu（0）界面的调制和卤素离子的掺杂将促进有利中间体的形成，为随后的醇生成偶联反应提供有利的中间体。

6.5.3.3 有机分子修饰 Cu 基催化剂

目前，已经有许多的策略用于调节铜基催化剂的设计，旨在制备出高活性和选择性、低过电位的电催化剂。其中，有机分子修饰的策略已经从不同的方面证明了在调节复杂过程时的不同作用。使用有机分子的优势在于其拥有明确、可调的和性位点，其结构与催化性能之间的构效关系是可以明确的，因此可以据此设计出具有预期性能的电催化剂。

有机分子既可以通过直接参与电化学反应，在反应过程中限制中间体的浓度，或增加催化剂的稳定性，以此调节产物的选择性，也可以通过改变催化剂表面的微环境（如局部 pH、润湿性等）增强电化学还原 CO_2 过程中的传质过程。

有机分子可以通过改变催化剂表面的微环境（如局部 pH、润湿性等）增强电化学还原 CO_2 过程中的传质过程，从而促进电化学还原 CO_2 反应。基于此，García 等提出了一种离子体异质结（CIBH）结构，它可以解耦气体、离子和电子的传递。CIBH 包括一个金属和一个具有疏水和亲水功能的超细离子层，可以将气体和离子的传输从几十纳米扩展到微米尺度。通过应用该设计策略，我们在 7M 氢氧化钾电解质（pH≈15）中实现了铜的 CO_2 电还原，乙烯部分电流密度为 $1.3mA/cm^2$，阴极的能量效率为 45%。

Adnan 等证明了 CO_2RR 反应过程中气体和离子在局部反应微环境中分布不均匀导致整个反应的低能量效率和低碳效率，对此，采用了 COF 材料，通过阳离子-π 共轭作用抑制阳离子的扩散，同时增加阴离子和气体在催化剂表面的吸附。结果表明，COF 介导的催化剂能够在 200 小时内以 CO 电合成多碳产物，单通碳效率为 95%，能量效率为 40%，电流密度为 $240mA/cm^2$。Xing Wei 等通过在铜表面涂覆 50nm 的聚苯胺薄膜，可以达到 80% 以上的 C_{2+} 选择性，其中乙烯的选择性达 40% 以上。原位红外等证明铜/聚苯胺界面选择性的增强来自 CO 中间体的覆盖和相互作用的增强。Xin 等将具有导电性的聚吡咯（PPy）分子插入 MOF 通道中，提高了 MOF 材料的电子转移能力，解决了 MOF 材料导电性不足的问题，得到的杂化材料具有优异的电催化 CO_2RR 性能。Arnaud 等报道了一种以 N，N′—乙烯—菲咯啉二溴化物为分子添加剂制备纳米铜电极的新方法，机理研究揭示了有机物的作用，即在电催化过程中稳定铜纳米结构，促进 C$_{2+}$ 产物的生成。Li 等通过对多晶铜箔模型电极表面进行多醌修饰，有效地提高了 C$_{2+}$ 的产量。

此外，通过与电化学还原 CO$_2$ 的中间体发生作用，可以调节产物的选择性，基于此，Sha 等提出了将离子液体锚定在铜催化剂上，以促进 CO$_2$ 电化学转化为乙烯。在 H 池中，使用水溶液电解液的条件下，能够在−1.49V 下达到 77.3 乙烯选择性，实验和理论研究表明，离子液体通过与 Cu 的相互作用修饰 Cu 催化剂的电子结构，使其更有利于 ∗CO 二聚化生成乙烯。Chen 等通过共电镀的方法制备了一种铜—多胺杂化催化剂，显著提高了乙烯生产的选择性。在 −0.47V（$vs.$ RHE）条件下，乙烯生产的法拉第效率为（87±3)%，电池能量效率达到（50±2)%。实验证明多胺修饰的铜电极导致了表面 pH 更高，CO 中间体更稳定，浓度更高，从而促进了电化学还原 CO$_2$ 还原反应。Wu 等用芳香杂环修饰银铜双金属催化剂的表面，以增加二氧化碳转化为碳氢化合物分子。实验证明，官能团的吸电子性质使反应途径倾向于产生 C$_{2+}$ 物质（乙醇和乙烯），并通过调节表面铜原子的电子状态来提高催化剂表面的反应速率。

进一步地，一些研究者设计出既能增强 CO$_2$ 吸附，又能稳定 CO$_2$ 反应中间体的电催化剂，Zhong 等通过在电极表面涂覆一种人工电极/电解质界面，使其具有季铵盐阳离子的渗透性，促进 CO$_2$ 的传质和加氢，同时抑制析氢反应，分子动力学模拟和理论计算证明人工界面提供了一条 CO$_2$ 扩散的路径，同时季铵离子稳定了关键中间体 OCHO∗。Ahn 等用聚丙烯酰胺改性电沉积泡沫铜，乙烯的法拉第效率从 13%（未改性泡沫）显著提高到 26%，机理研究证明它既可以向铜表面提供电荷，通过氢键稳定 CO 中间体，又可以增加 CO 的吸附，从而促进乙烯的合成。Duan 等设计了一种基于聚离子液体（PIL）的 Cu0—Cu1 串联催化剂，达到 76% 的 C$_{2+}$ 产物选择性，304mA/cm^2 的电流密度。实验证明高度分散的铜 0-PIL-Cu1 对选择性至关重要，Cu1 物种可以增强碳碳偶联过程（图 6-14）。

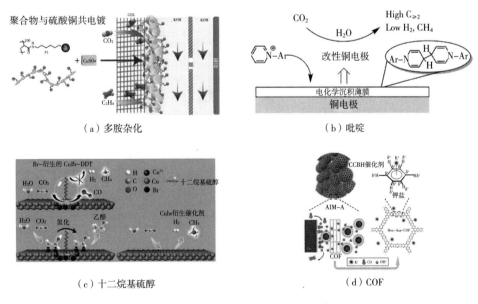

图 6-14　铜基催化剂有机物改性示意

6.6 总结与展望

本章简要介绍了电化学还原 CO_2 领域的研究背景，详细描述了电化学还原 CO_2 的过程以及阐述了电化学还原 CO_2 过程中的原理，重点论述了电化学还原 CO_2 反应使用的各种催化剂，并根据其电催化产物进行了分类。在双碳背景下，使用电化学还原的方法能够将 CO_2 进行转化，能够降低大气中 CO_2 的含量，符合可持续发展的目标，而且电化学还原 CO_2 的产物具有足够的经济价值，尤其是二碳产物，如乙烯、乙醇，具有较高的能量密度，是有高附加值的产物。此外，从能量转换的角度来说，它能够将使用可再生能源产生的电能转化为化学能，有利于储存和运输。

目前研究者们已经能够系统地描述电化学还原 CO_2 的过程，对其反应机理有了一定的了解，能够设计出先进高效的催化剂，表现出优异的催化活性和选择性，尤其是一碳产物，如 CO、甲酸等，已经有接近 100% 选择性的报道。此外，研究者们设计出了更加高效的反应器，如 flow cell、MEA，在不考虑选择性的情况下能够达到安培级的电流密度，显示出良好的工业化应用前景。

尽管研究者们在电化学还原 CO_2 领域中已经取得了令人振奋的进展，但是目前还是有一些挑战亟待克服，如电化学还原 CO_2 的反应过程过于复杂，一些中间体极难被检测到。因此，电化学反应的微观机理研究尚不完善，需要进行更深入的研究，获取更直观的证据。此外，具有高附加值的 C_{2+} 产物的生成在热力学和动力学层次上都比较困难，难以达到令人满意的选择性和活性。为了促进目标 C_{2+} 产物的生成，需要设计出更加先进高效的铜基电催化剂。由于电化学还原过程中电催化剂容易出现聚集或失活的现象，在长时间的测试中难以达到工业上要求的稳定性，因此，有必要进一步优化电催化剂的稳定性或设计出更加合理的电反应器来解决电催化剂稳定性不足的问题。

参考文献

[1] Xie H. Cu-based nanocatalysts for electrochemical reduction of CO_2 [J]. Nano Today, 2018：21：41-54.

[2] Hansen J. Earth's energy imbalance and implications [J]. Atmospheric Chemistry and Physics, 2011, 11 (24)：13421-13449.

[3] Zhang L. Nanostructured materials for heterogeneous electrocatalytic CO_2 reduction and their related reaction mechanisms [J]. 2017, 56 (38)：11326-11353.

[4] Zhu D. D. Recent advances in inorganic heterogeneous electrocatalysts for reduction of carbon dioxide [J]. 2016, 28 (18)：3423-3452.

[5] Wong F. Public perception of transitioning to a low-carbon nation：a Malaysian scenario [J]. Clean Technologies and Environmental Policy, 2022, 24 (10)：3077-3092.

［6］　Walk P. From coal phase-out to net zero: Driving factors of UK climate policy ［J］. Environmental Science & Policy, 2022, 138: 76-84.

［7］　Endrödi B. Continuous-flow electroreduction of carbon dioxide ［J］. Progress in Energy and Combustion Science, 2017, 62: 133-154.

［8］　Lu D. On factor left prime factorization problems for multivariate polynomial matrices ［J］. Multidimensional Systems and Signal Processing, 2021, 32 (3): 975-992.

［9］　Seh Z W. Combining theory and experiment in electrocatalysis: Insights into materials design ［J］. Science, 2017, 355 (6321).

［10］　Ross M B. Designing materials for electrochemical carbon dioxide recycling ［J］. Nature Catalysis, 2019, 2 (8): 648-658.

［11］　Dinh C T. CO (2) electroreduction to ethylene via hydroxide-mediated copper catalysis at an abrupt interface ［J］. Science, 2018, 360 (6390): 783-787.

［12］　Nitopi S. Progress and Perspectives of Electrochemical CO (2) Reduction on Copper in Aqueous Electrolyte ［J］. Chemical reviews, 2019, 119 (12): 7610-7672.

［13］　Saha P. Selectivity in Electrochemical CO₂ Reduction ［J］. Accounts of Chemical Research, 2022, 55 (2): 134-144.

［14］　Li X. Recent advances in metal-based electrocatalysts with hetero-interfaces for CO₂ reduction reaction ［J］. Chem Catalysis, 2022, 2 (2): 262-291.

［15］　Li J. Recent Advances in interface engineering for electrocatalytic CO₂ reduction reaction ［J］. Nano-Micro Letters, 2021, 13 (1): 216.

［16］　Kuhl K P. New insights into the electrochemical reduction of carbon dioxide on metallic copper surfaces ［J］. Energy & Environmental Science, 2012, 5 (5): 7050-7059.

［17］　Zhong D. Coupling of Cu (100) and (110) facets promotes carbon dioxide conversion to hydrocarbons and alcohols ［J］. 2021, 60 (9): 4879-4885.

［18］　Tan D. Strong interactions of metal-support for efficient reduction of carbon dioxide into ethylene ［J］. Nano Energy, 2021, 89: 106460.

［19］　Chen Z. Grain-boundary-rich copper for efficient solar-driven electrochemical CO₂ reduction to ethylene and ethanol ［J］. Journal of the American Chemical Society, 2020, 142 (15): 6878-6883.

［20］　Haas T. Technical photosynthesis involving CO₂ electrolysis and fermentation ［J］. Nature Catalysis, 2018, 1 (1): 32-39.

［21］　Ma W. Electrocatalytic reduction of CO₂ and CO to multi-carbon compounds over Cu-based catalysts ［J］. Chemical Society Reviews, 2021, 50 (23): 12897-12914.

［22］　Overa S. Electrochemical approaches for CO₂ conversion to chemicals: A journey toward practical applications ［J］. Accounts of Chemical Research, 2022, 55 (5): 638-648.

［23］　GE L, RABIEE H, LI M R, et al. Electrochemical CO₂ reduction in membrane-electrode assemblies ［J］. Chem, 2022, 8 (3): 663-692.

［24］　李喆, 李泽洋, 杨宇森, 等. 电化学二氧化碳还原制甲酸催化剂的研究进展 ［J］. 化工进展, 2023, 42 (1): 53-66.

［25］　LI Z, YANG Y, YIN Z L, et al. Interface-enhanced catalytic selectivity on the C₂ products of CO₂ electroreduction [J]. ACS Catalysis, 2021, 11 (5): 2473-2482.

[26] SONG Y, PENG R, HENSLEY D K, et al. High-Selectivity Electrochemical Conversion of CO_2 to Ethanol using a Copper Nanoparticle/N-Doped Graphene Electrode [J]. ChemistrySelect, 2016, 1 (19): 6055-6061.

[27] Pacansky, J. SCF ab-initio ground state energy surfaces for CO_2 and CO_{2^-} [J]. The Journal of Chemical Physics, 1975, 62 (7), 2740-2744.

[28] MA G F, SYZGANTSEVA O A, HUANG Y, et al. A hydrophobic Cu/Cu_2O sheet catalyst for selective electroreduction of CO to ethanol [J]. Nature Communications, 2023 (14): 501.

[29] CHEN Q S, TSIAKARAS P, SHEN P K. Electrochemical reduction of carbon dioxide: Recent advances on Au-based nanocatalysts [J]. Catalysts, 2022, 12 (11): 1348.

[30] LIANG S Y, ALTAF N, HUANG L, et al. Electrolytic cell design for electrochemical CO_2 reduction [J]. Journal of CO_2 Utilization, 2020 (35): 90-105.

[31] WEEKES D M, SALVATORE D A, REYES A, et al. Electrolytic CO_2 reduction in a flow cell [J]. Accounts of Chemical Research, 2018, 51 (4): 910-918.

[32] ZONG X, JIN Y M, LIU C J, et al. Electrospun nanofibers for electrochemical reduction of CO_2: A mini review [J]. Electrochemistry Communications, 2021 (124): 106968.

[33] LV W X, ZHANG R, GAO P R, et al. Studies on the faradaic efficiency for electrochemical reduction of carbon dioxide to formate on tin electrode [J]. Journal of Power Sources, 2014 (253): 276-281.

[34] ZHANG X L, SUN X H, GUO S X, et al. Formation of lattice-dislocated bismuth nanowires on copper foam for enhanced electrocatalytic CO_2 reduction at low overpotential [J]. Energy & Environmental Science, 2019, 12 (4): 1334-1340.

[35] FAN L, XIA Z, XU M J, et al. 1D SnO_2 with wire-in-tube architectures for highly selective electrochemical reduction of CO_2 to C_1 products [J]. Advanced Functional Materials, 2018, 28 (17): 1706289.

[36] WANG H X, LIANG Z, TANG M, et al. Self-selective catalyst synthesis for CO_2 reduction [J]. Joule, 2019, 3 (8): 1927-1936.

[37] WANG L M, CHEN W L, ZHANG D D, et al. Surface strategies for catalytic CO_2 reduction: From two-dimensional materials to nanoclusters to single atoms [J]. Chemical Society Reviews, 2019, 48 (21): 5310 5349.

[38] GARCÍA DE ARQUER F P, BUSHUYEV O S, DE LUNA P, et al. 2D metal oxyhalide-derived catalysts for efficient CO_2 electroreduction [J]. Advanced Materials, 2018, 30 (38): e1802858.

[39] TODOROVA T K, SCHREIBER M W, FONTECAVE M. Mechanistic understanding of CO_2 reduction reaction (CO_2RR) toward multicarbon products by heterogeneous copper-based catalysts [J]. ACS Catalysis, 2020, 10 (3): 1754-1768.

[40] CHENG T, XIAO H, GODDARD W A. Full atomistic reaction mechanism with kinetics for CO reduction on Cu (100) from ab initio molecular dynamics free-energy calculations at 298 K [J]. Proceedings of the National Academy of Sciences of the United States of America, 2017, 114 (8): 1795-1800.

[41] CALLE-VALLEJO F, KOPER M T M. Theoretical considerations on the electroreduction of CO to C_2 species on Cu (100) electrodes [J]. Angewandte Chemie (International Ed in English), 2013, 52 (28): 7282-7285.

[42] SCHOUTEN K J P, QIN Z S, GALLENT E P, et al. Two pathways for the formation of ethylene in CO reduction on single-crystal copper electrodes [J]. Journal of the American Chemical Society, 2012, 134 (24):

9864-9867.

[43] CHEN C, KHOSROWABADI KOTYK J F, SHEEHAN S W. Progress toward commercial application of electrochemical carbon dioxide reduction [J]. Chem, 2018, 4 (11): 2571-2586.

[44] SA Y J, LEE C W, LEE S Y, et al. Catalyst-electrolyte interface chemistry for electrochemical CO_2 reduction [J]. Chemical Society Reviews, 2020, 49 (18): 6632-6665.

[45] VERMA S, KIM B, JHONG H R M, et al. A gross-margin model for defining technoeconomic benchmarks in the electroreduction of CO_2 [J]. Chem Sus Chem, 2016, 9 (15): 1972-1979.

[46] HORI Y, MURATA A, TAKAHASHI R. Formation of hydrocarbons in the electrochemical reduction of carbon dioxide at a copper electrode in aqueous solution [J]. Journal of the Chemical Society, Faraday Transactions 1: Physical Chemistry in Condensed Phases, 1989, 85 (8): 2309.

[47] ALPER E, YUKSEL ORHAN O. CO_2 utilization: Developments in conversion processes [J]. Petroleum, 2017, 3 (1): 109-126.

[48] HORI Y, KONISHI H, FUTAMURA T, et al. "Deactivation of copper electrode" in electrochemical reduction of CO_2 [J]. Electrochimica Acta, 2005, 50 (27): 5354-5369.

[49] WUTTIG A, SURENDRANATH Y. Impurity ion complexation enhances carbon dioxide reduction catalysis [J]. ACS Catalysis, 2015, 5 (7): 4479-4484.

[50] JERMANN B, AUGUSTYNSKI J. Long-term activation of the copper cathode in the course of CO_2 reduction [J]. Electrochimica Acta, 1994, 39 (11/12): 1891-1896.

[51] SHIRATSUCHI R, NOGAMI G. Pulsed electroreduction of CO_2 on silver electrodes [J]. Journal of the Electrochemical Society, 1996, 143 (2): 582-586.

[52] YANO J, MORITA T, SHIMANO K, et al. Selective ethylene formation by pulse-mode electrochemical reduction of carbon dioxide using copper and copper-oxide electrodes [J]. Journal of Solid State Electrochemistry, 2007, 11 (4): 554-557.

[53] KEDZIERZAWSKI P, AUGUSTYNSKI J. Poisoning and activation of the gold cathode during electroreduction of CO_2 [J]. Journal of the Electrochemical Society, 1994, 141 (5): L58.

[54] CHIACCHIARELLI L M, ZHAI Y, FRANKEL G S, et al. Cathodic degradation mechanisms of pure Sn electrocatalyst in a nitrogen atmosphere [J]. Journal of Applied Electrochemistry, 2012, 42 (1): 21-29.

[55] ENDRÖDI B, SAMU A, KECSENOVITY E, et al. Operando cathode activation with alkali metal cations for high current density operation of water-fed zero-gap carbon dioxide electrolysers [J]. Nature Energy, 2021, 6: 439-448.

[56] WANG X Y, JIANG Y W, MAO K K, et al. Identifying an interfacial stabilizer for regeneration-free 300 h electrochemical CO_2 reduction to C_2 products [J]. Journal of the American Chemical Society, 2022, 144 (49): 22759-22766.

[57] BOUDART M, ALDAG A, BENSON J E, et al. On the specific activity of platinum catalysts [J]. Journal of Catalysis, 1966, 6 (1): 92-99.

[58] ZHAO C C, WANG J L. Electrochemical reduction of CO_2 to formate in aqueous solution using electro-deposited Sn catalysts [J]. Chemical Engineering Journal, 2016, 293: 161-170.

[59] MA S C, SADAKIYO M, LUO R, et al. One-step electrosynthesis of ethylene and ethanol from CO_2 in an alkaline electrolyzer [J]. Journal of Power Sources, 2016, 301: 219-228.

［60］ JOUNY M, LUC W, JIAO F. High‐rate electroreduction of carbon monoxide to multi‐carbon products ［J］. Nature Catalysis, 2018, 1: 748-755.

［61］ PÉREZ‐RODRÍGUEZ S, BARRERAS F, PASTOR E, et al. Electrochemical reactors for CO_2 reduction: From acid media to gas phase ［J］. International Journal of Hydrogen Energy, 2016, 41 (43): 19756-19765.

［62］ WANG G L, PAN J, JIANG S P, et al. Gas phase electrochemical conversion of humidified CO_2 to CO and H_2 on proton-exchange and alkaline anion-exchange membrane fuel cell reactors ［J］. Journal of CO_2 Utilization, 2018, 23: 152-158.

［63］ MERINO-GARCIA I, ALBO J, SOLLA-GULLÓN J, et al. Cu oxide/ZnO-based surfaces for a selective ethylene production from gas-phase CO_2 electroconversion ［J］. Journal of CO_2 Utilization, 2019, 31: 135-142.

［64］ WU J J, RISALVATO F G, SHARMA P P, et al. Electrochemical reduction of carbon dioxide ［J］. Journal of the Electrochemical Society, 2013, 160 (9): F953-F957.

［65］ NARAYANAN S R, HAINES B, SOLER J, et al. Electrochemical conversion of carbon dioxide to formate in alkaline polymer electrolyte membrane cells ［J］. Journal of the Electrochemical Society, 2011, 158 (2): A167.

［66］ SALVATORE D A, WEEKES D M, HE J F, et al. Electrolysis of gaseous CO_2 to CO in a flow cell with a bipolar membrane ［J］. ACS Energy Letters, 2018, 3 (1): 149-154.

［67］ HORI Y, WAKEBE H, TSUKAMOTO T, et al. Electrocatalytic process of CO selectivity in electrochemical reduction of CO_2 at metal electrodes in aqueous media ［J］. Electrochimica Acta, 1994, 39 (11/12): 1833-1839.

［68］ BUSHUYEV O S, DE LUNA P, DINH C T, et al. What should we make with CO_2 and how can we make it ［J］. Joule, 2018, 2 (5): 825-832.

［69］ JIAO F, LI J J, PAN X L, et al. Selective conversion of syngas to light olefins ［J］. Science, 2016, 351 (6277): 1065-1068.

［70］ ZHOU W, CHENG K, KANG J C, et al. New horizon in C_1 chemistry: Breaking the selectivity limitation in transformation of syngas and hydrogenation of CO_2 into hydrocarbon chemicals and fuels ［J］. Chemical Society Reviews, 2019, 48 (12): 3193-3228.

［71］ ZHENG T T, JIANG K, WANG H T. Recent advances in electrochemical CO_2-to-CO conversion on heterogeneous catalysts ［J］. Advanced Materials, 2018, 30 (48): e1802066.

［72］ VICKERS J W, ALFONSO D, KAUFFMAN D R. Electrochemical carbon dioxide reduction at nanostructured gold, copper, and alloy materials ［J］. Energy Technology, 2017, 5 (6): 775-795.

［73］ TRINDELL J A, CLAUSMEYER J, CROOKS R M. Size stability and H_2/CO selectivity for Au nanoparticles during electrocatalytic CO_2 reduction ［J］. Journal of the American Chemical Society, 2017, 139 (45): 16161-16167.

［74］ SHEN S B, PENG X Y, SONG L D, et al. AuCu alloy nanoparticle embedded Cu submicrocone arrays for selective conversion of CO_2 to ethanol ［J］. Small, 2019, 15 (37): e1902229.

［75］ VALENTI M, PRASAD N P, KAS R, et al. Suppressing H_2 evolution and promoting selective CO_2 electroreduction to CO at low overpotentials by alloying Au with Pd ［J］. ACS Catalysis, 2019, 9 (4): 3527-3536.

［76］ WELCH A J, DUCHENE J S, TAGLIABUE G, et al. Nanoporous gold as a highly selective and active carbon dioxide reduction catalyst ［J］. ACS Applied Energy Materials, 2019, 2 (1): 164-170.

［77］ MASCARETTI L, NIORETTINI A, BRICCHI B R, et al. Syngas evolution from CO₂ electroreduction by porous Au nanostructures ［J］. ACS Applied Energy Materials, 2020, 3 (5): 4658-4668.

［78］ ZHUANG S L, CHEN D, LIAO L W, et al. Hard-sphere random close-packed Au₄₇ Cd₂ (TBBT)₃₁ nanoclusters with a faradaic efficiency of up to 96 % for electrocatalytic CO₂ reduction to CO ［J］. Angewandte Chemie (International Ed in English), 2020, 59 (8): 3073-3077.

［79］ FEASTER J T, SHI C, CAVE E R, et al. Understanding selectivity for the electrochemical reduction of carbon dioxide to formic acid and carbon monoxide on metal electrodes ［J］. ACS Catalysis, 2017, 7 (7): 4822-4827.

［80］ BACK S, YEOM M S, JUNG Y. Active sites of Au and Ag nanoparticle catalysts for CO₂ electroreduction to CO ［J］. ACS Catalysis, 2015, 5 (9): 5089-5096.

［81］ CHEN S, CHEN A C. Electrochemical reduction of carbon dioxide on Au nanoparticles: An in situ FTIR study ［J］. The Journal of Physical Chemistry C, 2019, 123 (39): 23898-23906.

［82］ KUHL K P, HATSUKADE T, CAVE E R, et al. Electrocatalytic conversion of carbon dioxide to methane and methanol on transition metal surfaces ［J］. Journal of the American Chemical Society, 2014, 136 (40): 14107-14113.

［83］ KAUFFMAN D R, ALFONSO D, MATRANGA C, et al. Experimental and computational investigation of Au₂₅ clusters and CO₂: A unique interaction and enhanced electrocatalytic activity ［J］. Journal of the American Chemical Society, 2012, 134 (24): 10237-10243.

［84］ LI G, JIN R C. Atomically precise gold nanoclusters as new model catalysts ［J］. Accounts of Chemical Research, 2013, 46 (8): 1749-1758.

［85］ LU X L, YU T S, WANG H L, et al. Electrochemical fabrication and reactivation of nanoporous gold with abundant surface steps for CO₂ reduction ［J］. ACS Catalysis, 2020, 10 (15): 8860-8869.

［86］ YANG J M, YU Q, DU H S, et al. In situ growth and activation of Ag/Ag₂S nanowire clusters by H₂S plasma treatment for promoted electrocatalytic CO₂ reduction ［J］. Advanced Sustainable Systems, 2021, 5 (12): 2100256.

［87］ KIM H, PARK H S, HWANG Y J, et al. Surface-morphology-dependent electrolyte effects on gold-catalyzed electrochemical CO₂ reduction ［J］. The Journal of Physical Chemistry C, 2017, 121 (41): 22637-22643.

［88］ KIM J, SONG J T, RYOO H, et al. Morphology-controlled Au nanostructures for efficient and selective electrochemical CO₂ reduction ［J］. Journal of Materials Chemistry A, 2018, 6 (12): 5119-5128.

［89］ ZHU W L, MICHALSKY R, METIN Ö, et al. Monodisperse Au nanoparticles for selective electrocatalytic reduction of CO₂ to CO ［J］. Journal of the American Chemical Society, 2013, 135 (45): 16833-16836.

［90］ CHEN C Z, ZHANG B, ZHONG J H, et al. Selective electrochemical CO₂ reduction over highly porous gold films ［J］. Journal of Materials Chemistry A, 2017, 5 (41): 21955-21964.

［91］ ZHAO S, AUSTIN N, LI M, et al. Influence of atomic-level morphology on catalysis: The case of sphere and rod-like gold nanoclusters for CO₂ electroreduction ［J］. ACS Catalysis, 2018, 8 (6): 4996-5001.

［92］ YANG D R, LIU L, ZHANG Q, et al. Importance of Au nanostructures in CO₂ electrochemical reduction reaction ［J］. Science Bulletin, 2020, 65 (10): 796-802.

［93］ QIU W B, LIANG R P, LUO Y L, et al. A Br⁻ anion adsorbed porous Ag nanowire film: in situ electrochemical preparation and application toward efficient CO₂ electroreduction to CO with high selectivity ［J］. Inorganic

Chemistry Frontiers, 2018, 5 (9): 2238-2241.

[94] ZHU W L, ZHANG Y J, ZHANG H Y, et al. Active and selective conversion of CO_2 to CO on ultrathin Au nanowires [J]. Journal of the American Chemical Society, 2014, 136 (46): 16132-16135.

[95] LIU M, PANG Y J, ZHANG B, et al. Enhanced electrocatalytic CO_2 reduction via field-induced reagent concentration [J]. Nature, 2016, 537: 382-386.

[96] ROSEN J, HUTCHINGS G S, LU Q, et al. Mechanistic insights into the electrochemical reduction of CO_2 to CO on nanostructured Ag surfaces [J]. ACS Catalysis, 2015, 5 (7): 4293-4299.

[97] HU L, ZHANG Y C, HAN W Q. Boosting CO_2 electroreduction over silver nanowires modified by wet-chemical sulfidation and subsequent electrochemical de-sulfidation [J]. New Journal of Chemistry, 2019, 43 (8): 3269-3272.

[98] HOSSAIN M N, LIU Z G, WEN J L, et al. Enhanced catalytic activity of nanoporous Au for the efficient electrochemical reduction of carbon dioxide [J]. Applied Catalysis B: Environmental, 2018, 236: 483-489.

[99] HYUN G, SONG J T, AHN C, et al. Hierarchically porous Au nanostructures with interconnected channels for efficient mass transport in electrocatalytic CO_2 reduction [J]. Proceedings of the National Academy of Sciences of the United States of America, 2020, 117 (11): 5680-5685.

[100] QIN L B, SUN F, MA X S, et al. Homoleptic alkynyl-protected Ag_{15} nanocluster with atomic precision: Structural analysis and electrocatalytic performance toward CO_2 reduction [J]. Angewandte Chemie (International Ed in English), 2021, 60 (50): 26136-26141.

[101] LIU S Q, WU S W, GAO M R, et al. Hollow porous Ag spherical catalysts for highly efficient and selective electrocatalytic reduction of CO_2 to CO [J]. ACS Sustainable Chemistry & Engineering, 2019, 7 (17): 14443-14450.

[102] SEKHON S S, LEE J, PARK J S. Biomass-derived bifunctional electrocatalysts for oxygen reduction and evolution reaction: A review [J]. Journal of Energy Chemistry, 2022, 65: 149-172.

[103] ZHANG Z Z, SUN N N, WEI W. Facile and controllable synthesis of ordered mesoporous carbons with tunable single-crystal morphology for CO_2 capture [J]. Carbon, 2020, 161: 629-638.

[104] FARQUHAR A K, SUPUR M, SMITH S R, et al. Hybrid graphene ribbon/carbon electrodes for high-performance energy storage [J]. Advanced Energy Materials, 2018, 8 (35): 1802439.

[105] TAFETE G A, THOTHADRI G, ABERA M K. A review on carbon nanotube-based composites for electrocatalyst applications [J]. Fullerenes, Nanotubes and Carbon Nanostructures, 2022, 30 (11): 1075-1083.

[106] 张世鹏. 石墨烯材料在碳捕获和转化技术领域的研究进展 [J]. 炭素技术, 2022, 41 (5), 16-22, 40.

[107] BORGHEI M, LAOCHAROEN N, KIBENA-PÕLDSEPP E, et al. Porous N, P-doped carbon from coconut shells with high electrocatalytic activity for oxygen reduction: Alternative to Pt-C for alkaline fuel cells [J]. Applied Catalysis B: Environmental, 2017, 204: 394-402.

[108] TANG D H, SUN X, ZHAO D, et al. Cover feature: Nitrogen-doped carbon xerogels supporting palladium nanoparticles for selective hydrogenation reactions: The role of pyridine nitrogen species [J]. ChemCatChem, 2018, 10 (6): 1204.

[109] WU J J, SHARIFI T, GAO Y, et al. Emerging carbon-based heterogeneous catalysts for electrochemical reduction of carbon dioxide into value-added chemicals [J]. Advanced Materials, 2019, 31 (13): e1804257.

［110］ WU J J, YADAV R M, LIU M J, et al. Achieving highly efficient, selective, and stable CO₂ reduction on nitrogen–doped carbon nanotubes ［J］. ACS Nano, 2015, 9 (5): 5364-5371.

［111］ LEE M Y, RINGE S, KIM H, et al. Electric field mediated selectivity switching of electrochemical CO₂ reduction from formate to CO on carbon supported Sn ［J］. ACS Energy Letters, 2020, 5 (9): 2987-2994.

［112］ CUI X Q, PAN Z Y, ZHANG L J, et al. Selective etching of nitrogen–doped carbon by steam for enhanced electrochemical CO₂ reduction ［J］. Advanced Energy Materials, 2017, 7 (22): 1701456.

［113］ JHONG H R M, TORNOW C E, SMID B, et al. A nitrogen–doped carbon catalyst for electrochemical CO₂ conversion to CO with high selectivity and current density ［J］. Chem Sus Chem, 2017, 10 (6): 1094-1099.

［114］ WU J J, LIU M J, SHARMA P P, et al. Incorporation of nitrogen defects for efficient reduction of CO₂ via two–electron pathway on three–dimensional graphene foam ［J］. Nano Letters, 2016, 16 (1): 466-470.

［115］ LI W L, HERKT B, SEREDYCH M, et al. Pyridinic–N groups and ultramicropore nanoreactors enhance CO₂ electrochemical reduction on porous carbon catalysts ［J］. Applied Catalysis B: Environmental, 2017, 207: 195-206.

［116］ XU G Y, LIU Q, YAN H. Recent advances of single–atom catalysts for electro–catalysis ［J］. Chemical Research in Chinese Universities, 2022, 38 (5): 1146-1150.

［117］ CAO X Y, ZHAO L L, WULAN B R, et al. Atomic bridging structure of nickel–nitrogen–carbon for highly efficient electrocatalytic reduction of CO₂ ［J］. Angewandte Chemie (International Ed in English), 2022, 61 (6): e202113918.

［118］ WANG S G, QIAN Z Y, HUANG Q Z, et al. Industrial–level CO₂ Electroreduction using solid–electrolyte devices enabled by high–loading nickel atomic site catalysts ［J］. Advanced Energy Materials, 2022, 12 (31): 2201278.

［119］ YANG H P, LIN Q, WU Y, et al. Highly efficient utilization of single atoms via constructing 3D and free–standing electrodes for CO₂ reduction with ultrahigh current density ［J］. Nano Energy, 2020, 70: 104454.

［120］ WANG W H, HIMEDA Y, MUCKERMAN J T, et al. CO₂ hydrogenation to formate and methanol as an alternative to photo–and electrochemical CO₂ reduction ［J］. Chemical Reviews, 2015, 115 (23): 12936-12973.

［121］ FAN L, XIA C, ZHU P, et al. Electrochemical CO₂ reduction to high–concentration pure formic acid solutions in an all–solid–state reactor ［J］. Nature Communications, 2020, 11: 3633.

［122］ AZUMA M, HASHIMOTO K, HIRAMOTO M, et al. Electrochemical reduction of carbon dioxide on various metal electrodes in low–temperature aqueous KHCO₃ media ［J］. Journal of the Electrochemical Society, 1990, 137 (6): 1772-1778.

［123］ AGARWAL A S, ZHAI Y M, HILL D, et al. The electrochemical reduction of carbon dioxide to formate/formic acid: Engineering and economic feasibility ［J］. ChemSusChem, 2011, 4 (9): 1301-1310.

［124］ HORI Y. Electrochemical CO₂ reduction on metal electrodes ［M］//Modern Aspects of Electrochemistry. New York, USA: Springer New York, 2008: 89-189.

［125］ LI F W, MACFARLANE D R, ZHANG J. Recent advances in the nanoengineering of electrocatalysts for CO₂ reduction ［J］. Nanoscale, 2018, 10 (14): 6235-6260.

［126］ LAI J P, CHAO Y G, ZHOU P, et al. One–pot seedless aqueous design of metal nanostructures for energy electrocatalytic applications ［J］. Electrochemical Energy Reviews, 2018, 1 (4): 531-547.

［127］ YADAV V S K, NOH Y, HAN H, et al. Synthesis of Sn catalysts by solar electro–deposition method for electrochemical CO_2 reduction reaction to HCOOH [J]. Catalysis Today, 2018, 303: 276-281.

[128] LIM J, KANG P W, JEON S S, et al. Electrochemically deposited Sn catalysts with dense tips on a gas diffusion electrode for electrochemical CO_2 reduction [J]. Journal of Materials Chemistry A, 2020, 8 (18): 9032-9038.

[129] SHEN H F, JIN H Y, LI H B, et al. Acidic CO_2-to-HCOOH electrolysis with industrial-level current on phase engineered tin sulfide [J]. Nature Communications, 2023, 14: 2843.

[130] QIAN Y, LIU Y F, TANG H H, et al. Highly efficient electroreduction of CO_2 to formate by nanorod@ 2D nanosheets SnO [J]. Journal of CO_2 Utilization, 2020, 42: 101287.

[131] ZU X L, LI X D, LIU W, et al. Efficient and robust carbon dioxide electroreduction enabled by atomically dispersed $Sn^{\delta+}$ sites [J]. Advanced Materials, 2019, 31 (15): e1808135.

[132] WU Z X, WU H B, CAI W Q, et al. Engineering bismuth-tin interface in bimetallic aerogel with a 3D porous structure for highly selective electrocatalytic CO_2 reduction to HCOOH [J]. Angewandte Chemie (International Ed in English), 2021, 60 (22): 12554-12559.

[133] REN M Q, ZHENG H Z, LEI J C, et al. CO_2 to formic acid using Cu—Sn on laser-induced graphene [J]. ACS Applied Materials & Interfaces, 2020, 12 (37): 41223-41229.

[134] HE B B, JIA L C, CUI Y X, et al. $SnSe_2$ nanorods on carbon cloth as a highly selective, active, and flexible electrocatalyst for electrochemical reduction of CO_2 into formate [J]. ACS Applied Energy Materials, 2019, 2 (10): 7655-7662.

[135] ZHANG M L, ZHANG Z D, ZHAO Z H, et al. Tunable selectivity for electrochemical CO_2 reduction by bimetallic Cu-Sn catalysts: Elucidating the roles of Cu and Sn [J]. ACS Catalysis, 2021, 11 (17): 11103-11108.

[136] HAN N, WANG Y, YANG H, et al. Ultrathin bismuth nanosheets from in situ topotactic transformation for selective electrocatalytic CO_2 reduction to formate [J]. Nature Communications, 2018, 9: 1320.

[137] TAO H C, GAO Y N, TALREJA N, et al. Two-dimensional nanosheets for electrocatalysis in energy generation and conversion [J]. Journal of Materials Chemistry A, 2017, 5 (16): 7257-7284.

[138] CUI H J, GUO Y B, GUO L M, et al. Heteroatom-doped carbon materials and their composites as electrocatalysts for CO_2 reduction [J]. Journal of Materials Chemistry A, 2018, 6 (39): 18782-18793.

[139] LU Q, JIAO F. Electrochemical CO_2 reduction: Electrocatalyst, reaction mechanism, and process engineering [J]. Nano Energy, 2016, 29: 439-456.

[140] ZHANG X, FU J, LIU Y Y, et al. Bismuth anchored on MWCNTs with controlled ultrafine nanosize enables high-efficient electrochemical reduction of carbon dioxide to formate fuel [J]. ACS Sustainable Chemistry & Engineering, 2020, 8 (12): 4871-4876.

[141] GONG Q F, DING P, XU M Q, et al. Structural defects on converted bismuth oxide nanotubes enable highly active electrocatalysis of carbon dioxide reduction [J]. Nature Communications, 2019, 10: 2807.

[142] YANG F, ELNABAWY A O, SCHIMMENTI R, et al. Bismuthene for highly efficient carbon dioxide electroreduction reaction [J]. Nature Communications, 2020, 11: 1088.

[143] LV W X, BEI J J, ZHANG R, et al. $Bi_2O_2CO_3$ nanosheets as electrocatalysts for selective reduction of CO_2 to formate at low overpotential [J]. ACS Omega, 2017, 2 (6): 2561-2567.

[144] FAN K, JIA Y F, JI Y F, et al. Curved surface boosts electrochemical CO_2 reduction to formate via bismuth

nanotubes in a wide potential window [J]. ACS Catalysis, 2020, 10 (1): 358-364.

[145] LEE J, LIU H Z, CHEN Y F, et al. Bismuth nanosheets derived by in situ morphology transformation of bismuth oxides for selective electrochemical CO₂ reduction to formate [J]. ACS Applied Materials & Interfaces, 2022, 14 (12): 14210-14217.

[146] LI Q Q, ZHANG Y X, ZHANG X R, et al. Novel Bi, BiSn, Bi₂Sn, Bi₃Sn, and Bi₄Sn catalysts for efficient electroreduction of CO₂ to formic acid [J]. Industrial & Engineering Chemistry Research, 2020, 59 (15): 6806-6814.

[147] AN X W, LI S S, YOSHIDA A, et al. Bi-doped SnO nanosheets supported on Cu foam for electrochemical reduction of CO₂ to HCOOH [J]. ACS Applied Materials & Interfaces, 2019, 11 (45): 42114-42122.

[148] REN B H, WEN G B, GAO R, et al. Nano-crumples induced Sn—Bi bimetallic interface pattern with moderate electron bank for highly efficient CO₂ electroreduction [J]. Nature Communications, 2022, 13: 2486.

[149] ZHENG Y, VASILEFF A, ZHOU X L, et al. Understanding the roadmap for electrochemical reduction of CO₂ to multi-carbon oxygenates and hydrocarbons on copper-based catalysts [J]. Journal of the American Chemical Society, 2019, 141 (19): 7646-7659.

[150] XIAO C L, ZHANG J. Architectural design for enhanced C₂ product selectivity in electrochemical CO₂ reduction using Cu-based catalysts: A review [J]. ACS Nano, 2021, 15 (5): 7975-8000.

[151] SUN Z Y, MA T, TAO H C, et al. Fundamentals and challenges of electrochemical CO₂ reduction using two-dimensional materials [J]. Chem, 2017, 3 (4): 560-587.

[152] HORI Y, TAKAHASHI I, KOGA O, et al. Electrochemical reduction of carbon dioxide at various series of copper single crystal electrodes [J]. Journal of Molecular Catalysis A: Chemical, 2003, 199 (1/2): 39-47.

[153] DE GREGORIO G L, BURDYNY T, LOIUDICE A, et al. Facet-dependent selectivity of Cu catalysts in electrochemical CO₂ reduction at commercially viable current densities [J]. ACS Catalysis, 2020, 10 (9): 4854-4862.

[154] ZHANG G, ZHAO Z J, CHENG D F, et al. Efficient CO₂ electroreduction on facet-selective copper films with high conversion rate [J]. Nature Communications, 2021, 12: 5745.

[155] OGURA K. Electrochemical reduction of carbon dioxide to ethylene: Mechanistic approach [J]. Journal of CO₂ Utilization, 2013, 1: 43-49.

[156] MASANA J J, PENG B W, SHUAI Z Y, et al. Influence of halide ions on the electrochemical reduction of carbon dioxide over a copper surface [J]. Journal of Materials Chemistry A, 2022, 10 (3): 1086-1104.

[157] ZHU D D, LIU J L, QIAO S Z. Recent advances in inorganic heterogeneous electrocatalysts for reduction of carbon dioxide [J]. Advanced Materials, 2016, 28 (18): 3423-3452.

[158] YANG Y, LI K J, AJMAL S, et al. Interplay between halides in the electrolyte and the chemical states of Cu in Cu-based electrodes determines the selectivity of the C₂ product [J]. Sustainable Energy & Fuels, 2020, 4 (5): 2284-2292.

[159] KIM M H, LIM B, LEE E P, et al. Polyol synthesis of Cu₂O nanoparticles: Use of chloride to promote the formation of a cubic morphology [J]. Journal of Materials Chemistry, 2008, 18 (34): 4069-4073.

[160] WILEY B, HERRICKS T, SUN Y G, et al. Polyol synthesis of silver nanoparticles: use of chloride and oxygen to promote the formation of single-crystal, truncated cubes and tetrahedrons [J]. Nano Letters, 2004, 4

（9）：1733-1739.

［161］ SINGH M R, KWON Y, LUM Y, et al. Hydrolysis of electrolyte cations enhances the electrochemical reduction of CO_2 over Ag and Cu ［J］. Journal of the American Chemical Society, 2016, 138 （39）：13006-13012.

［162］ VARELA A S, JU W, REIER T, et al. Tuning the catalytic activity and selectivity of Cu for CO_2 electroreduction in the presence of halides ［J］. ACS Catalysis, 2016, 6 （4）：2136-2144.

［163］ WANG H, MATIOS E, WANG C L, et al. Rapid and scalable synthesis of cuprous halide-derived copper nano-architectures for selective electrochemical reduction of carbon dioxide ［J］. Nano Letters, 2019, 19 （6）：3925-3932.

［164］ DE LUNA P, QUINTERO-BERMUDEZ R, DINH C T, et al. Catalyst electro-redeposition controls morphology and oxidation state for selective carbon dioxide reduction ［J］. Nature Catalysis, 2018, 1：103-110.

［165］ HUANG J F, MENSI M, OVEISI E, et al. Structural sensitivities in bimetallic catalysts for electrochemical CO_2 reduction revealed by Ag-Cu nanodimers ［J］. Journal of the American Chemical Society, 2019, 141 （6）：2490-2499.

［166］ MISTRY H, VARELA A S, BONIFACIO C S, et al. Highly selective plasma-activated copper catalysts for carbon dioxide reduction to ethylene ［J］. Nature Communications, 2016, 7：12123.

［167］ KORTLEVER R, SHEN J, SCHOUTEN K J P, et al. Catalysts and reaction pathways for the electrochemical reduction of carbon dioxide ［J］. The Journal of Physical Chemistry Letters, 2015, 6 （20）：4073-4082.

［168］ MA W C, XIE S J, LIU T T, et al. Electrocatalytic reduction of CO_2 to ethylene and ethanol through hydrogen-assisted C-C coupling over fluorine-modified copper ［J］. Nature Catalysis, 2020, 3：478-487.

［169］ TAN D X, WULAN B R, MA J Z, et al. Electrochemical-driven reconstruction for efficient reduction of carbon dioxide into alcohols ［J］. Chem Catalysis, 2023, 3 （2）：100512.

［170］ VASILYEV D V, DYSON P J. The role of organic promoters in the electroreduction of carbon dioxide ［J］. ACS Catalysis, 2021, 11 （3）：1392-1405.

［171］ WAGNER A, SAHM C D, REISNER E. Towards molecular understanding of local chemical environment effects in electro-and photocatalytic CO_2 reduction ［J］. Nature Catalysis, 2020, 3：775-786.

［172］ NAM D H, DE LUNA P, ROSAS-HERNÁNDEZ A, et al. Molecular enhancement of heterogeneous CO_2 reduction ［J］. Nature Materials, 2020, 19：266-276.

［173］ ZHU Q S, MURPHY C J, BAKER L R. Opportunities for electrocatalytic CO_2 reduction enabled by surface ligands ［J］. Journal of the American Chemical Society, 2022, 144 （7）：2829-2840.

［174］ GARCÍA DE ARQUER F P, DINH C T, OZDEN A, et al. CO_2 electrolysis to multicarbon products at activities greater than 1 A/cm^2 ［J］. Science, 2020, 367 （6478）：661-666.

［175］ OZDEN A, LI J, KANDAMBETH S, et al. Energy-and carbon-efficient CO_2/CO electrolysis to multicarbon products via asymmetric ion migration-adsorption ［J］. Nature Energy, 2023, 8：179-190.

［176］ WEI X, YIN Z L, LYU K J, et al. Highly selective reduction of CO_2 to C_{2+} hydrocarbons at copper/polyaniline interfaces ［J］. ACS Catalysis, 2020, 10 （7）：4103-4111.

［177］ XIN Z F, LIU J J, WANG X J, et al. Implanting polypyrrole in metal-porphyrin MOFs：Enhanced electrocatalytic performance for CO_2RR ［J］. ACS Applied Materials & Interfaces, 2021, 13 （46）：54959-54966.

［178］ THEVENON A, ROSAS-HERNÁNDEZ A, PETERS J C, et al. In-situ nanostructuring and stabilization of polycrystalline copper by an organic salt additive promotes electrocatalytic CO_2 reduction to ethylene ［J］. Angewandte Chemie (International Ed in English), 2019, 58 (47)：16952-16958.

[179] LI J M, LI F F, LIU C, et al. Polyquinone modification promotes CO_2 activation and conversion to C_{2+} products over copper electrode [J]. ACS Energy Letters, 2022, 7 (11)：4045-4051.

[180] SHA Y F, ZHANG J L, CHENG X Y, et al. Anchoring ionic liquid in copper electrocatalyst for improving CO_2 conversion to ethylene [J]. Angewandte Chemie (International Ed in English), 2022, 61 (13)：e202200039.

[181] CHEN X Y, CHEN J F, ALGHORAIBI N M, et al. Electrochemical CO_2-to-ethylene conversion on poly-amine-incorporated Cu electrodes [J]. Nature Catalysis, 2021, 4：20-27.

[182] WU H L, LI J, QI K, et al. Improved electrochemical conversion of CO_2 to multicarbon products by using molecular doping [J]. Nature Communications, 2021, 12：7210.

[183] ZHONG Y, XU Y, MA J, et al. An artificial electrode/electrolyte interface for CO_2 electroreduction by cation surfactant self-assembly [J]. Angewandte Chemie (International Ed in English), 2020, 59 (43)：19095-19101.

[184] AHN S, KLYUKIN K, WAKEHAM R J, et al. Poly-amide modified copper foam electrodes for enhanced electrochemical reduction of carbon dioxide [J]. ACS Catalysis, 2018, 8 (5)：4132-4142.

[185] DUAN G Y, LI X Q, DING G R, et al. Highly Efficient Electrocatalytic CO_2 Reduction to C_{2+} Products on a Poly (ionic liquid)-Based Cu^0-Cu^I Tandem Catalyst [J]. Angewandte Chemie (International Ed in English), 2022, 61 (9)：e202110657.

[186] HAN Z J, KORTLEVER R, CHEN H Y, et al. CO_2 reduction selective for $C_{\geq 2}$ products on polycrystalline copper with N-substituted pyridinium additives [J]. ACS Central Science, 2017, 3 (8)：853-859.

[187] WANG J H, YANG H, LIU Q Q, et al. Fastening Br^- ions at copper-molecule interface enables highly efficient electroreduction of CO_2 to ethanol [J]. ACS Energy Letters, 2021, 6 (2)：437-444.